高等职业教育“十四五”规划教材

宠物行业“1+X”职业技能培训教材

“十三五”江苏省高等学校重点教材《小动物影像技术》配套手册

“十四五”江苏省精品在线开放课程《小动物影像技术》配套手册

宠物

影像病例分析工作手册

卓国荣　主编

中国农业大学出版社

·北京·

内容简介

本手册内容包括犬正常X线解剖结构解读、猫正常X线解剖结构解读，以及头部、脊柱、四肢骨与关节、胸部与腹部常见临床病例影像分析解读。本书共选择300余幅影像资源，这些影像来自真实的临床病例，具有典型的影像代表意义，通过本手册的学习可以提高兽医专业学生及临床兽医从业者影像分析能力。本手册内容翔实、病例典型，可作为动物医学、宠物医疗技术等兽医专业学生影像课程学习配套教材，也可作为临床兽医工作者的参考书。

图书在版编目(CIP)数据

宠物影像病例分析工作手册/卓国荣主编. --北京：中国农业大学出版社，2023.3
ISBN 978-7-5655-2814-9

Ⅰ.①宠…　Ⅱ.①卓…　Ⅲ.①兽医学-影像诊断-手册　Ⅳ.①S854.4-62

中国版本图书馆CIP数据核字(2022)第108695号

书　　名　宠物影像病例分析工作手册
作　　者　卓国荣　主编

策划编辑　康昊婷　　**责任编辑**　康昊婷
封面设计　李尘工作室　郑　川
出版发行　中国农业大学出版社
社　　址　北京市海淀区圆明园西路2号　　**邮政编码**　100193
电　　话　发行部 010-62733489，1190　　**出 版 部**　010-62733440
　　　　　编辑部 010-62732617，2618
网　　址　http://www.caupress.cn　　**E-mail**　cbsszs@cau.edu.cn
经　　销　新华书店
印　　刷　运河(唐山)印务有限公司
版　　次　2023年3月第1版　2023年3月第1次印刷
规　　格　185 mm×260 mm　16开本　11印张　290千字
定　　价　59.00元

编写人员

主　编　卓国荣(江苏农牧科技职业学院)

副主编　戴纳新(苏州合意医疗器械有限公司)

朱新颖(上海农林职业技术学院)

卢　炜(江苏农牧科技职业学院)

参　编　霍　磊(河南农业职业学院)

高俊波(铜仁职业技术学院)

欧阳艳、郑　娟、易维学(湖北三峡职业技术学院)

陈颖铌(贵州农业职业学院)

王晓艳(重庆三峡职业学院)

周红蕾、穆洪云、张　斌、张明珠、陈　琛(江苏农牧科技职业学院)

李尚同、李天顺(上海农林职业技术学院)

任　娟、李　舵(新疆维吾尔自治区动物疾病预防控制中心)

宠物影像技术在兽医临床诊断中起到越来越重要的作用。作为一名宠物医疗工作者必然要懂得影像知识，而临床病例的影像分析是提高影像水平的重要途径。俗语讲：百闻不如一见，而百见不如一练。通过对照正常影像结构与疾病影像结果的解读分析可以快速提高影像分析能力，达到快速入门水平。

本手册内容包括犬正常 X 线解剖结构解读、猫正常 X 线解剖结构解读，以及头部、脊柱、四肢骨与关节、胸部与腹部常见临床病例影像分析解读。本书共选择 300 余幅影像资源，这些影像来自真实的临床病例，具有典型的影像代表意义，通过本手册的学习可以提高兽医专业学生及临床兽医从业者影像分析能力。同时本手册附有影像微课视频供学习者使用。

本手册内容翔实、病例典型，可作为动物医学、宠物医疗技术等兽医专业学生影像课程学习配套教材，也可作为临床兽医工作者的参考书。

本手册是江苏农牧科技职业学院与苏州合意医疗器械有限公司校企合作开发的影像工作手册，在手册编写过程中得到校企双方的大力支持，同时本手册得到中国畜牧兽医学会影像技术分会秘书长华中农业大学邱昌伟教授的指导，在此一并感谢。

由于作者水平所限，书中错误在所难免，敬请各位专家和读者指正，不甚感谢。

编　者

2022 年 10 月

目录

项目 1　犬正常 X 线解剖结构解读

项目 2　猫正常 X 线解剖结构解读

项目 3　头部常见疾病影像分析

项目 4　脊柱常见疾病影像分析

项目 5 骨关节常见疾病影像分析

项目 6 颈胸部疾病影像分析

项目7　腹部常见疾病影像分析

/ XIANGMU 1 /

项目1

犬正常X线解剖结构解读

项目概述

掌握犬正常的X线解剖结构是解读病变的基础。本项目将犬的身体结构按摄片部位分为头部、颈椎、胸椎、腰椎、荐椎、尾椎、四肢骨、胸部与腹部等主要部位，将各部位临床工作常拍摄的正位与侧位X线片的主要结构进行了一一标注，这些只是兽医临床最基本的影像解剖结构，对于识别病变非常重要，因此需要全面掌握。

1.1 头部正常X线解剖

犬头部摄片常用的摄影体位为正位(腹背位或背腹位)及侧位(左侧位或右侧位),图1.1至图1.4为一只幼年犬和一只成年犬的头部背腹位片与右侧位片。

1.1.1 犬头部正位X线解剖(图1.1和图1.2)

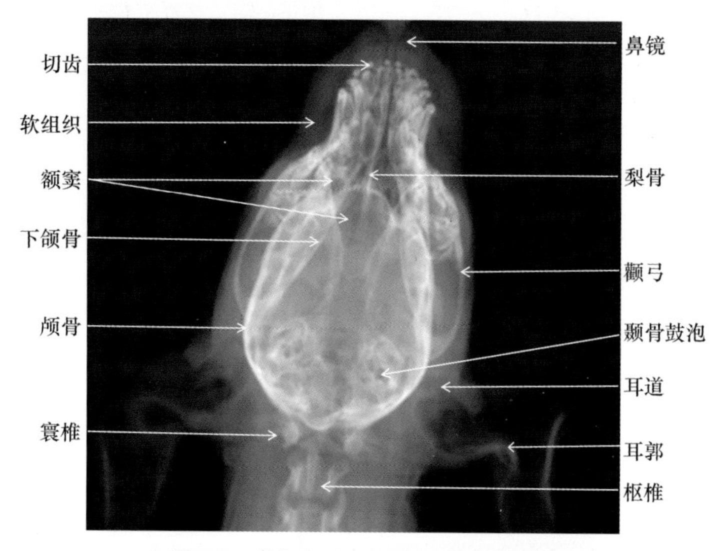

▲ 图1.1 幼年犬头部正位X线片(背腹位)

视频1.1
头部正常影像解读

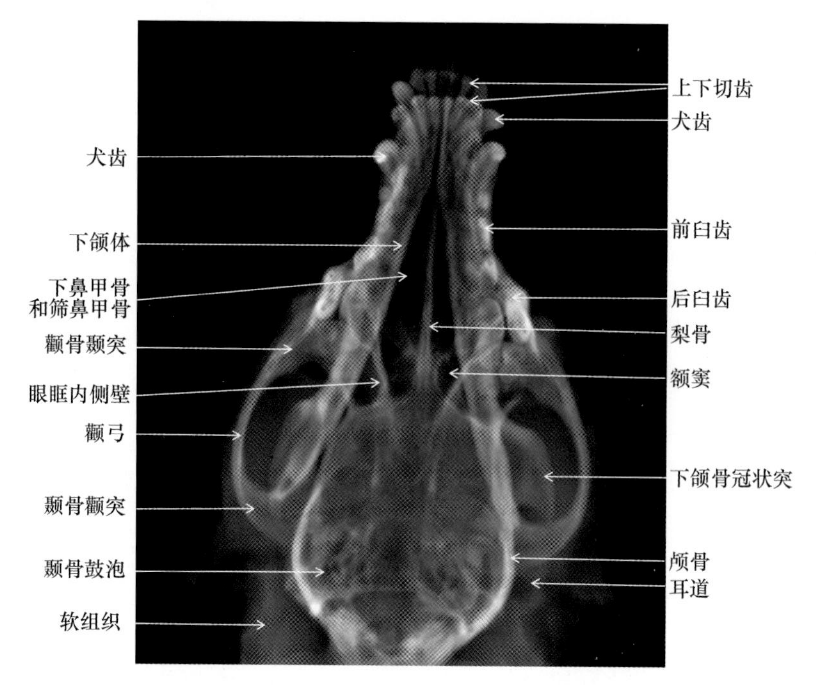

▲ 图1.2 成年犬头部正位X线片(背腹位)

1.1.2 犬头部侧位 X 线解剖(图 1.3 和图 1.4)

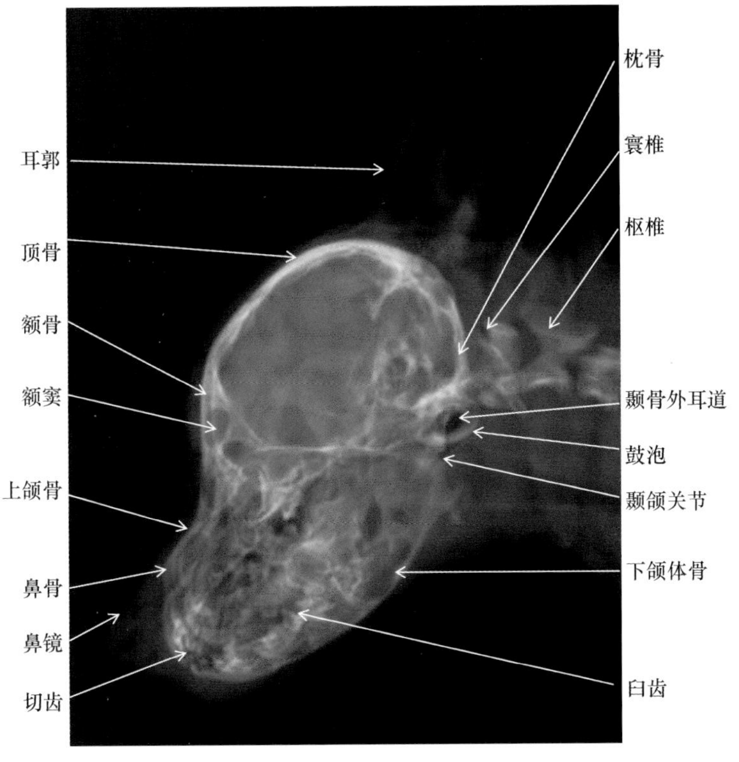

▲ 图 1.3 幼年犬头部侧位 X 线片

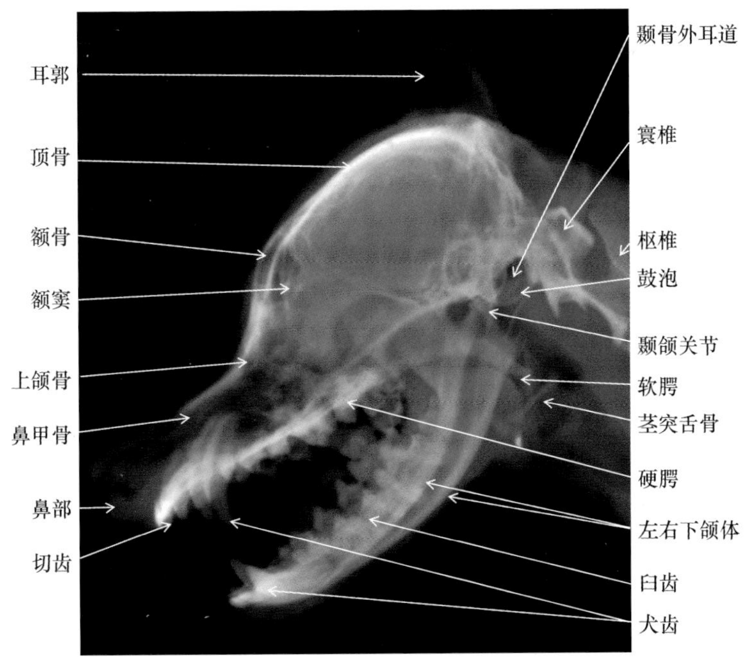

▲ 图 1.4 成年犬头部侧位 X 线片

1.2 脊柱正常 X 线解剖

犬脊柱摄片常用的摄影体位为正位(腹背位)及侧位(左侧位或右侧位),在临床实际摄片时要根据临床检查判断需要摄片的具体部位,根据部位脊柱在摄片时分为颈椎、胸椎、腰椎、荐椎、尾椎等部位,下面 X 线片分别标注的为犬颈椎正位及侧位、胸椎正位及侧位、腰椎正位及侧位、尾椎正位及侧位。

1.2.1 犬颈椎正位与侧位 X 线解剖(图 1.5 和图 1.6)

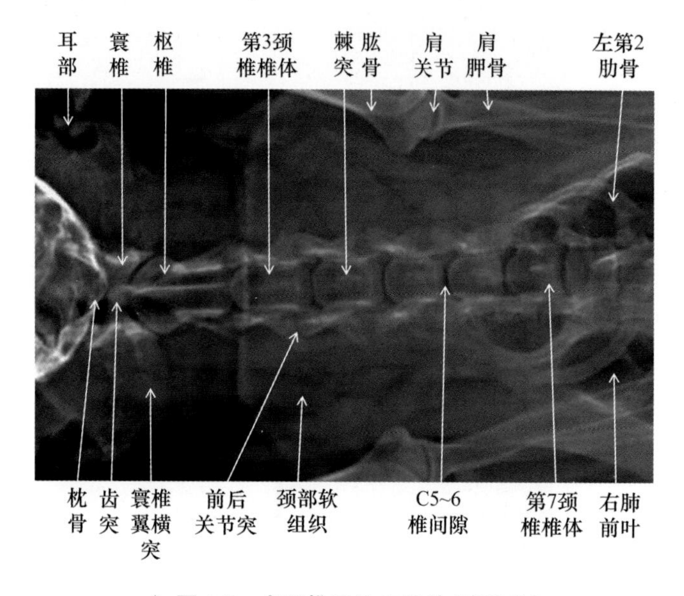

▲ 图 1.5 犬颈椎正位 X 线片(腹背位)

视频 1.2
脊柱正常影像解读

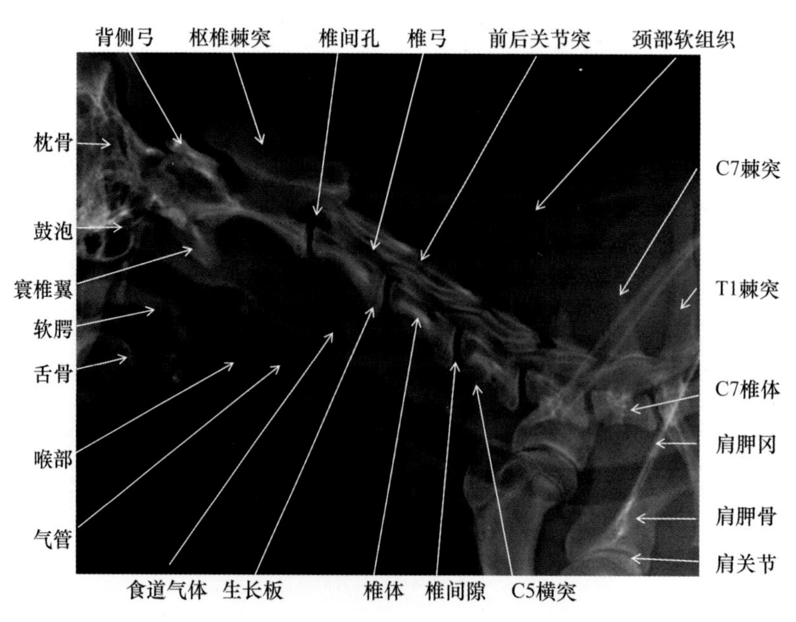

▲ 图 1.6 犬颈椎侧位 X 线片(右侧位)

1.2.2 犬胸椎正位与侧位 X 线解剖(图 1.7 和图 1.8)

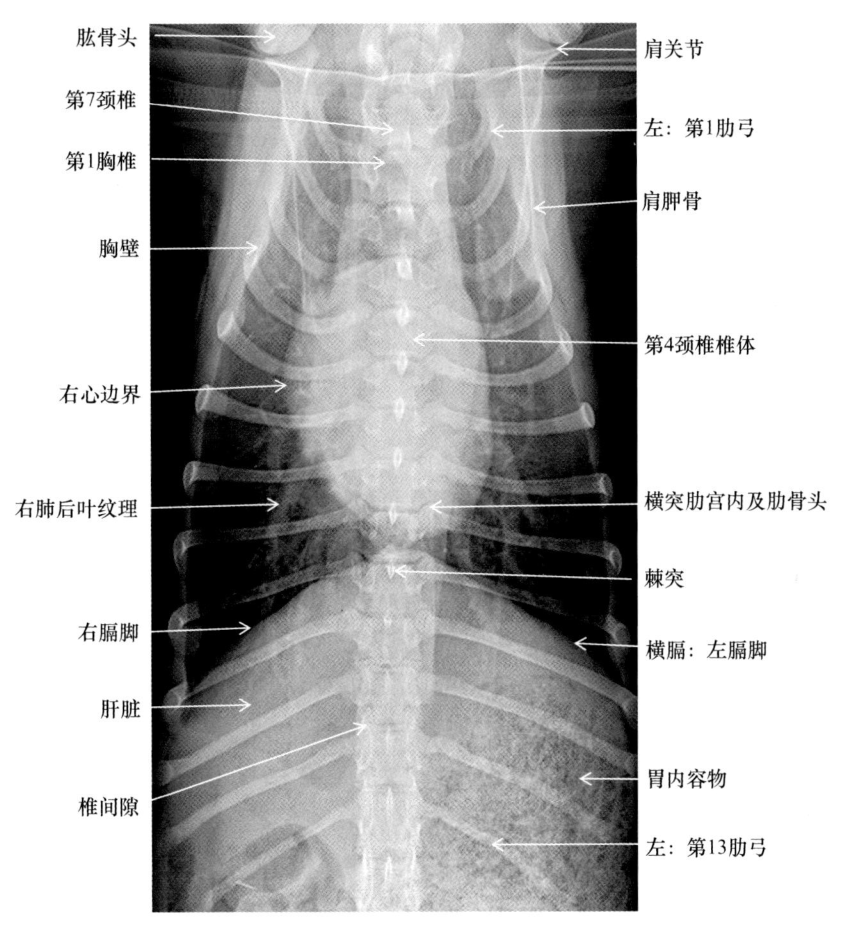

▲ 图 1.7 犬胸椎腹背位 X 线片

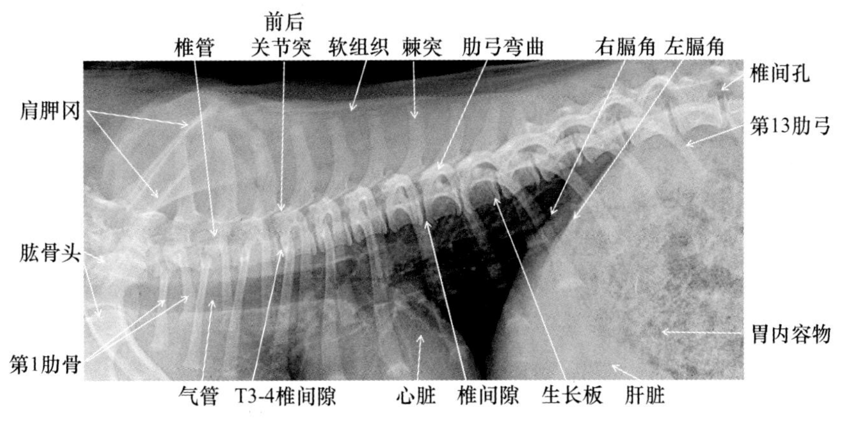

▲ 图 1.8 犬胸椎侧位 X 线片

1.2.3 犬腰椎正位与侧位 X 线解剖(图 1.9 和图 1.10)

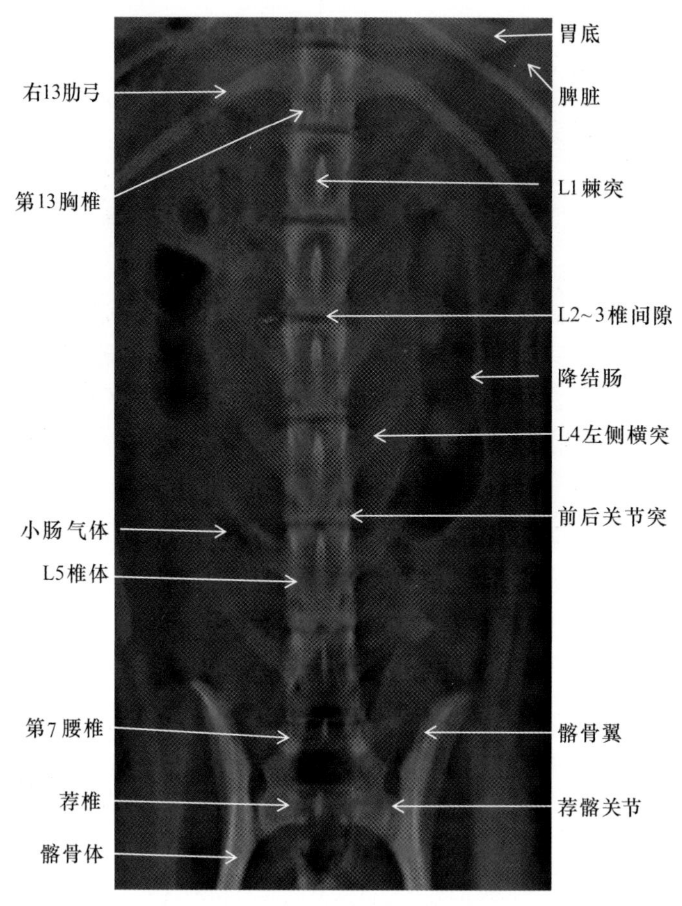

▲ 图 1.9　犬腰椎腹背位 X 线片

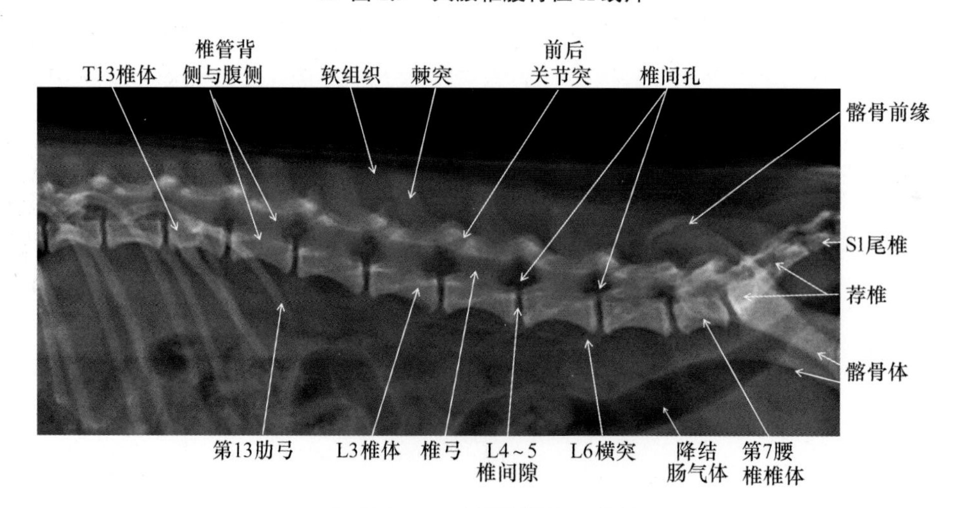

▲ 图 1.10　犬腰椎侧位 X 线片

1.2.4 犬荐椎与尾椎正位与侧位 X 线解剖(图 1.11 和图 1.12)

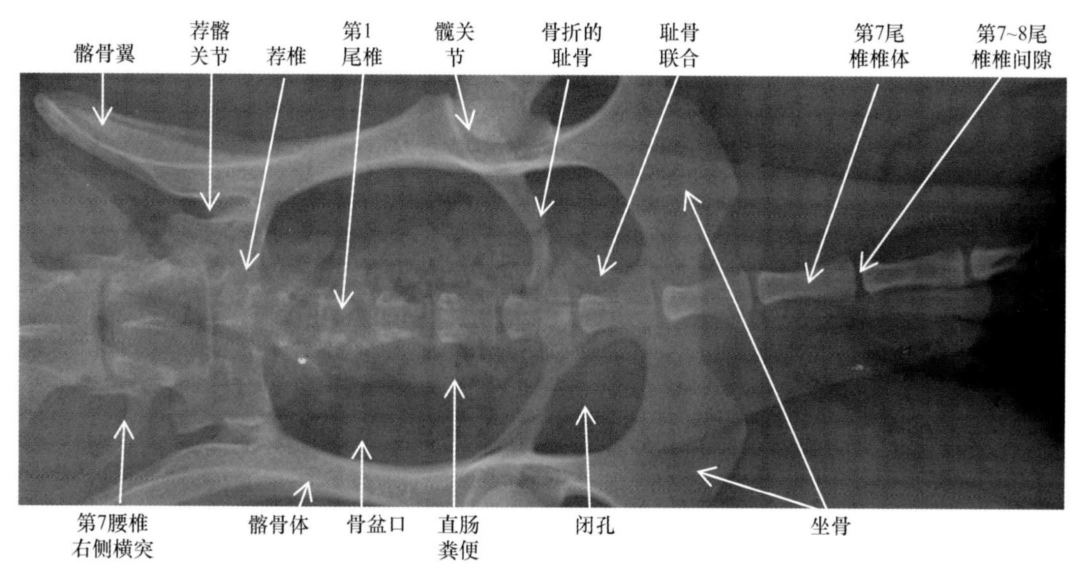

▲ 图 1.11 犬荐椎与尾椎正位 X 线片(腹背位)

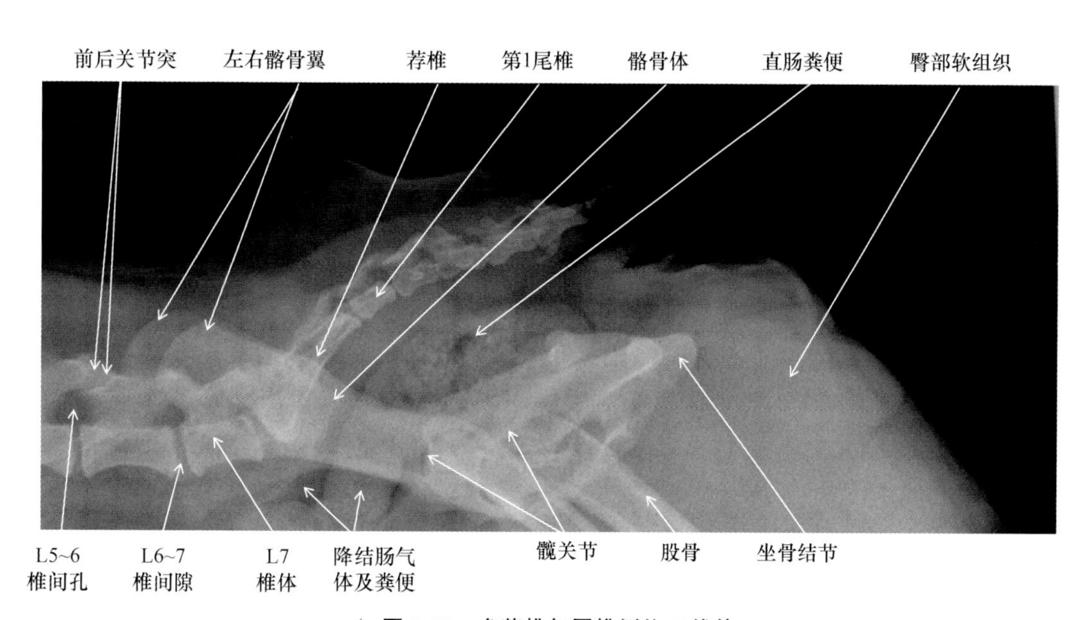

▲ 图 1.12 犬荐椎与尾椎侧位 X 线片

1.3 前肢骨与关节正常 X 线解剖

犬前肢骨与关节摄片常用的摄影体位为正位(背掌位、前后位、后前位)及侧位(内外侧位),下面 X 线片标注的为一只幼年犬前肢背掌位和另一只幼年犬与一只成年犬前肢内外侧位。

1.3.1 犬前肢掌骨与腕关节背掌位 X 线解剖(图 1.13)

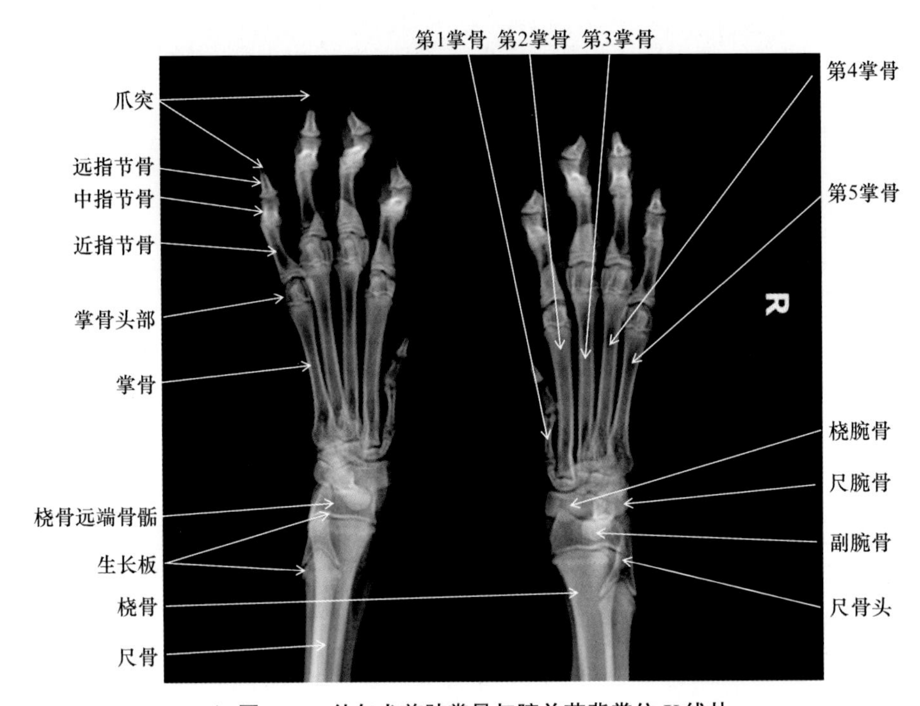

▲ 图 1.13 幼年犬前肢掌骨与腕关节背掌位 X 线片

视频 1.3
四肢骨正常影像解读

视频 1.4
关节正常影像解读

1.3.2 犬内外侧位 X 线解剖(图 1.14 至图 1.16)

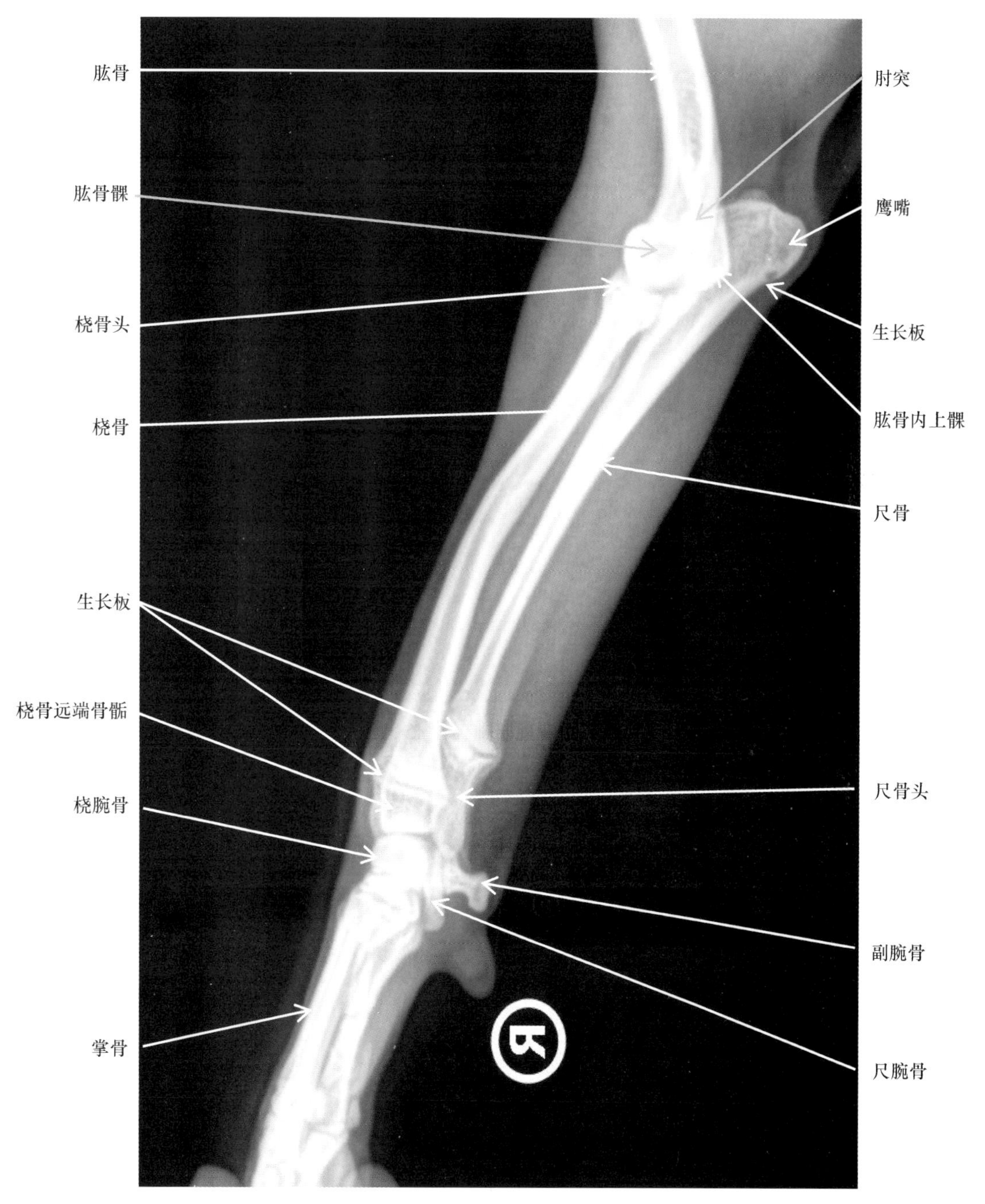

▲ 图 1.14 幼年犬尺桡骨内外侧位 X 线片

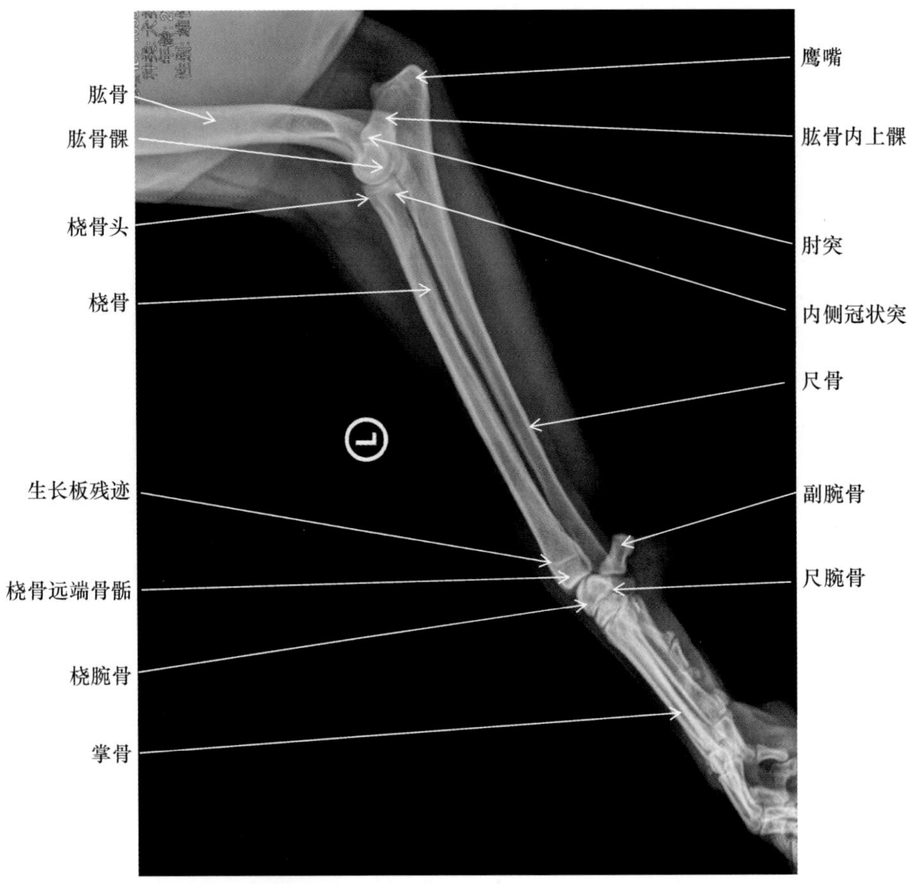

▲ 图 1.15　成年犬尺桡骨内外侧位 X 线片

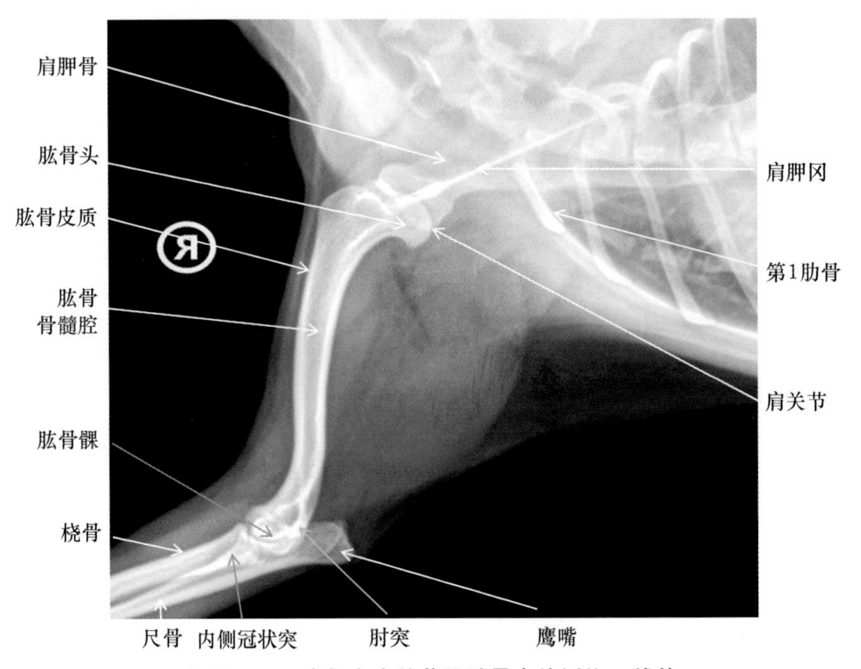

▲ 图 1.16　成年犬肩关节及肱骨内外侧位 X 线片

1.4 骨盆与后肢正常 X 线解剖

犬后肢骨关节与骨盆摄片常用的摄影体位为正位(髋关节正位)及侧位(内外侧位),下面 X 线片标注的为犬的髋关节正位与后肢内外侧位 X 线解剖。

1.4.1 犬骨盆与后肢 X 线解剖(图 1.17)

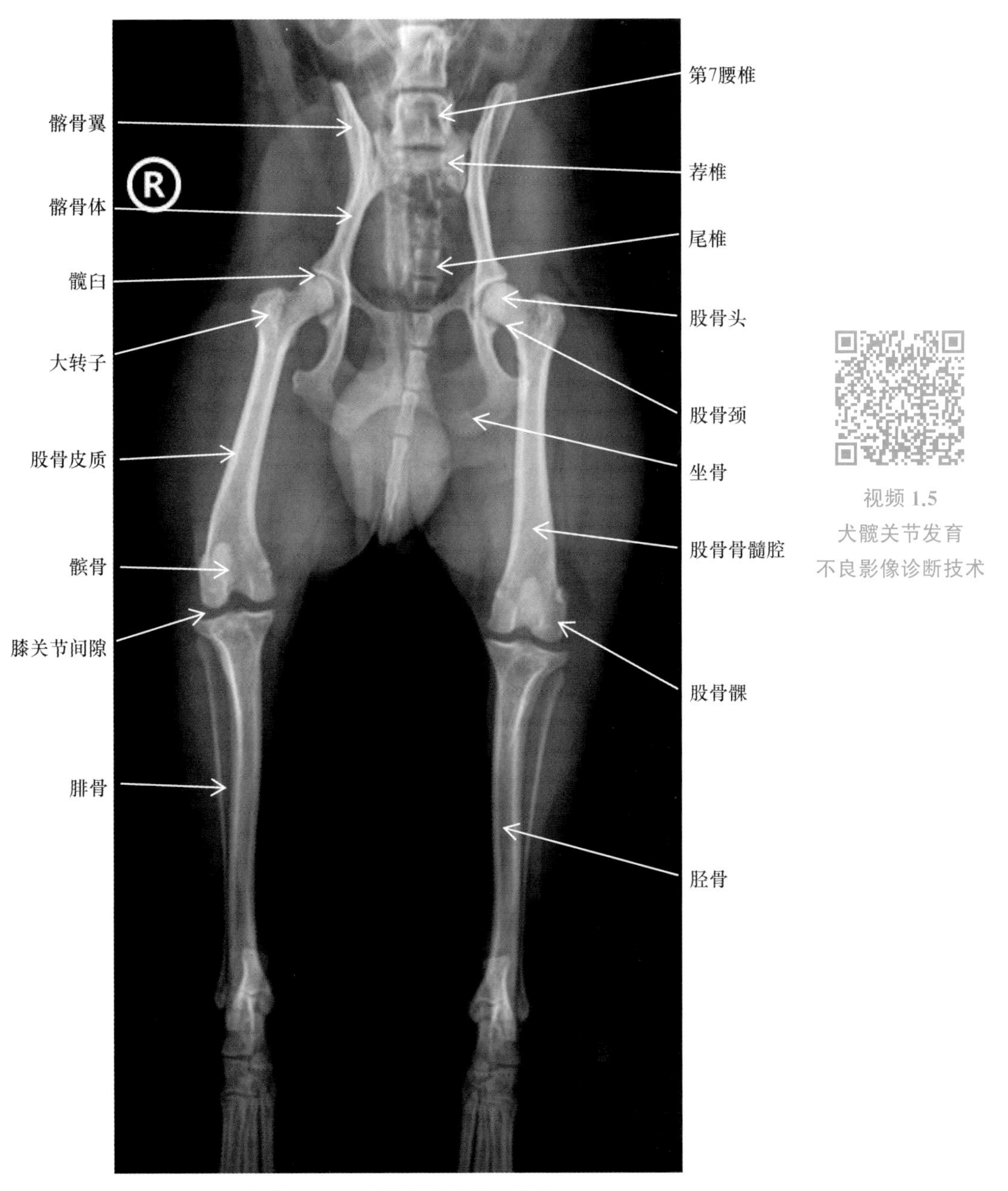

▲ 图 1.17 犬髋关节正位 X 线片

1.4.2 犬后肢侧位 X 线解剖(图 1.18)

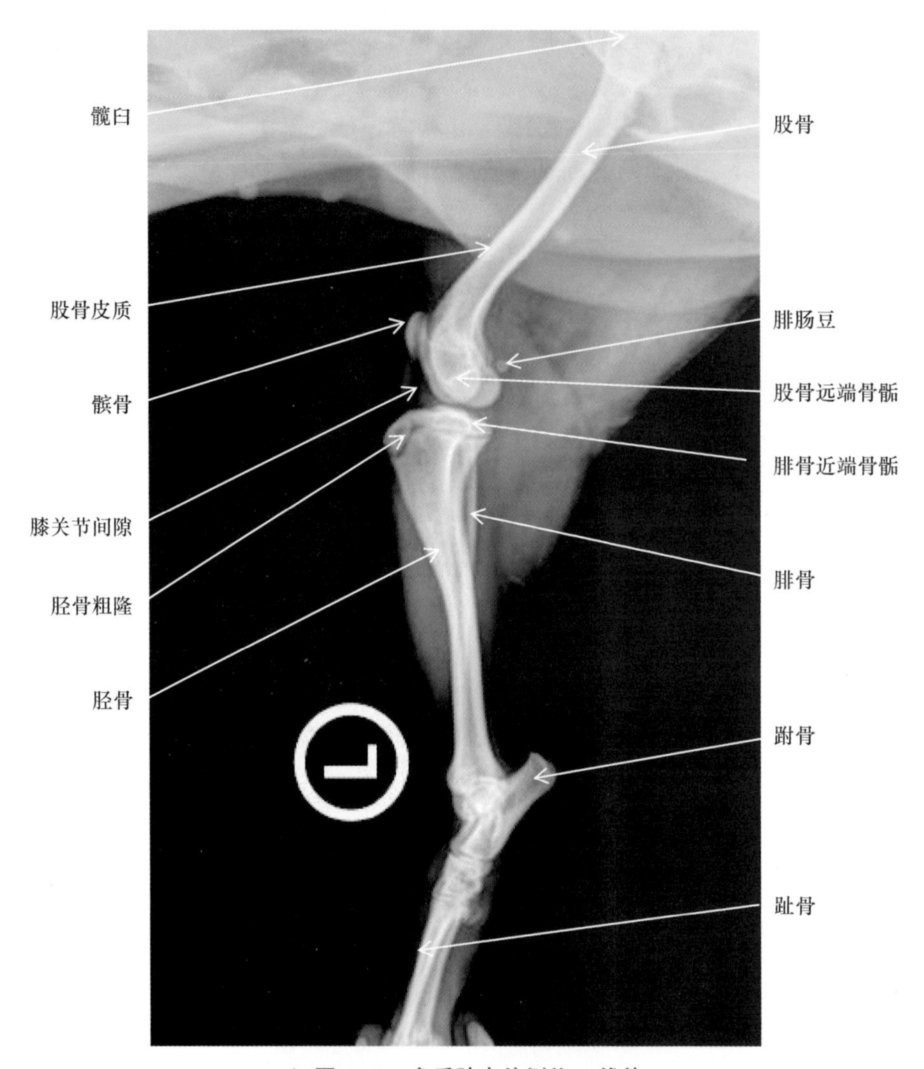

▲ 图 1.18　犬后肢内外侧位 X 线片

1.5　胸部正常 X 线解剖

犬胸部摄片常用的摄影体位为正位(腹背位或背腹位)及侧位(左侧位和右侧位),下面标注的为一只成年犬的胸部腹背位与侧位 X 线片。

1.5.1 犬胸部正位 X 线解剖(图 1.19)

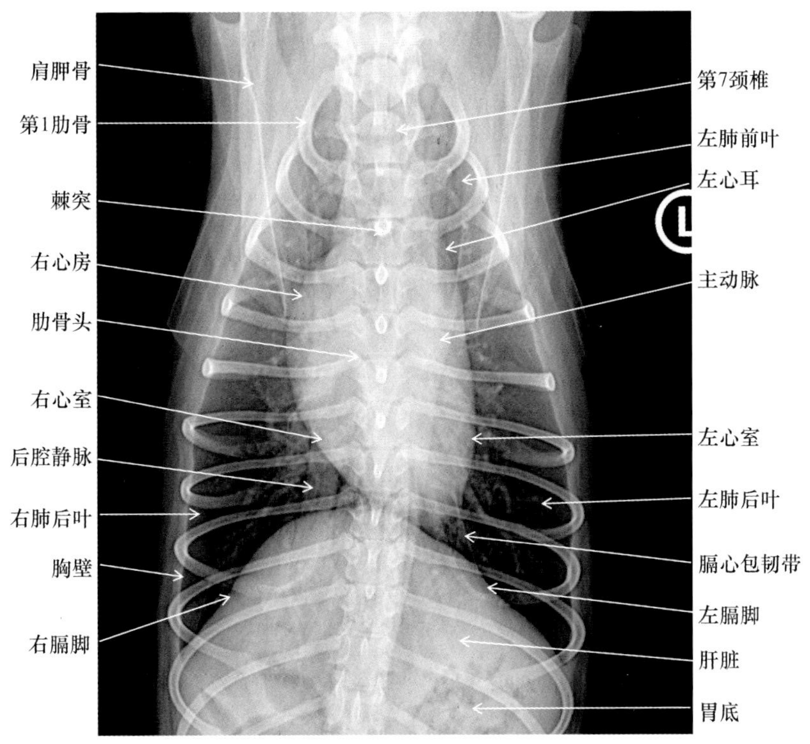

▲ 图 1.19 犬胸部腹背位 X 线片

视频 1.6
胸部正常影像解读

1.5.2 犬胸部侧位 X 线解剖(图 1.20)

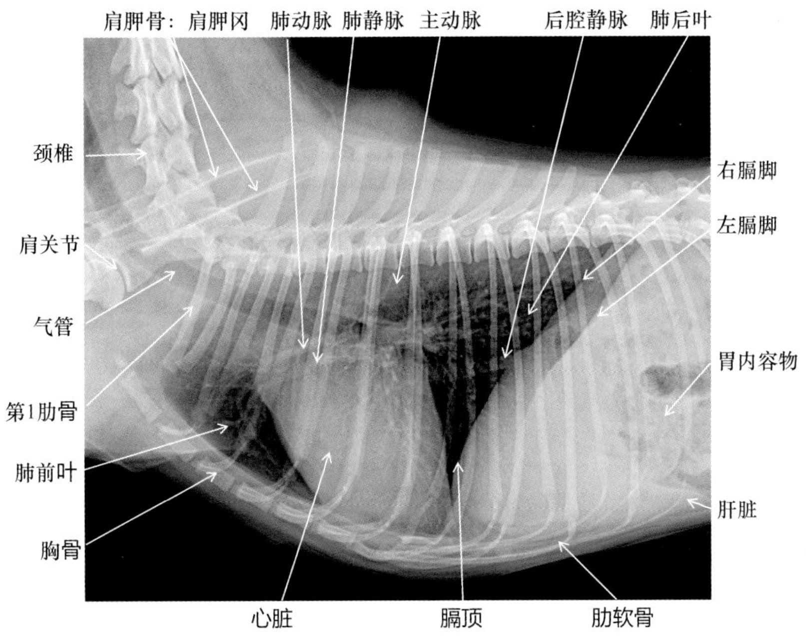

▲ 图 1.20 犬胸部右侧位 X 线片

1.6 腹部正常X线解剖

犬腹部摄片常用的摄影体位为正位(腹背位或背腹位)及侧位(左侧位和右侧位),下面标注的为一只成年犬的腹部腹背位与右侧位X线片,这两个体位在临床中最常使用。

1.6.1 犬腹部正位X线解剖(图1.21)

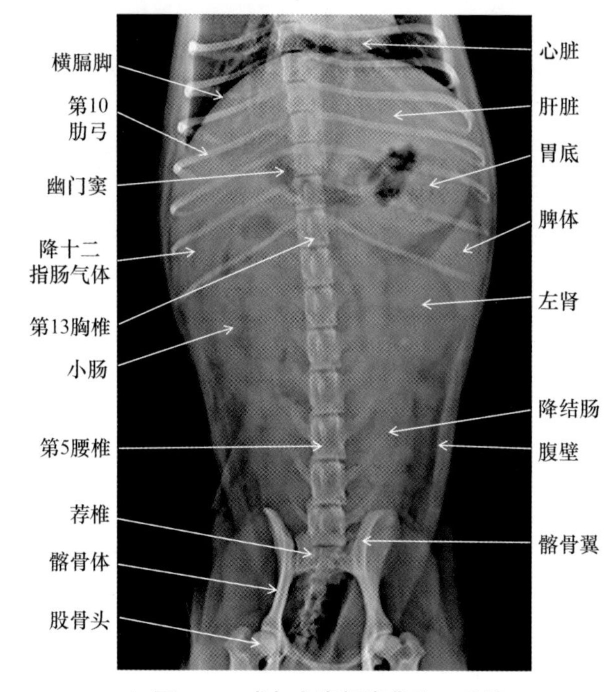

视频1.7
腹部正常影像解读

▲ 图1.21 成年犬腹部腹背位X线片

1.6.2 犬腹部侧位X线解剖(图1.22)

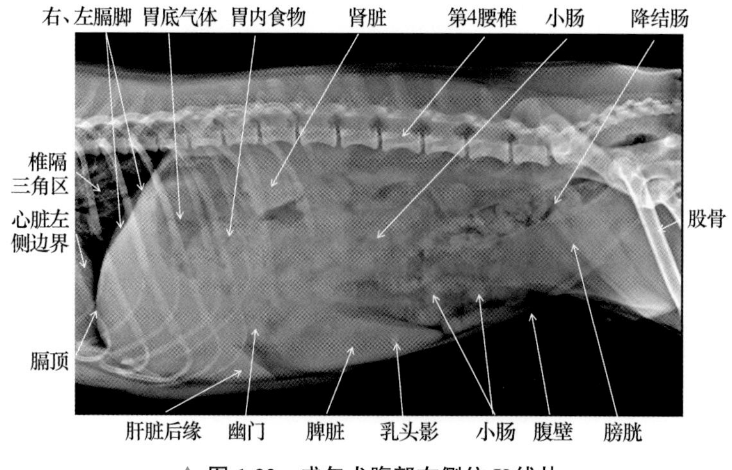

▲ 图1.22 成年犬腹部右侧位X线片

/ XIANGMU 2 /

项目2

猫正常X线解剖结构解读

项目概述

猫不同小型犬，在掌握犬正常X线解剖基础上也要掌握猫正常X线解剖，并了解两者的区别，这是解读病变的基础，本项目将猫的身体结构分为头部、脊柱、骨与关节、胸部与腹部等主要部位，将各部位临床工作常拍摄的正位与侧位X线片的主要结构进行了一一标注，在阅读时要从解剖结构、形态、位置上注意与犬的区别，同样，掌握猫的正常X线解剖对于识别病变非常重要，因此需要全面掌握。

2.1 头部正常X线解剖

猫头部摄片常用的摄影体位为正位(腹背位或背腹位)及侧位(左侧位或右侧位),下面标注的为一只猫的头部背腹位与侧位X线解剖。

2.1.1 猫头部正位X线解剖(图2.1)

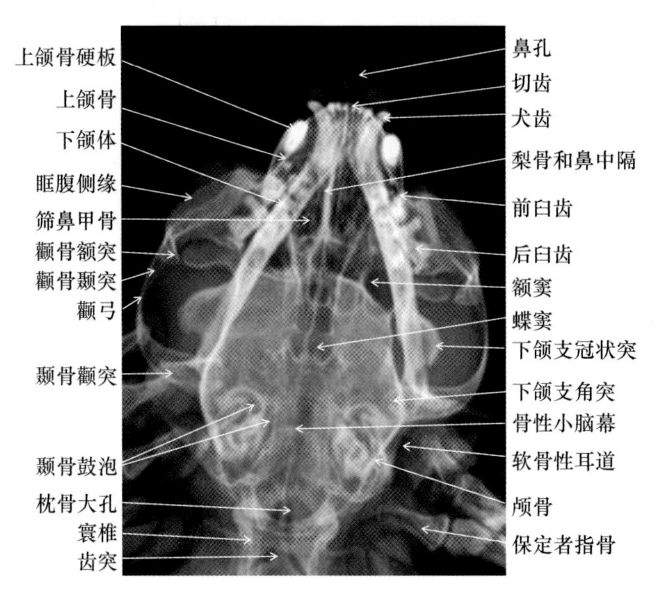

▲ 图2.1　猫头部正位X线片(背腹位)

2.1.2 猫头部侧位X线解剖(图2.2)

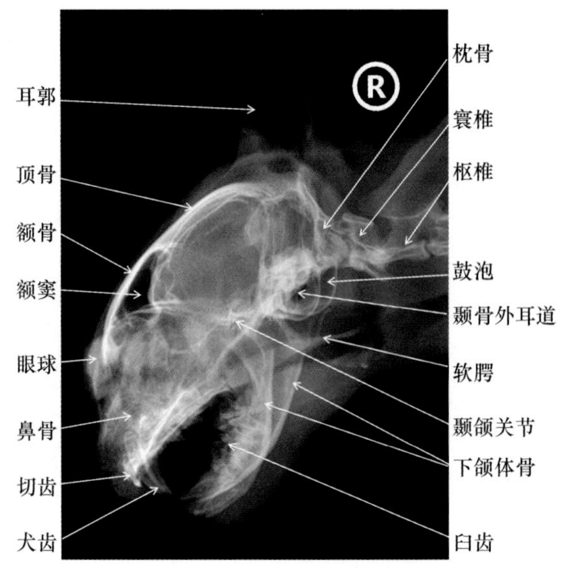

▲ 图2.2　猫头部侧位X线片

2.2 脊柱正常X线解剖

猫脊柱摄片常用的摄影体位为正位(腹背位)及侧位(左侧位或右侧位),在临床实际摄片时要根据临床检查判断需要摄片的具体部位,对于猫而言身体相对较小,也要尽可能让颈椎、胸椎、腰椎、荐椎、尾椎等部位单独拍摄。下面分别标注的为猫颈椎正位及侧位、胸椎正位及侧位、腰椎正位及侧位、尾椎正位及侧位的X线解剖,其中C代表颈椎、T代表胸椎、L代表腰椎。

2.2.1 猫颈椎正位与侧位X线解剖(图2.3和图2.4)

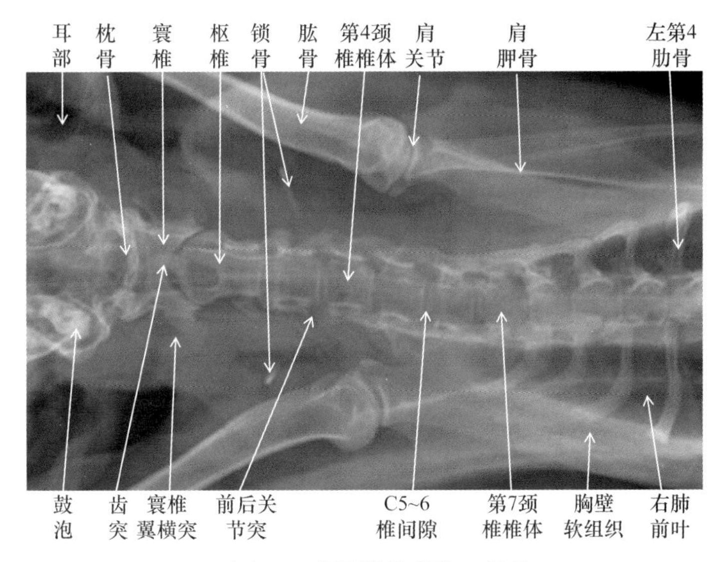

▲ 图2.3 猫颈椎腹背位X线片

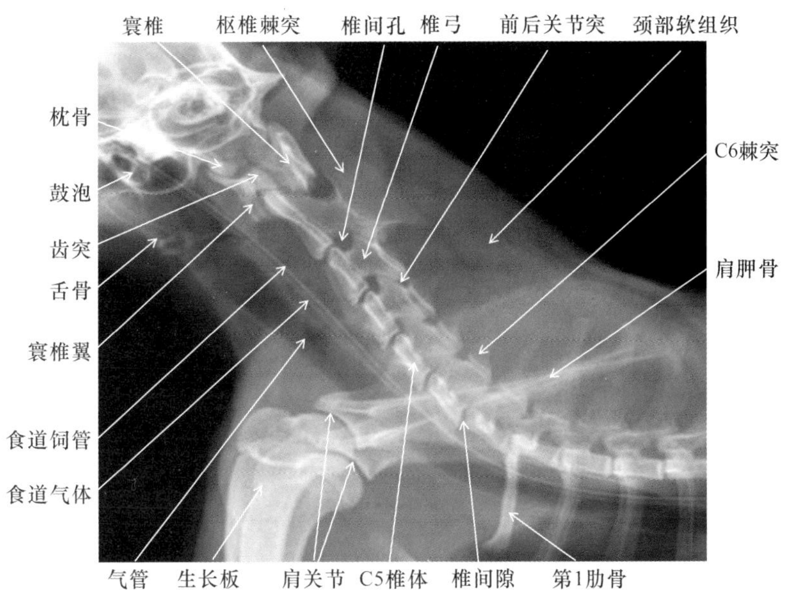

▲ 图2.4 猫颈椎侧位X线片

2.2.2 猫胸椎正位与侧位 X 线解剖(图 2.5 和图 2.6)

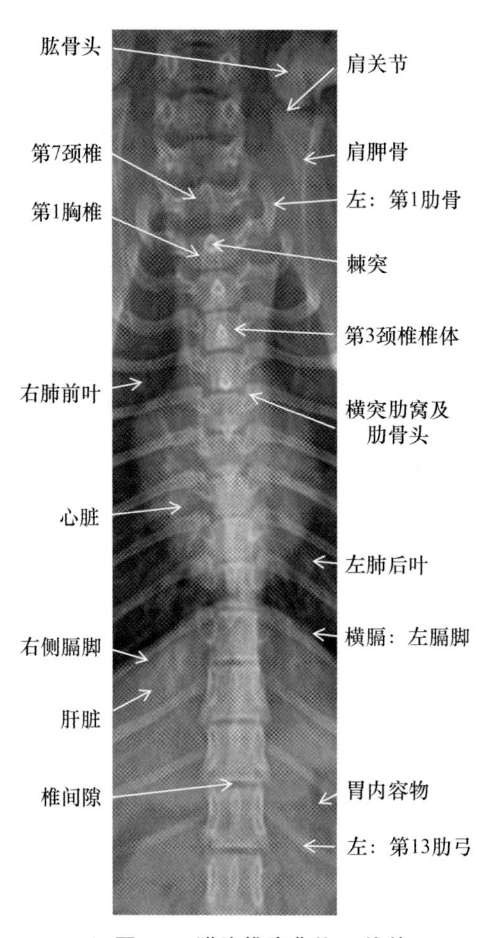

▲ 图 2.5 猫胸椎腹背位 X 线片

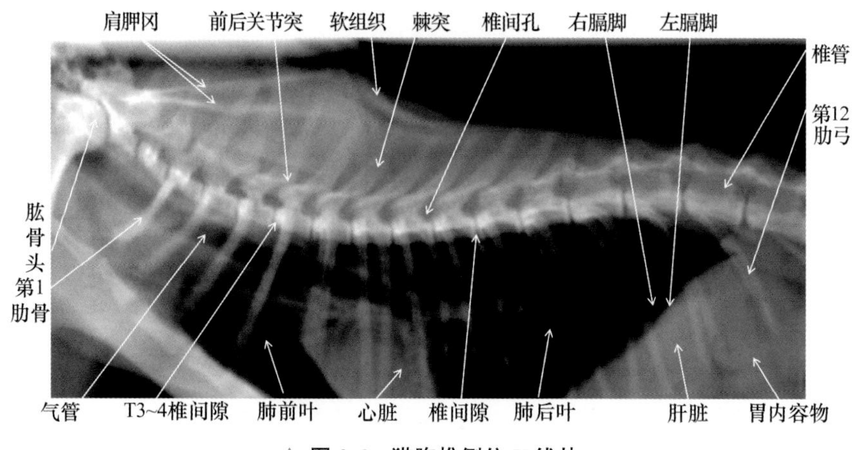

▲ 图 2.6 猫胸椎侧位 X 线片

2.2.3 猫腰椎正位与侧位 X 线解剖(图 2.7 和图 2.8)

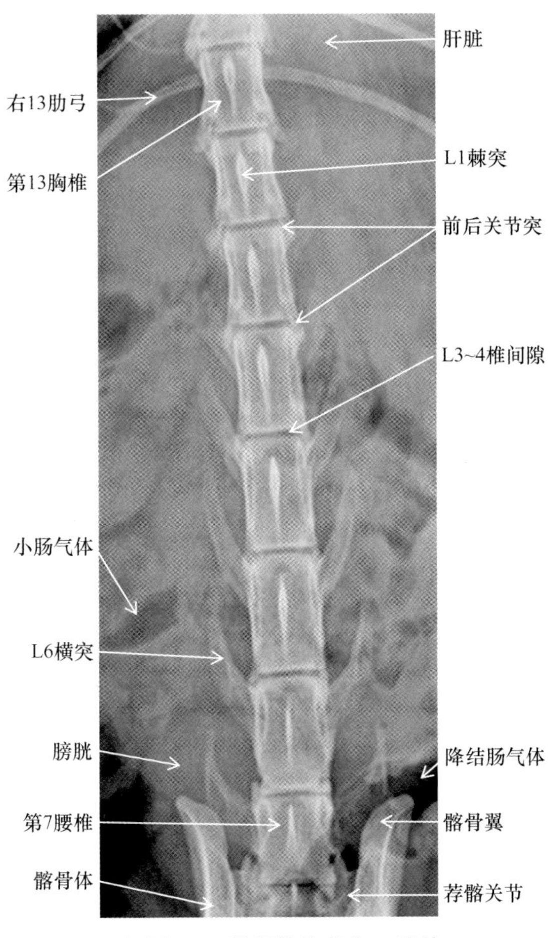

▲ 图 2.7 猫腰椎腹背位 X 线片

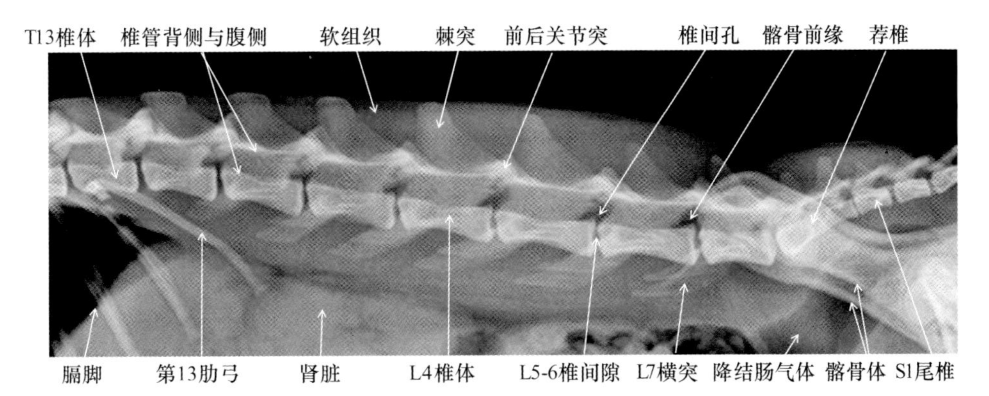

▲ 图 2.8 猫腰椎侧位 X 线片

2.2.4 猫荐椎正位与侧位 X 线解剖(图 2.9 和图 2.10)

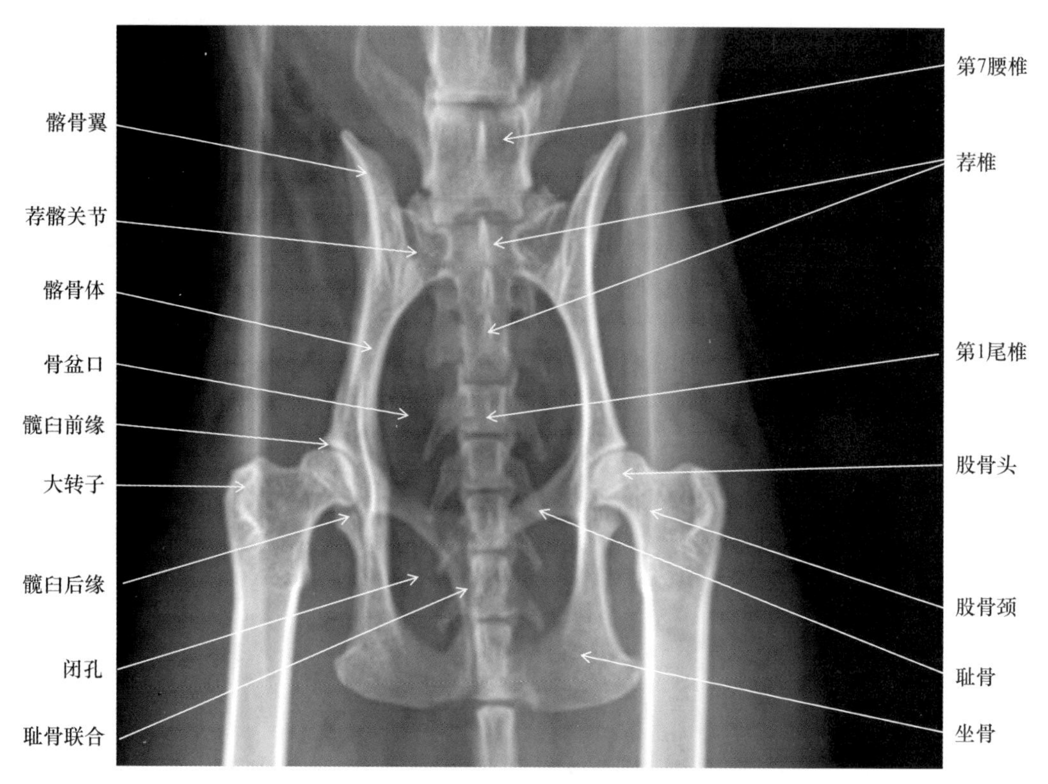

▲ 图 2.9 猫髋关节正位 X 线片(荐椎与尾椎正位)

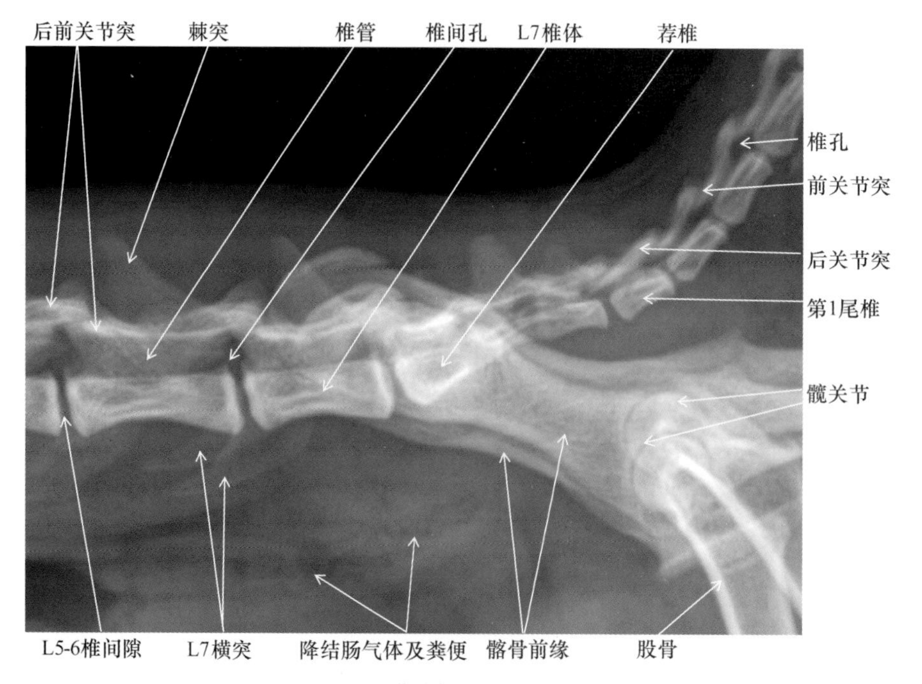

▲ 图 2.10 猫荐椎与尾椎侧位 X 线片

2.2.5 猫尾椎正位与侧位 X 线解剖(图 2.11 和图 2.12)

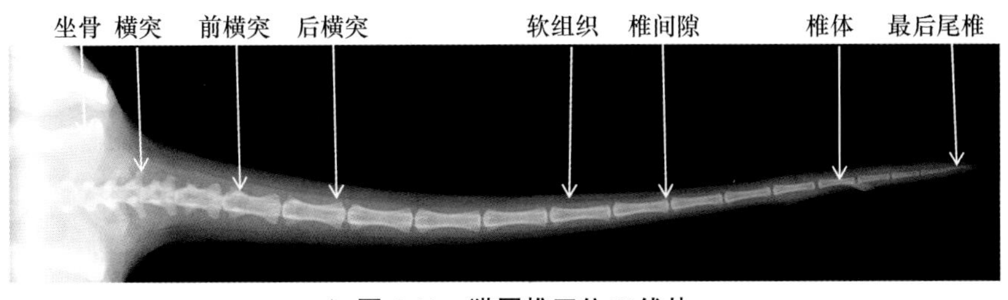

▲ 图 2.11 猫尾椎正位 X 线片

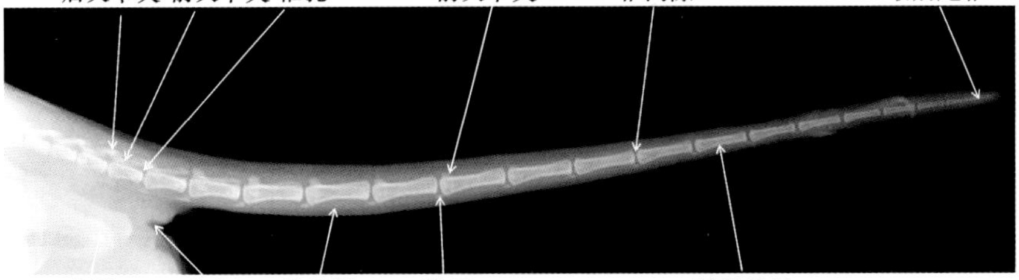

后关节突 前关节突 椎孔 前关节突 椎间隙 最后尾椎

坐骨 肛门 软组织 脉弓 尾椎椎体

▲ 图 2.12 猫尾椎侧位 X 线片

2.3 前肢骨与关节正常 X 线解剖

猫前肢骨与关节摄片常用的摄影体位为正位(背掌位、前后位、后前位)及侧位(内外侧位),下面 X 线片标注的为一只猫前肢正位与侧位。

2.3.1 猫前肢前后位 X 线解剖(图 2.13)

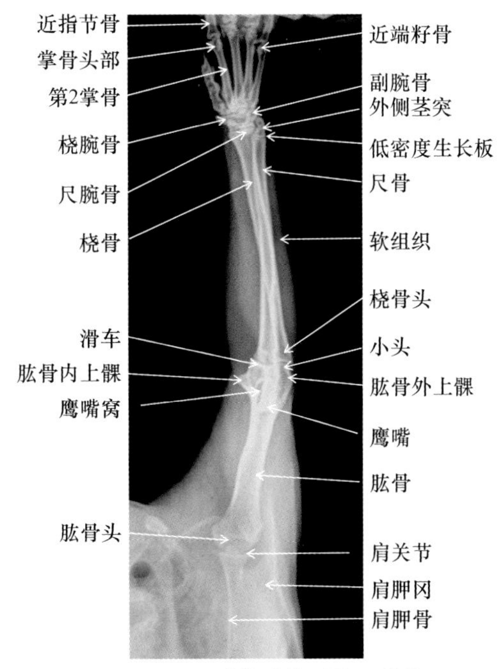

▲ 图 2.13 猫前肢前后位 X 线片

2.3.2 猫内外侧位 X 线解剖(图 2.14)

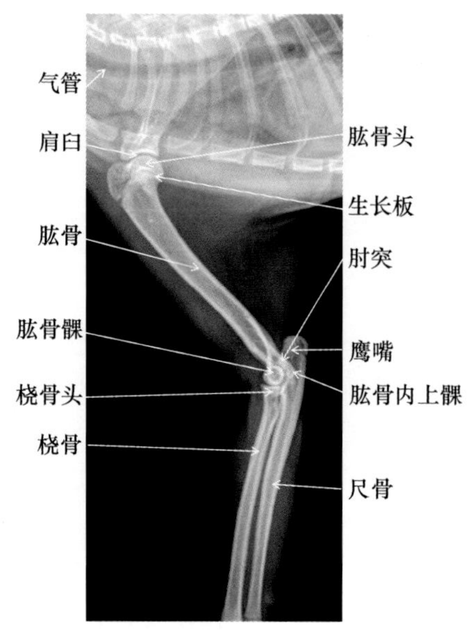

▲ 图 2.14 猫前肢内外侧位 X 线片

2.4 骨盆与后肢正常 X 线解剖

猫骨盆常用的摄片体位为髋关节正位与侧位。后肢常用摄片体位为内外侧位与后前位。

2.4.1 猫骨盆 X 线解剖(图 2.15)

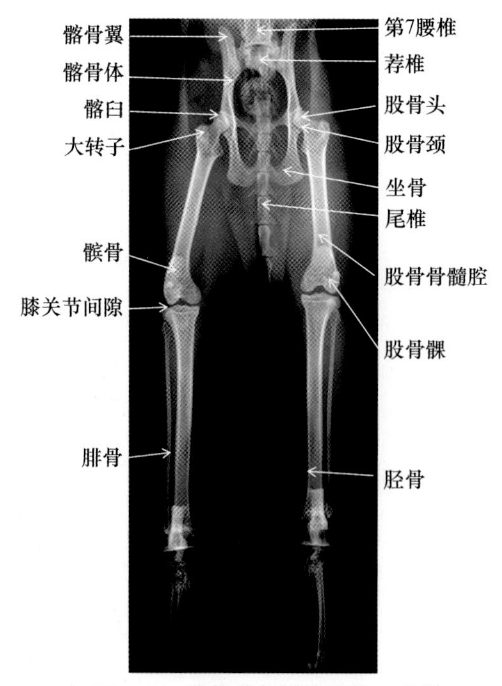

▲ 图 2.15 猫骨盆与后肢正位 X 线片

2.4.2 猫后肢 X 线解剖(图 2.16 至图 2.19)

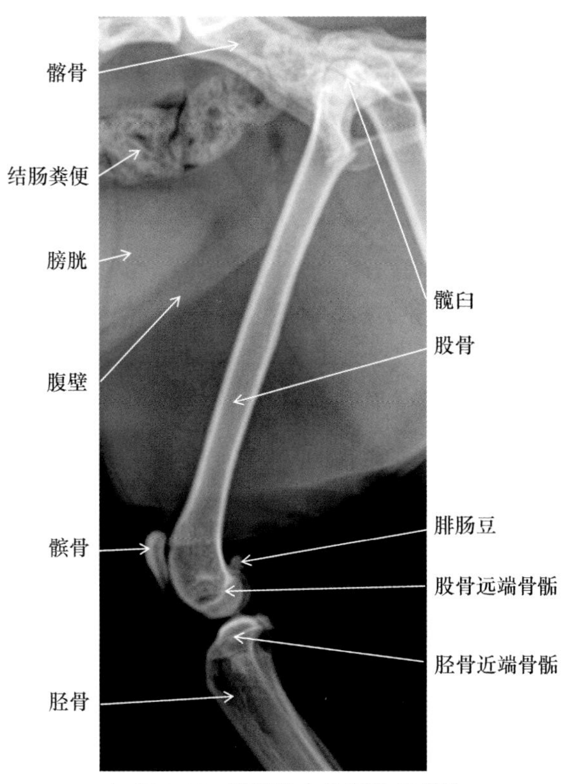

▲ 图 2.16 猫股骨内外侧位 X 线片

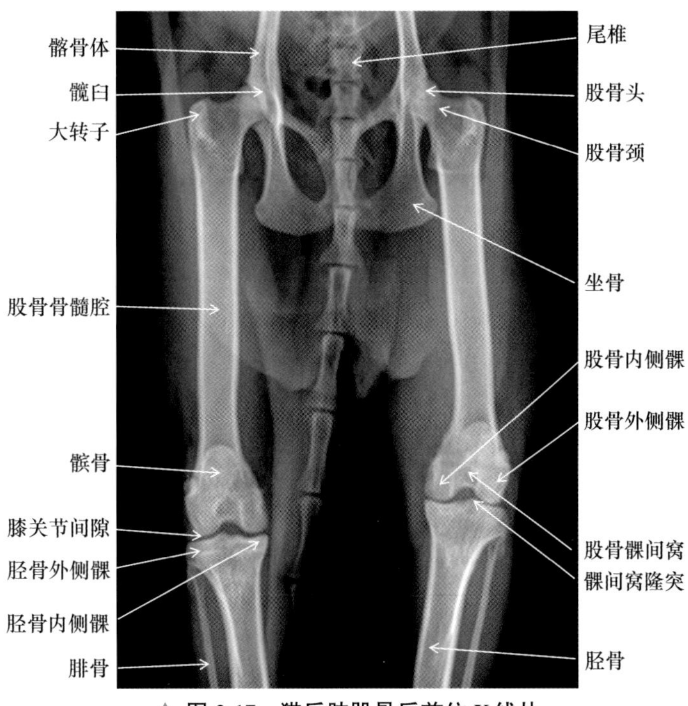

▲ 图 2.17 猫后肢股骨后前位 X 线片

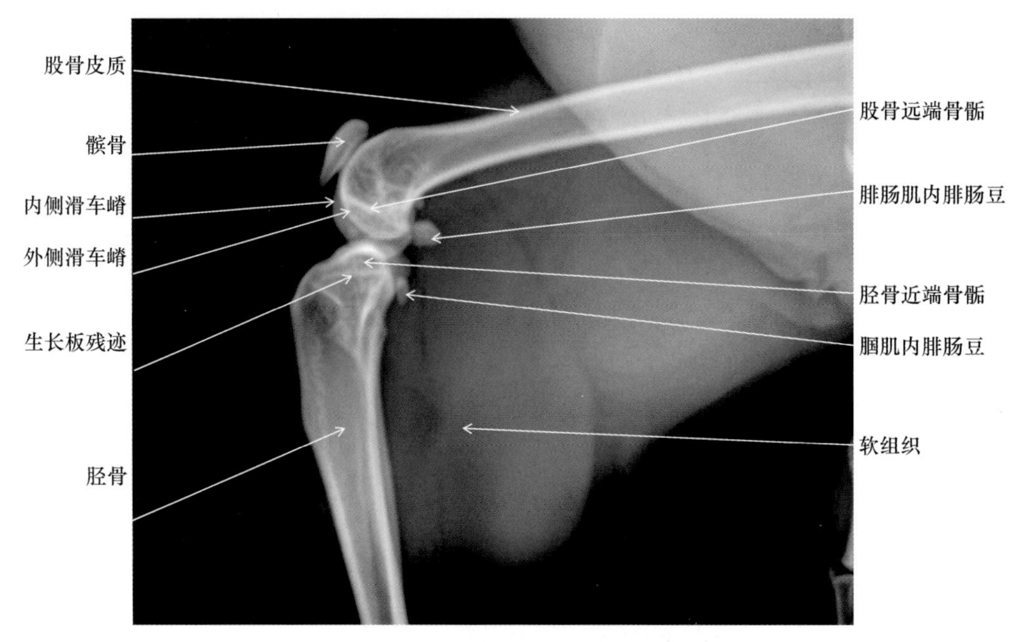

▲ 图 2.18　猫膝关节内外侧位 X 线片

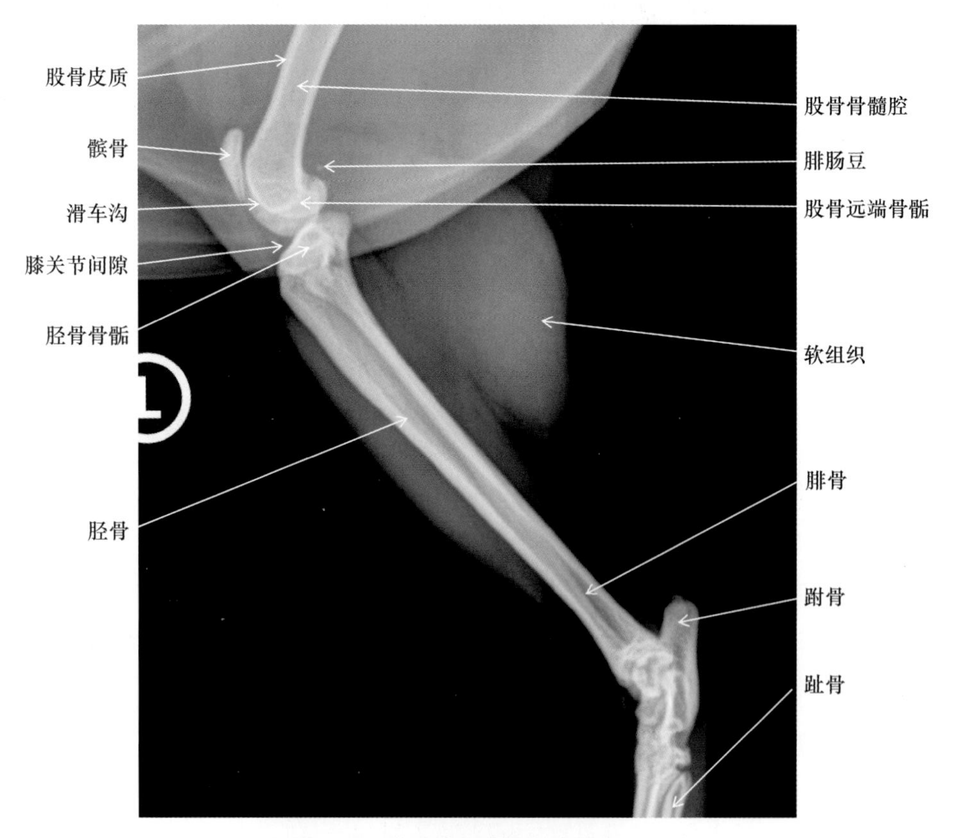

▲ 图 2.19　猫后肢胫腓骨内外侧位 X 线片

2.5 胸部正常 X 线解剖

猫胸部摄片常用的摄影体位为正位(腹背位或背腹位)及侧位(左侧位和右侧位),下面标注的为一只猫的胸部腹背位与侧位 X 线片。

2.5.1 猫胸部正位 X 线解剖(图 2.20)

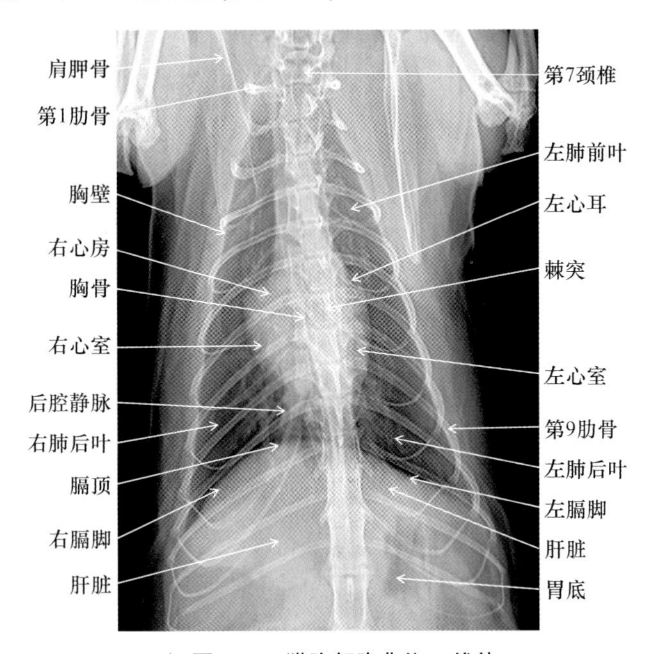

▲ 图 2.20 猫胸部腹背位 X 线片

2.5.2 猫胸部侧位 X 线解剖(图 2.21)

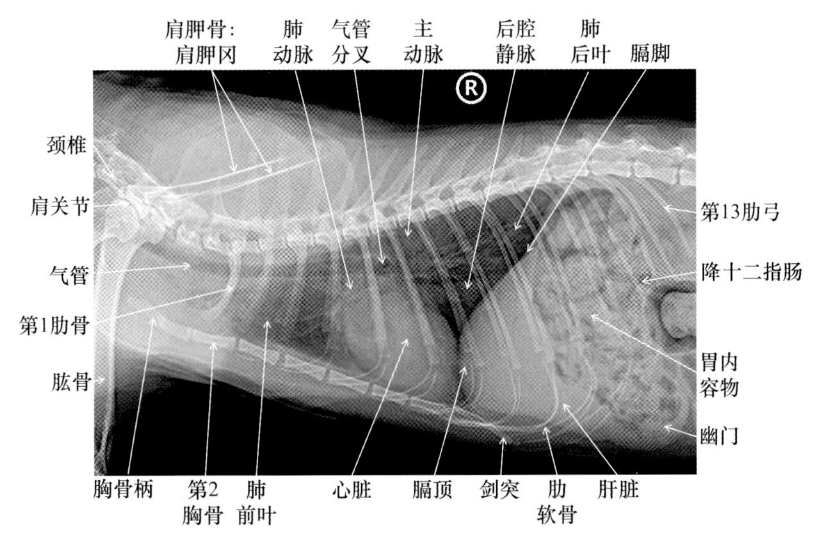

▲ 图 2.21 猫胸部侧位 X 线片

2.6 腹部正常 X 线解剖

猫腹部摄片常用的摄影体位为正位(腹背位或背腹位)及侧位(左侧位和右侧位),下面标注的为一只猫的腹部腹背位与右侧位 X 线片,这两个体位在临床中最常使用。但要注意对于呼吸窘迫的猫正位片最好选择背腹位,以减少呼吸抑制。

2.6.1 猫腹部正位 X 线解剖(图 2.22)

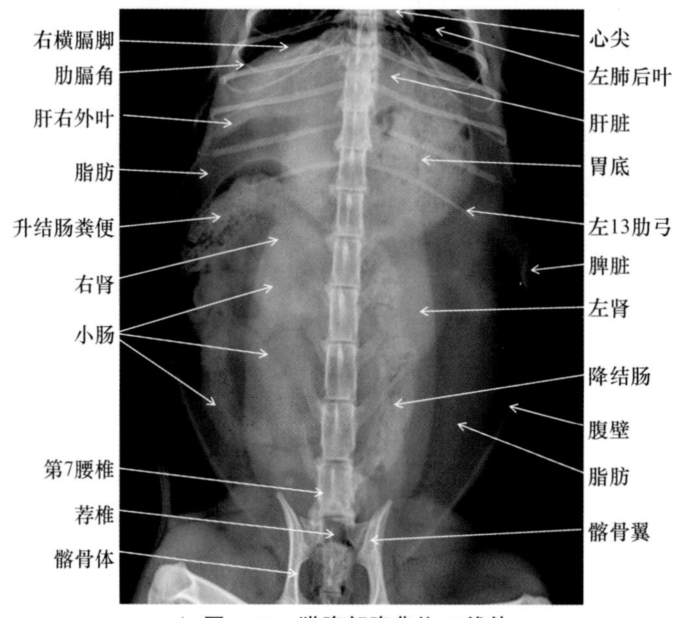

▲ 图 2.22 猫腹部腹背位 X 线片

2.6.2 猫腹部侧位 X 线解剖(图 2.23)

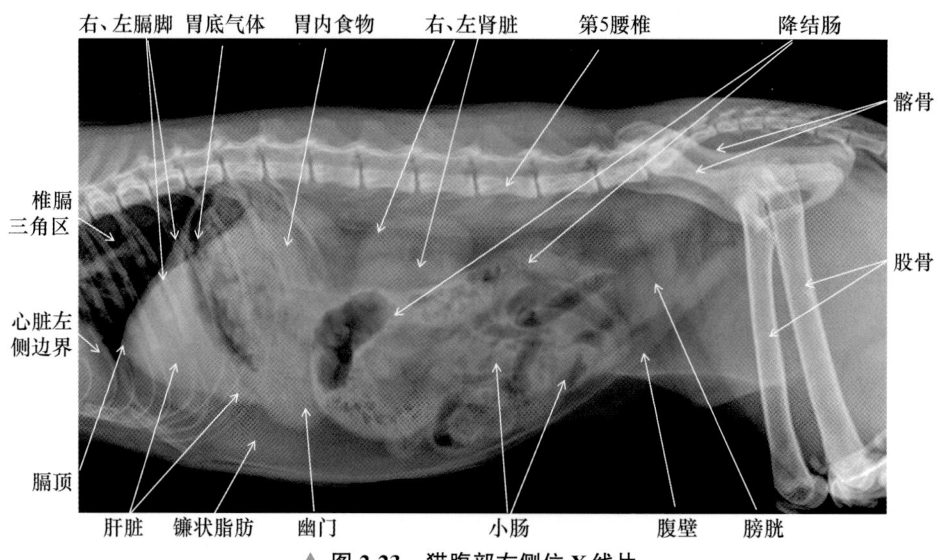

▲ 图 2.23 猫腹部右侧位 X 线片

/ XIANGMU 3 /

项目3

头部常见疾病影像分析

项目概述

头部疾病常用的影像检查方法有X线、CT、MRI、B超。对于头部的肿块建议进行B超检查；当怀疑患病动物头部发生骨折时首选的筛查检查方法为X线检查，对于复杂的骨折需要追加CT检查，出现神经症状时为寻找原因需要增加MRI检查。本项目主要介绍几种X线诊断的头部病例，通过病例分析，诊断临床常见的头部疾病。

3.1　头骨骨折

▲ 病例介绍

2 岁雄性灵缇犬，在户外追猎兔子过程中由于头部撞击电线杆上缠绕的金属钢丝尖端，导致头部损伤，血流不止（图 3.1），遂就诊。临床检查表明该犬意识清醒，于是拍摄了头部侧位 X 线片，见图 3.2。

▲ 图 3.1　犬头部受伤出血

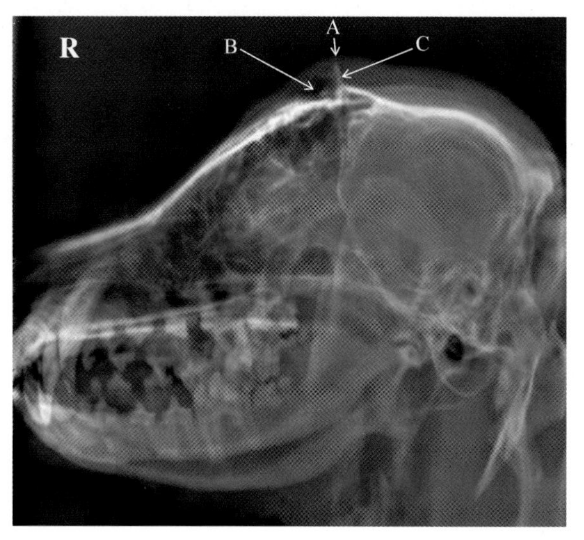

▲ 图 3.2　头部侧位 X 线片

影像所见

头部侧位 X 线片可见患犬额骨外侧软组织局部肿胀（A 箭头所示），软组织内部可见低密度黑色气体影像（B 箭头所示），额骨骨折，见骨错位及朝上的骨折碎片（C 箭头所示），额窦仍为低密度影像，其余结构未见明显异常。

视频 3.1
头部骨折影像诊断技术

影像提示

上述征象提示开放性额骨骨折，未见额窦有血液进入。
最终诊断：开放性额骨骨折。

3.2　下颌骨骨折

▲ 病例一介绍

3 岁雌性博美犬，在户外玩耍时被电动三轮车撞击，导致头部左下颌向下方倾斜（图 3.3），嘴不能闭合，遂就诊。检查见患犬精神状态正常，根据病情拍摄了头部右侧位 X 线片，见图 3.4。

▲ 图 3.3 犬左下颌向下方倾斜

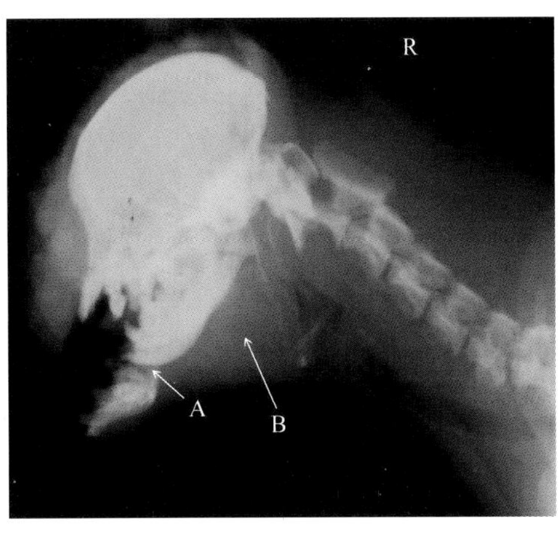

▲ 图 3.4 头部右侧位 X 线片

影像所见

头部右侧位 X 线片可见患犬下颌体出现骨折线（A 箭头所示），断端稍分离，下颌部软组织肿胀（B 箭头所示），其余结构未见明显异常。

影像提示

上述征象提示左侧下颌骨骨折，伴软组织损伤。

最终诊断：左侧下颌骨骨折。

▲ 病例二介绍

1.5 岁雌性格力犬，在户外活动时被车撞击，导致头部双侧下颌下垂，嘴不能对合，口部出血，遂就诊。检查见患犬精神状态尚可，通过口腔可见伤口。根据病情拍摄了头部右侧位 X 线片，见图 3.5。

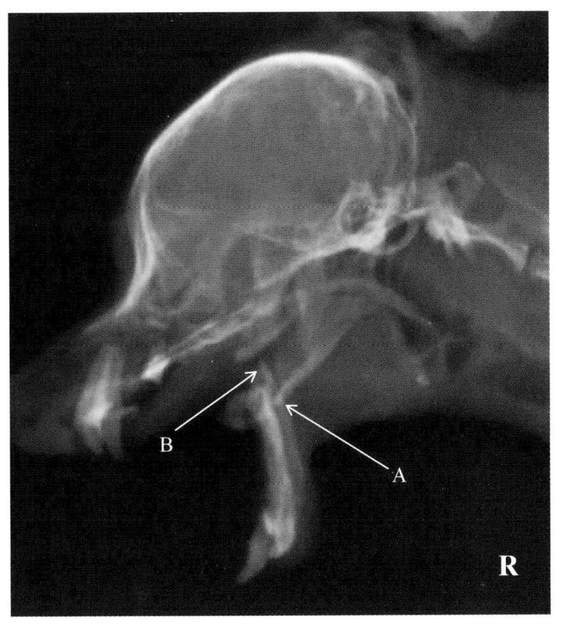

▲ 图 3.5 头部右侧位 X 线片

影像所见

头部右侧位 X 线片可见患犬双侧下颌下垂，呈现成角骨折（A 箭头所示），口腔内可见骨断端（B 箭头所示），其余结构未见明显异常。

影像提示

双侧下颌骨骨折，断端进入口腔。

最终诊断：开放性双侧下颌骨骨折。

3.3　头骨肿瘤

▲ 病例介绍

8 岁雄性北京犬，头部左侧逐渐肿胀达数月，已形成肉眼可见肿块，患部触诊坚硬，患犬疼痛，食欲下降，体重减轻，遂就诊。经检查后拍摄了头部正位 X 线片(图 3.6)与侧位 X 线片。

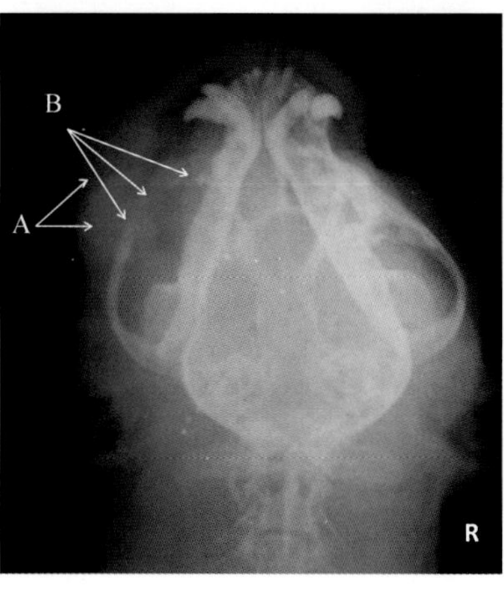

▲ 图 3.6　头部正位(背腹位)X 线片

影像所见

头部正位 X 线片可见患犬头部左侧颧骨外侧软组织肿胀(A 箭头所示)，呈现局部隆起；颧骨与颧弓局部骨溶解、破坏、密度不均且降低(B 箭头所示)，其余结构未见明显异常。

视频 3.2
颅骨肿瘤影像诊断技术

影像提示

坚实的肿块及骨破坏溶解，往往提示骨肿瘤。

进一步检查建议

建议进行胸片摄片，以寻找是否发生肺部转移；同时建议对肿块进行组织活检，送病理检查以确定肿瘤类型。

3.4　头骨发育缺陷

▲ 病例介绍

1 月龄泰迪犬，出生后吃喝尚正常，至 1 月龄时突然出现走路摇摆，症状逐渐加重，发病 3 d后无法站立(图 3.7)，呈现角弓反张姿势，食欲逐渐废绝，同窝其余 3 只犬未见该症状，主人遂带其就诊。触诊检查可见头顶骨从左侧到右侧有一宽 1 cm 左右的骨缺损，于是拍摄了头部右侧位 X 线片，见图 3.8。

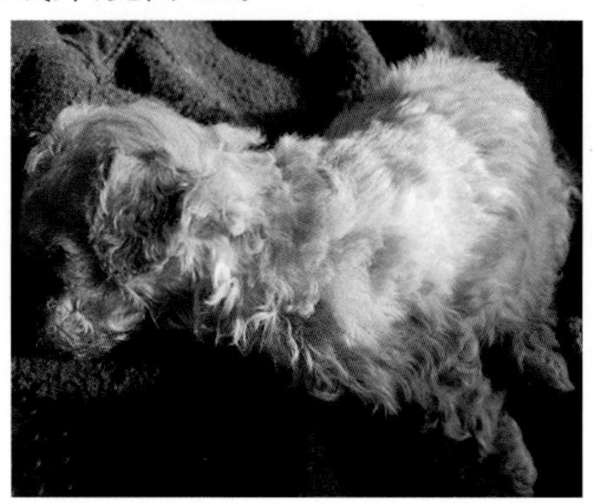
▲ 图 3.7　患犬无法站立

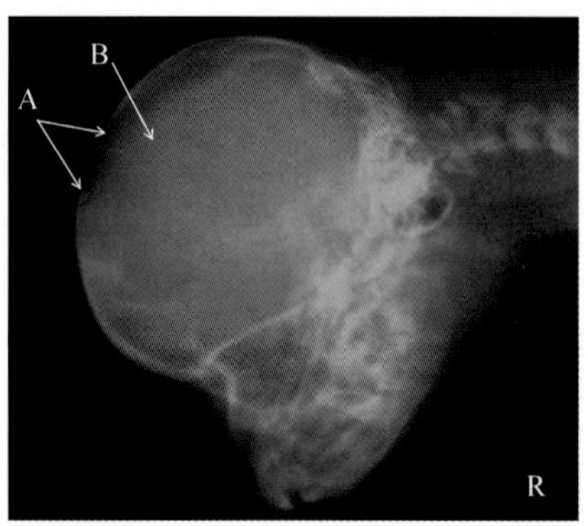

▲ 图 3.8　头部右侧位 X 线片

影像所见

头部右侧位 X 线片可见患犬头部顶骨有长达 1 cm 的骨质缺损(A 箭头所示),顶骨皮质较薄,颅内密度增高(B 箭头所示),其余结构未见明显异常。

影像提示

结合动物年龄、临床症状、影像表现,提示该犬为先天性顶骨发育缺陷,出现颅内压升高引起神经症状。

最终诊断:顶骨先天性发育缺陷,颅内有液体。

后续

经抽取颅内液体及对症治疗,患犬症状得到一定缓解,但最终于 20 d 后死亡,经动物主人同意对动物头部进行了剖检,去掉头顶皮肤层,可见头顶骨有从左延伸到右的骨缺损区域(图 3.9),打开颅骨见颅内大量血性液体(图 3.10)。

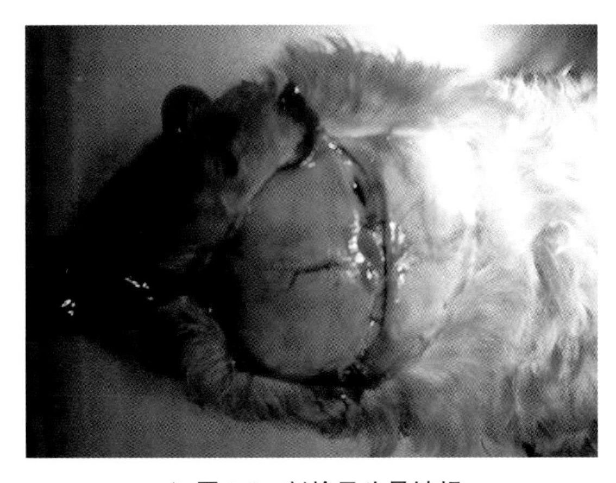

▲ 图 3.9 剖检见头骨缺损

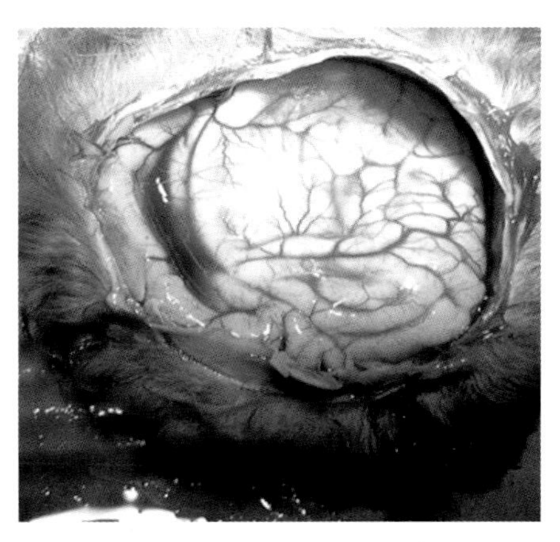

▲ 图 3.10 剖检见颅内血性液体

建议

对于此种出现神经症状的病例早期建议进行 CT 与 MRI 检查,确定颅内损伤情况,以明确病变。

3.5 齿根感染

▲ 病例介绍

9 岁雄性可卡犬,因口臭、口腔时常出血而就诊。检查见口腔牙结石较严重,部分臼齿有松动,于是拍摄了头部侧位 X 线片,见图 3.11。

影像所见

头部侧位 X 线片可见患犬后臼齿齿根周围密度降低，出现齿槽骨溶解（A 箭头所示），部分臼齿牙结石较厚、松动、向口腔松脱（B、C、D 箭头所示），其余结构未见明显异常。

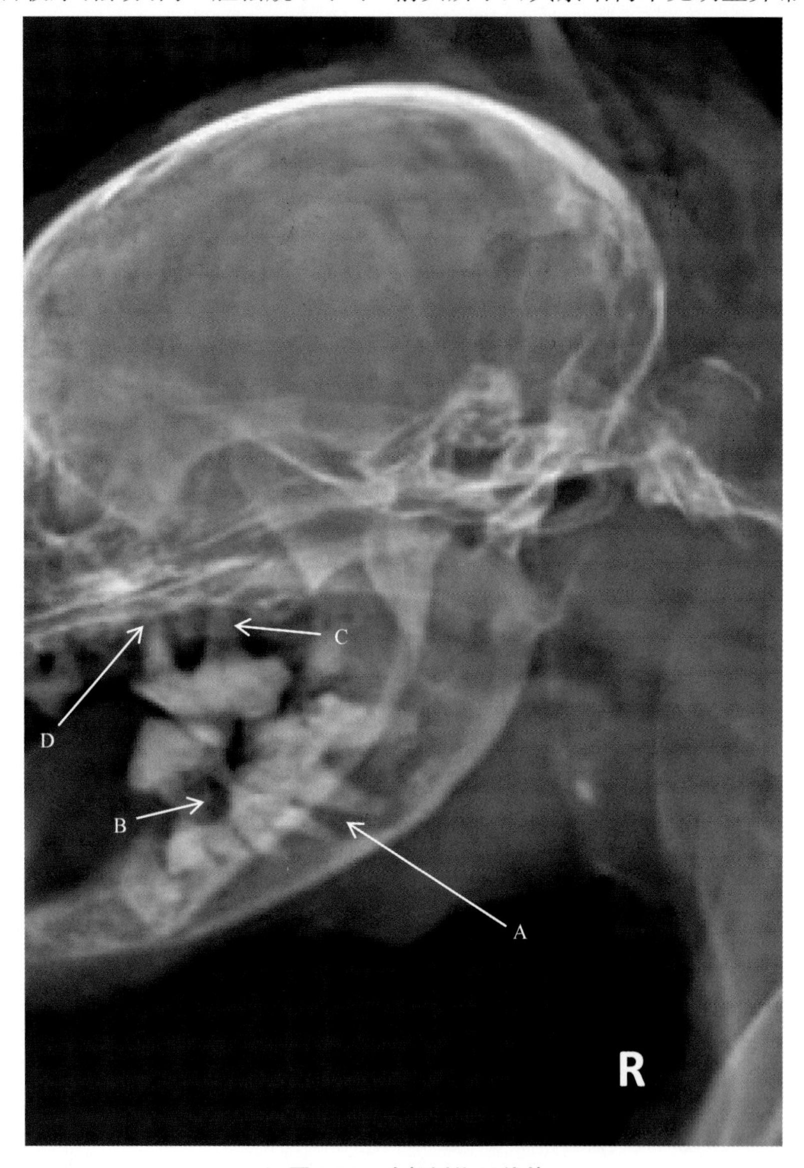

▲ **图 3.11　头部侧位 X 线片**

影像提示

牙结石引起的齿槽骨溶解，臼齿松脱。

进一步检查建议

建议拍摄牙科 X 线片，洗牙与拔牙。

/ XIANGMU 4 /

项目4

脊柱常见疾病影像分析

项目概述

脊柱疾病常用的影像检查方法有X线、脊髓造影与MRI。对于脊柱外的软组织肿块建议进行B超检查；当怀疑患病动物脊椎发生骨折时首选的筛查检查方法为X线检查，对于考虑会造成脊髓损伤的脊椎病变，需要增加MRI检查。本项目主要介绍几种X线诊断的脊椎病例，通过病例分析，掌握常见脊柱疾病影像表现。

4.1 寰枢关节脱位

▲ 病例介绍

3 岁泰迪犬,外出活动时由于没有系牵引绳,被路过电瓶车撞击颈部,导致患犬头颈歪斜,无法站立,遂就诊。根据病史,在初步检查的基础上先拍摄了头部侧位 X 线片(图 4.1)与正位 X 线片(图 4.2)。

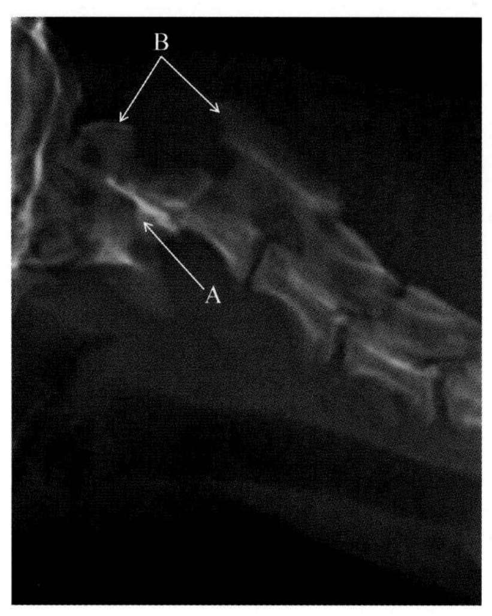

▲ 图 4.1　头部侧位 X 线片

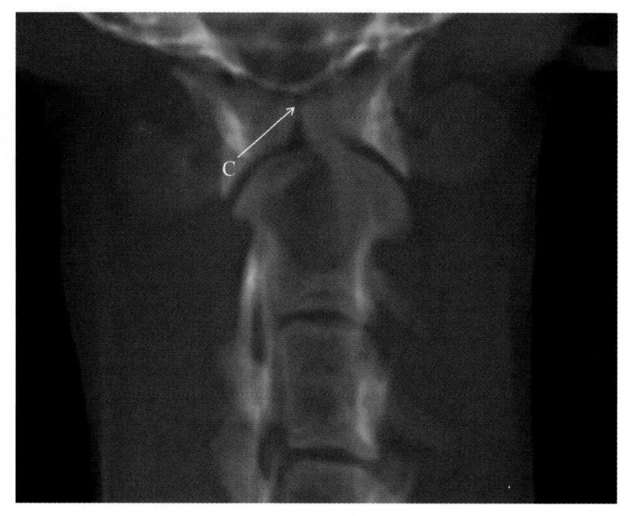

▲ 图 4.2　头部正位 X 线片

影像所见

图 4.1 头部侧位 X 线片可见患犬齿突向寰椎椎孔腹侧脱出(A 箭头所示),导致齿突上移,齿突面清楚可见,由于齿突脱位导致枢椎棘突前侧与寰椎背侧弓间距增大(B 箭头所示),枢椎及第 3 与第 4 颈椎整体上抬;图 4.2 头部正位片可见寰椎有低密度线(C 箭头所示),其余结构未见明显异常。

影像提示

齿突脱位,脊髓损伤。

最终诊断:齿突脱位引起脊髓损伤。

进一步检查建议

为进一步评估脊髓损伤情况,建议进行 MRI 检查。

4.2 椎间盘突出

▲ 病例一介绍:平片诊断

9 岁中华田园犬,颈部疼痛,不愿活动,遂就诊。根据病犬症状,临床检查后拍摄了颈部侧位与正位 X 线片,见图 4.3 与图 4.4。

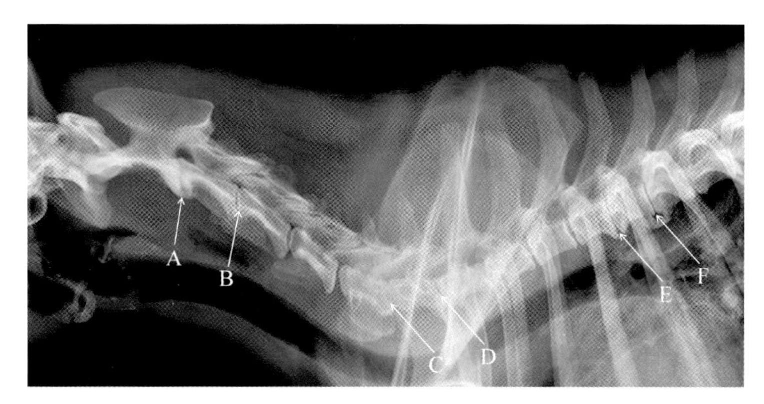

▲ 图 4.3　颈部侧位 X 线片

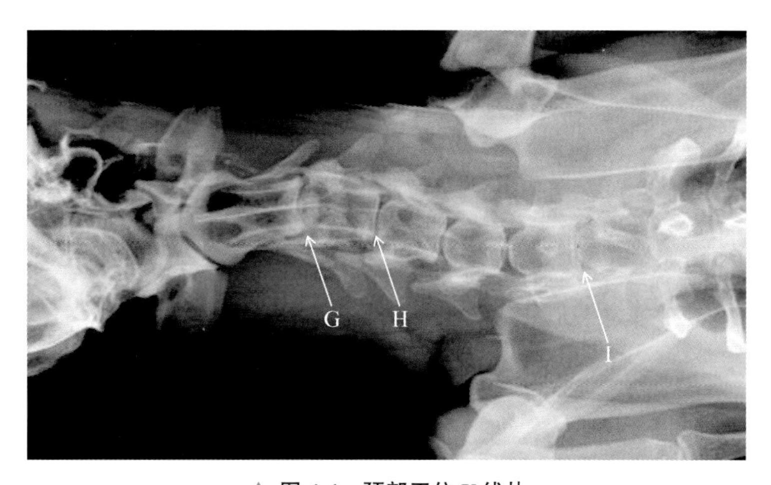

▲ 图 4.4　颈部正位 X 线片

影像所见

图 4.3 侧位 X 线片可见患犬第 2 与第 3 颈椎椎间隙狭窄(A 箭头所示),椎体硬化、形成骨桥;第 3 与第 4 颈椎椎间隙狭窄(B 箭头所示),第 6 与第 7 颈椎椎间隙狭窄(C 箭头所示),第 7 颈椎与第 1 胸椎椎间隙狭窄(D 箭头所示),第 4 与第 5 胸椎椎间隙狭窄(E 箭头所示),第 5 与第 6 胸椎椎间隙狭窄,腹侧形成骨桥(F 箭头所示);图 4.4 正位 X 线片可见第 2 与第 3 颈椎椎间隙狭窄,椎体硬化(G 箭头所示),第 3 与第 4 颈椎椎间隙狭窄(H 箭头所示),第 6 与第 7 颈椎椎间隙狭窄(I 箭头所示),颈椎弯曲,其余结构未见明显异常。

视频 4.1
椎间盘脱出影像诊断技术

影像提示

根据椎间盘变窄的征象，提示椎间盘突出。

进一步检查建议

建议进行颈部与胸部 MRI 检查，以确定突出程度及脊髓受压程度。

▲ 脊髓造影诊断

7 岁贵宾犬，主诉该犬突然发病，触碰身体疼痛，逐渐加重，前肢与后肢逐渐站立不稳，遂就诊。根据病史在临床检查基础上拍摄了颈部侧位 X 线平片(图 4.5)，并根据平片诊断结果进行了脊髓造影检查(图 4.6)。

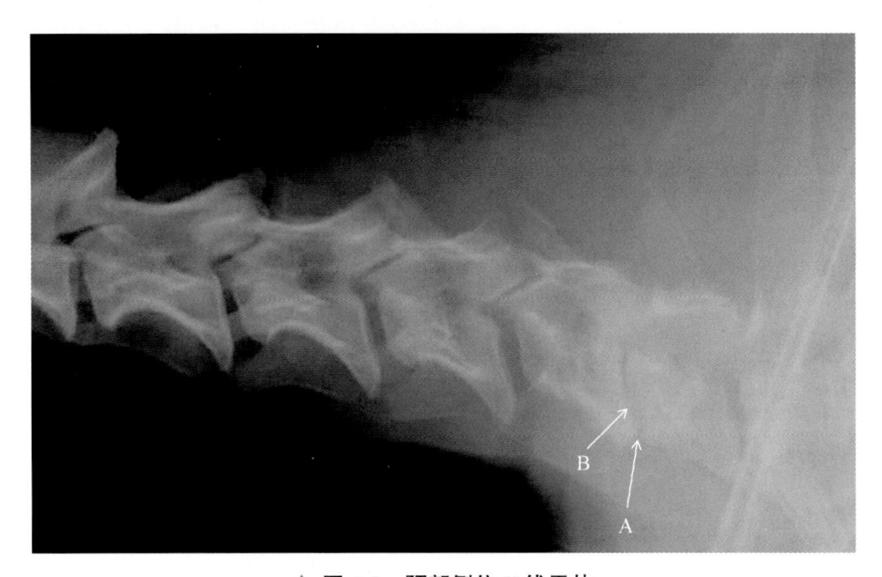

▲ 图 4.5　颈部侧位 X 线平片

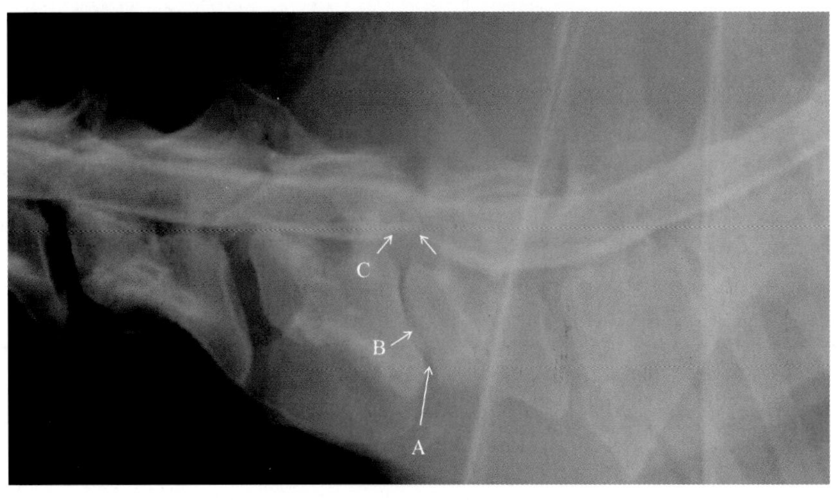

▲ 图 4.6　颈部脊髓造影侧位 X 线片

影像所见

图4.5颈部侧位X线平片与图4.6脊髓造影片均可见患犬第6与第7颈椎椎间隙狭窄(与前后椎间隙比较明显狭窄)(A箭头所示),椎间隙内见密度增高团块影(B箭头所示);图4.6脊髓造影片见该间隙背侧脊髓受压向背侧突起(C双箭头所示),导致椎管内此处脊髓变窄,其余结构未见明显异常。

影像提示

平片椎间隙狭窄及髓核硬化,提示该处椎间盘突出。

脊髓造影片最终确诊第6～7颈椎椎间盘突出。

进一步检查建议

建议进行颈部MRI检查,以确定突出具体方位及对脊髓或神经根的影响程度。

4.3 颈椎骨折

▲ 病例介绍

18月龄博美犬,外出活动回来后发出疼痛的叫声,不让触摸颈部,发病原因不详,遂就诊。触诊颈部肿胀,敏感,于是拍摄了颈部侧位X线片(未见异常)与正位X线片(图4.7)。

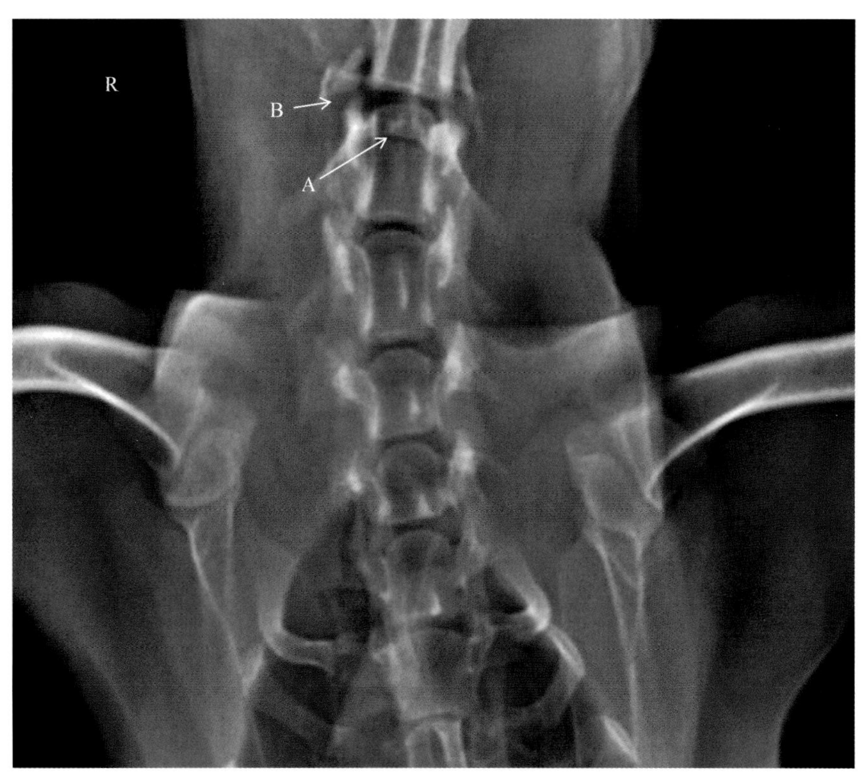

▲ 图4.7 颈部正位X线片

影像所见

图 4.7 颈部正位 X 线片可见患犬第 3 颈椎椎体前侧出现骨折线(A 箭头所示),椎体边界未见移位,右侧前后关节突间隙变大(B 箭头所示),右侧第 2～3 椎间隙变宽,其余结构未见明显异常。

影像提示

上述征象提示第 3 颈椎椎体骨裂,第 2 与第 3 颈椎右侧前后关节突脱位。

最终诊断:第 3 颈椎骨折伴右侧第 2～3 颈椎前后关节突脱位。

4.4 胸腰椎骨折

▲ 病例介绍

3 岁萨摩耶犬,晚上在路边活动时被汽车撞击,第 2 天被主人带到医院就诊,至医院时患犬不能站立,只能右侧躺,刺激后肢无知觉,前肢感觉正常。经临床检查后拍摄了胸腰段脊椎侧位 X 线片,见图 4.8,为避免加重损伤未拍摄正位 X 线片。

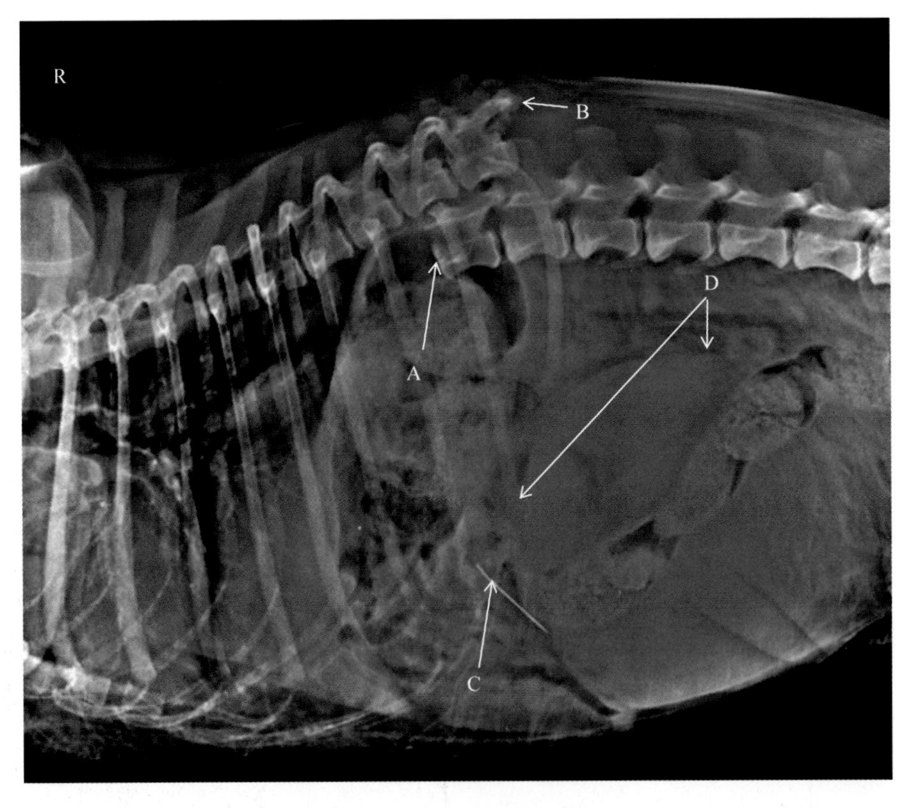

▲ 图 4.8 胸腰椎侧位 X 线片

影像所见

图 4.8 胸腰椎侧位 X 线片可见患犬第 13 胸椎与第 1 腰椎沿椎间隙完全骨折，并错位，胸椎向背侧与后侧移位，第 12 与第 13 胸椎移位到第 1 与第 2 腰椎的背侧，A 箭头指示第 1 腰椎椎体前侧，B 箭头指示断裂错位的前后关节突；该犬腹部可见膀胱积尿膨胀（D 箭头所示），前界到达胃壁后缘，由于膀胱的挤压导致肠管前移与胃的幽门部有重叠，胃内见一高密度针状异物（C 箭头所示），其余结构未见明显异常。

影像提示

上述征象表明第 13 胸椎与第 1 腰椎沿椎间盘骨折错位，根据错位程度判断脊髓断裂，导致膀胱麻痹。

最终诊断：第 13 胸椎与第 1 腰椎骨折错位，脊髓断裂，胃内见针状金属异物。

4.5 腰椎骨折

▲ 病例一介绍

3 岁雄性泰迪犬，在户外玩耍时，由于受到惊吓在穿越马路时被汽车撞击，撞击后该犬疼痛尖叫，但仍能够跑动，主人发现后第一时间带该犬到医院就诊。经问诊及临床基本检查后拍摄了腰部侧位与正位 X 线片，见图 4.9 与图 4.10。

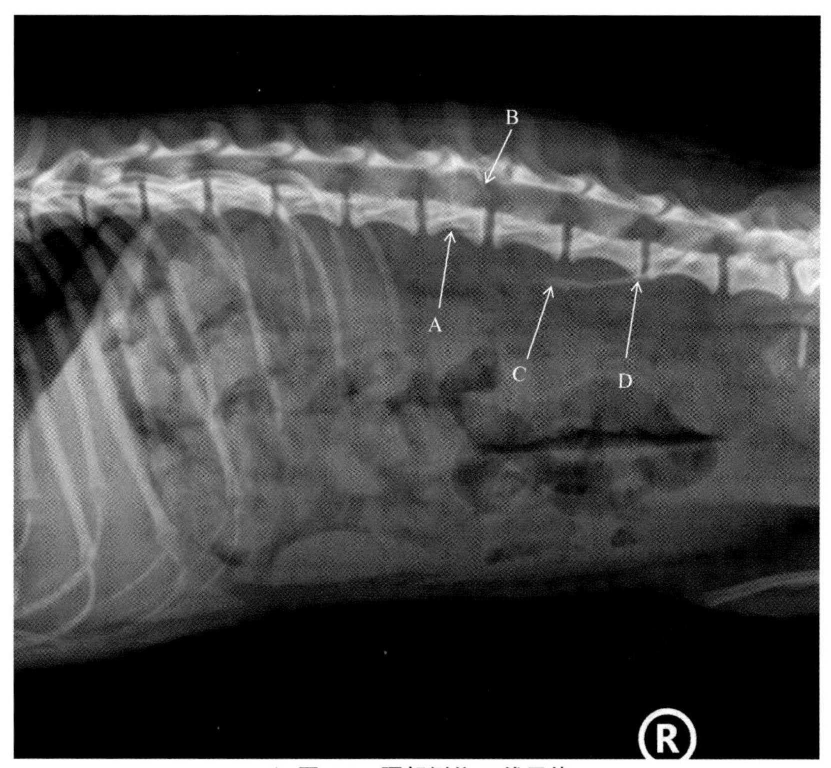

▲ 图 4.9 腰部侧位 X 线平片

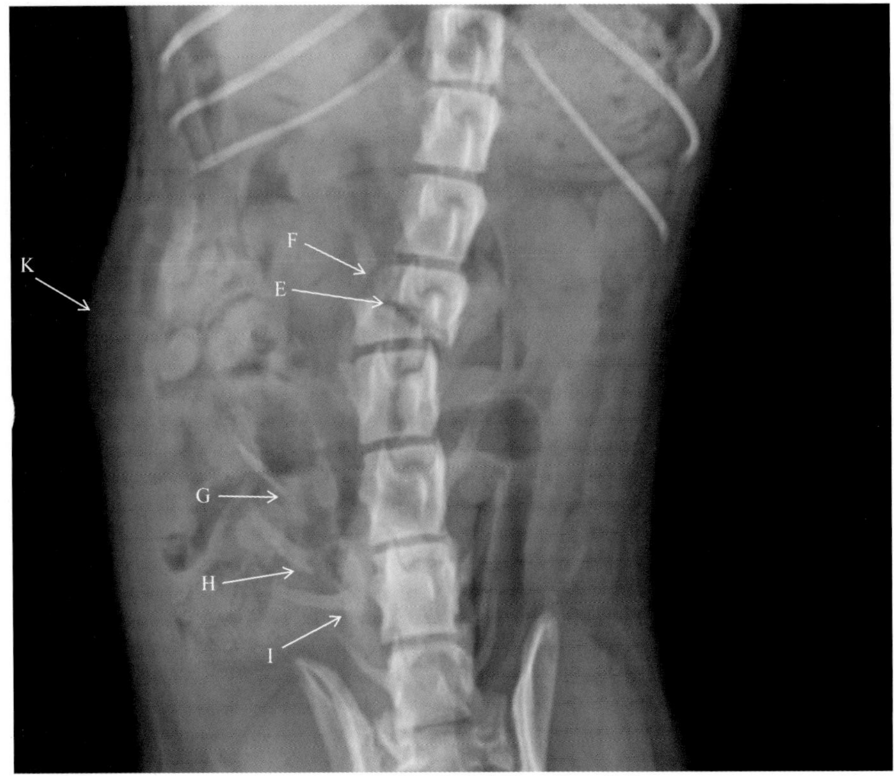

▲ 图 4.10 腰部脊髓造影正位 X 线片

影像所见

图 4.9 腰部侧位 X 线平片可见第 3 腰椎椎体变短(A 箭头所示),比第 2 腰椎与第 4 腰椎均短,在第 3 与第 4 腰椎椎间孔背前侧见一线状高密度影(B 箭头所示),在第 5 腰椎腹侧见高密度骨影像(C 与 D 箭头所示);图 4.10 腰部正位 X 线片中清晰可见第 3 腰椎椎体中段斜骨折的骨折线(E 箭头所示),两断端有移位,在第 3 腰椎的右侧见骨折的横突(F 箭头所示),在第 5 与第 6 腰椎的右侧见移位的横突断端(G、H、I 箭头所示),另外,可见右侧腹侧壁软组织轻度肿胀(K 箭头所示),其余结构未见明显异常。

影像提示

上述征象提示第 3 腰椎斜骨折伴错位,第 3、5、6 腰椎右侧横突骨折。

进一步检查建议

建议进行血液生化检查及超声检查,以明确腹腔器官的形态与功能。

▲ 病例二介绍

3 岁萨摩耶犬,在户外玩耍时被汽车撞击,患犬倒地,不能站立,遂就诊。经临床检查后拍摄了腰荐椎侧位 X 线片,见图 4.11,为避免进一步损伤未拍摄正位片。

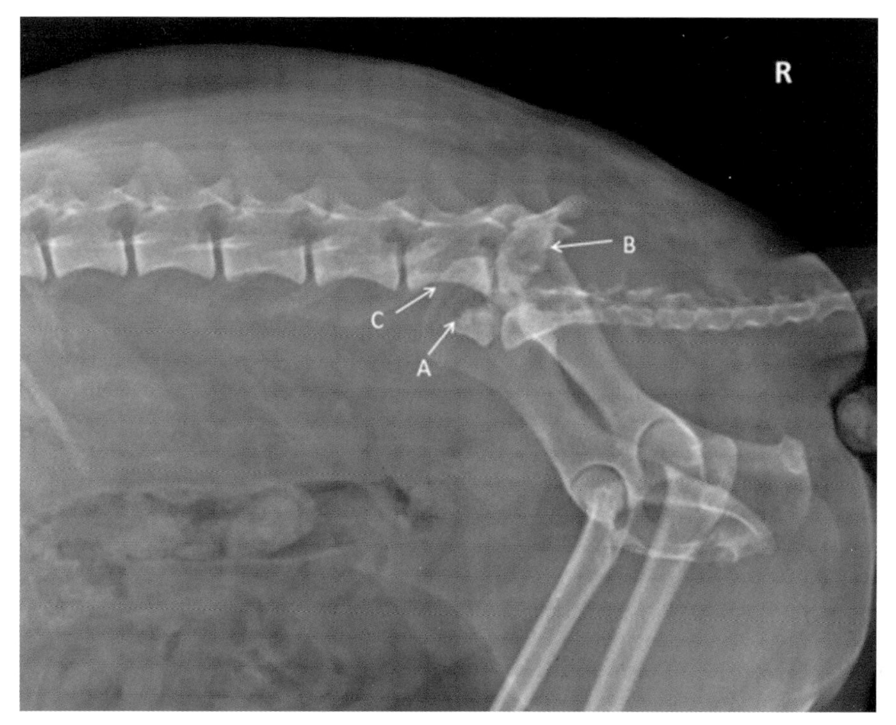

▲ 图 4.11 腰荐椎侧位 X 线片

影像所见

图 4.11 腰荐椎侧位 X 线片可见患犬第 7 腰椎斜骨折(A 箭头所示),骨折前段椎体背侧移位(B 箭头所示),导致错位,使断端前段椎体整体后侧移位,可见第 6 腰椎(C 箭头所示)移至第 7 腰椎断端 A 上方,其余结构未见明显异常。

影像提示

最终诊断:第 7 腰椎椎体斜骨折错位。

进一步检查建议

建议进行腰荐部 MRI 检查,以观察脊髓损伤情况。

4.6 尾椎骨折与荐椎脱位

▲ 病例介绍

1 岁蓝猫,偷跑出去,被主人发现时猫后肢跛行,尾巴下垂,可见尾部有外伤与出血,遂带至医院就诊。经检查患猫前肢未见异常,于是拍摄了荐尾椎侧位片与骨盆正位片,见图 4.12 与图 4.13。

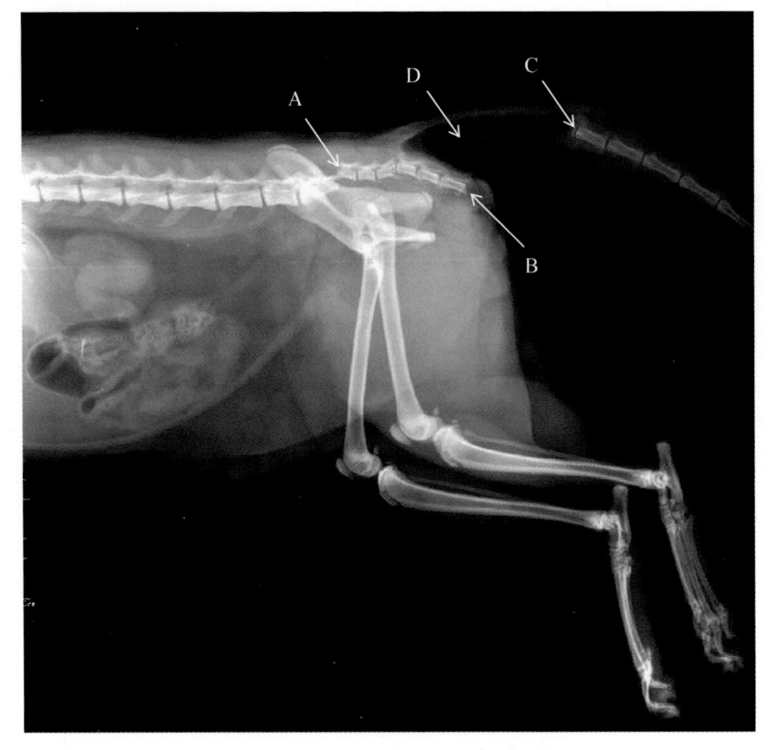

▲ 图 4.12　荐尾椎侧位 X 线平片

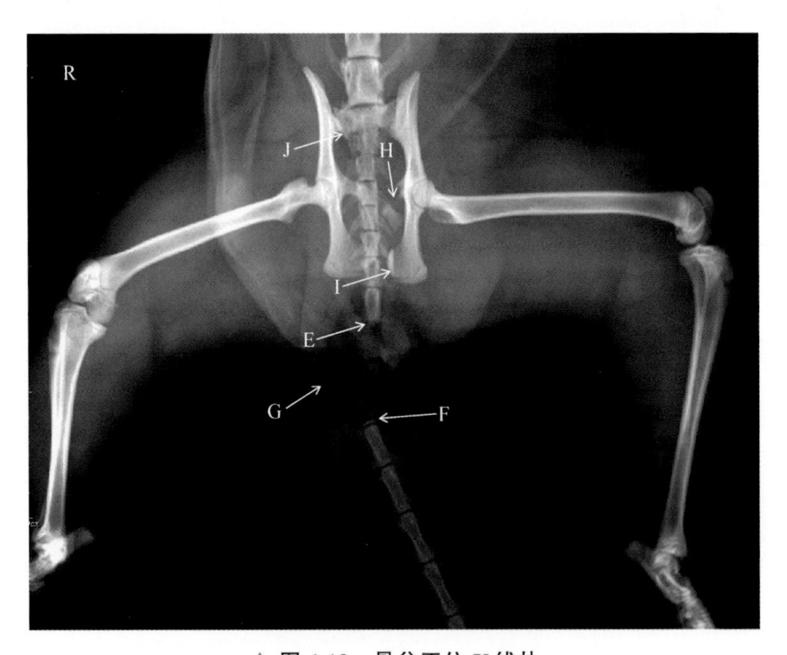

▲ 图 4.13　骨盆正位 X 线片

影像所见

图 4.12 荐尾椎侧位 X 线平片可见患猫荐椎与第 1 尾椎连接骨折，第 1 尾椎向背侧移位（A 箭头所示），第 6 尾椎椎体后侧骨折（B、C 箭头所示），并分离移位，周围软组织内见低密度

气体(C 箭头所示);图 4.13 骨盆正位 X 线片可见第 6 尾椎后端骨折分离移位(E、F 箭头所示断端),EF 之间的软组织间见低密度气体(G 箭头所示),可见左侧耻骨骨折(H 箭头所示),坐骨联合有高密度重叠影(I 箭头所示),右侧荐髂关节脱位(J 箭头所示),其余结构未见明显异常。

影像提示

上述征象提示:尾椎开放性骨折,荐椎与第 1 尾椎连接骨折,第 6 尾椎后端骨折,左侧耻骨骨折,坐骨骨折,右侧荐髂关节脱位。

4.7 荐椎骨折脱位与骨盆骨折

▲ 病例介绍

6 岁雄性贵宾犬,外出活动时被路过电动车撞击髋部,出现跛行,遂就诊。经检查患犬有皮外伤,触诊髋部疼痛,于是拍摄了骨盆正位 X 线片,见图 4.14。

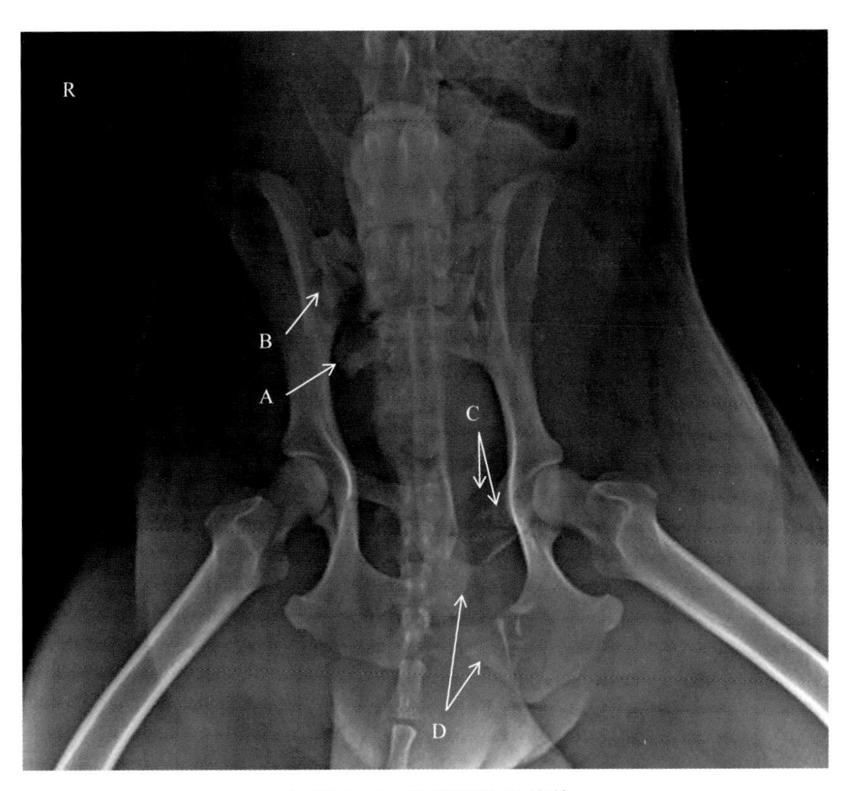

▲ **图 4.14 骨盆正位 X 线片**

影像所见

图 4.14 骨盆正位 X 线片可见患犬右侧荐髂关节脱位(A 箭头所示),荐椎骨折见骨碎片(B 箭头所示),左侧耻骨骨折错位(C 箭头所示),坐骨骨折移位(D 箭头所示),其余结构未见

明显异常。

影像提示

上述征象表明：右侧荐髂关节脱位，右侧荐椎骨折，左侧耻骨骨折，左侧坐骨骨折。

4.8 脊椎炎

▲ 病例介绍

4岁田园犬，发现最近不愿活动，主人抱时尖叫，疼痛，遂就诊。触诊患犬腰椎时患犬敏感、躲闪，于是拍摄了腰部侧位与正位X线片，见图4.15与图4.16。

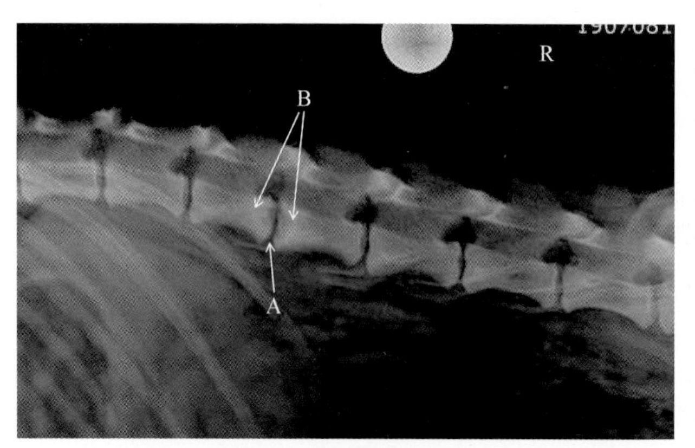

▲ 图4.15　腰部侧位X线平片

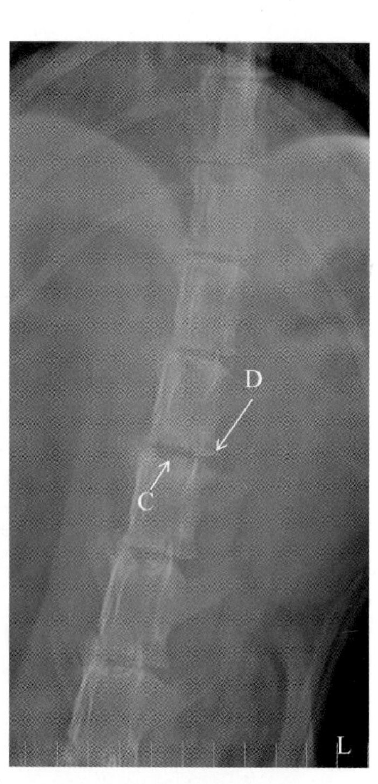

▲ 图4.16　腰部正位X线片

影像所见

图4.15腰部侧位X线片可见患犬第2与第3腰椎椎间隙变窄（A箭头所示），前后的椎体密度增高（B箭头所示），密度不均匀；图4.16腰部正位X线片可见第3腰椎前侧有密度降低区域（C箭头所示），第2腰椎椎体后侧的左侧见密度增高骨增生影（D箭头所示），其余结构未见明显异常。

影像提示

上述征象提示椎间盘脊椎炎。

进一步检查建议

建议进行 MRI 检查，以观察脊髓损伤情况。

4.9 变形性脊椎关节硬化

▲ 病例介绍

11 岁拉布拉多犬，例行年度体检，其拍摄了脊椎 X 线片，见图 4.17 与图 4.18。

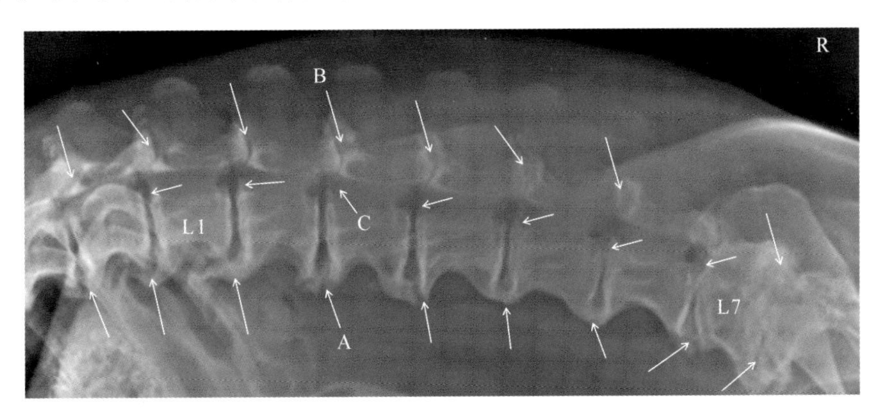

▲ 图 4.17　腰椎侧位 X 线片

影像所见

图 4.17 腰椎侧位 X 线片可见该犬所有腰椎腹侧椎体的椎间隙处骨质增生、骨赘形成（A 箭头所示），骨赘样突起位于椎体的腹侧，多个腹侧新生骨跨越椎间隙，融合成骨桥；前后关节突硬化（B 箭头所示），椎间隙与椎间孔变小（C 箭头所示），腰椎椎体头侧终板硬化，第 7 腰椎与荐椎椎体硬化。图 4.18 腰椎正位 X 线可见椎体左右外侧骨刺形成（D、E、F、G 箭头所示），腰荐椎椎间隙狭窄（H 箭头所示），腰荐椎椎体硬化（I 箭头所示），右侧髂骨体右侧边缘骨增生（J 箭头所示），其余结构未见明显异常。

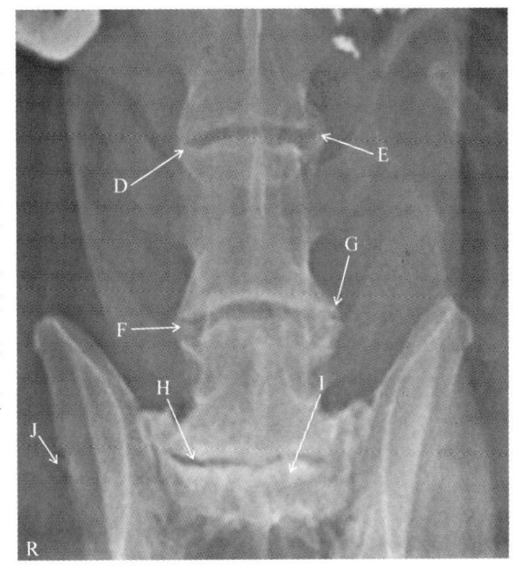

▲ 图 4.18　腰椎正位 X 线片

影像提示

上述征象提示该犬脊椎关节硬化。

进一步检查建议

建议进行 MRI 检查，以确定增生的骨刺对脊髓或神经根的影响程度，以及是否存在椎间盘突出问题。

4.10 骨软骨瘤症

▲ 病例介绍

1 岁雄性泰迪犬，主人发现该犬腰椎一侧有硬块，遂就诊。经检查后拍摄了胸腹部侧位 X 线平片，见图 4.19。

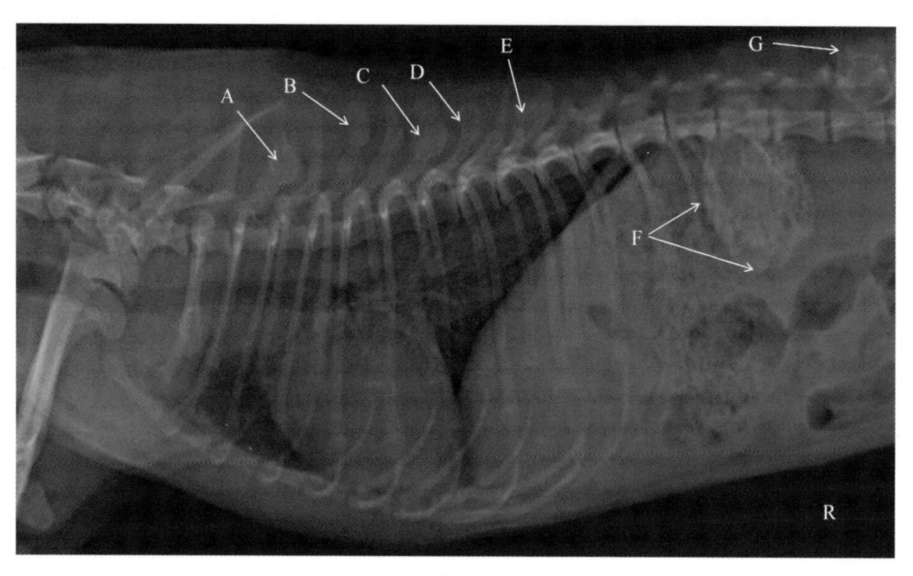

▲ 图 4.19　胸腹部侧位 X 线平片

影像所见

图 4.19 胸腹侧位 X 线片可见患犬第 2、第 4、第 6、第 7、第 9 胸椎棘突见边界清晰的骨性突起（A、B、C、D、E 箭头所示），第 2 腰椎的腹侧见一巨大的边界清晰的骨性肿物（F 箭头所示），第 4 腰椎椎体的背侧见一骨性肿块（G 箭头所示），未见骨肿物周围软组织肿胀，其余结构未见明显异常。

影像提示

以上征象提示为犬的骨软骨瘤症。

进一步检查建议

建议进行 MRI 检查，以确定较大的骨肿块是否对脊髓、周围神经与肌腱、血管造成压迫。

4.11 半椎体

▲ 病例介绍

1 岁斗牛犬，体检，拍摄了胸部与腹部 X 线片，其中胸腰椎侧位 X 线平片，见图 4.20。

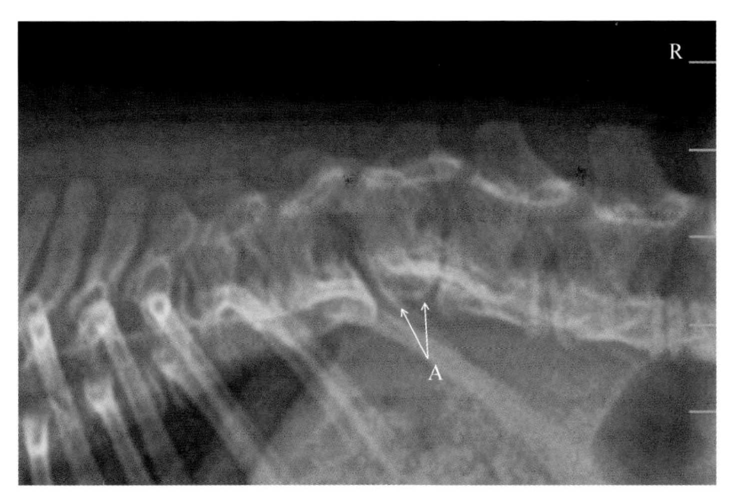

▲ 图 4.20 胸腰椎侧位 X 线平片

影像所见

图 4.20 胸腰椎侧位 X 线片可见患犬多个椎体发育异常，椎间孔小，其中第 13 胸椎椎体背侧宽，腹侧窄，呈现楔形（A 箭头所示），其余结构未见明显异常。

影像提示

上述椎体形态提示该犬第 13 胸椎为半椎体，是斗牛犬的常见先天性椎体发育异常。

4.12 前后关节突侵袭性病变

▲ 病例介绍

5 岁雄性德国牧羊犬，不爱运动有一段时间，主人抚摸犬背时有疼痛，遂就诊。触诊患犬腰椎敏感疼痛，于是拍摄了脊椎侧位 X 线平片，见图 4.21。

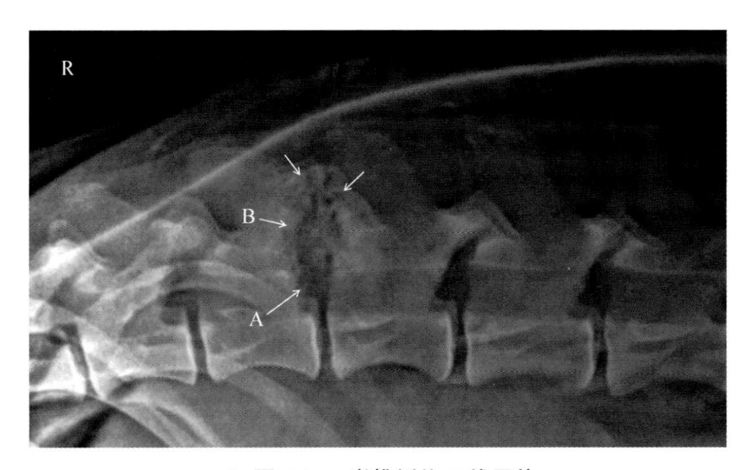

▲ 图 4.21 脊椎侧位 X 线平片

影像所见

图 4.21 脊椎侧位 X 线片可见患犬第 1 腰椎与第 2 腰椎的椎间孔密度增高(A 箭头所示),前后关节突骨溶解、密度降低、密度不均(B 箭头所示),其余结构未见明显异常。

影像提示

上述征象表现关节骨溶解,提示脊椎侵袭性病变,考虑骨肿瘤。

4.13 尾部肿块

▲ 病例介绍

2 岁蓝猫,主人发现猫尾巴肿胀,遂就诊。经检查患猫尾巴可摇动,肿块发红,于是拍摄了尾椎侧位与正位 X 线片,见图 4.22 与图 4.23。

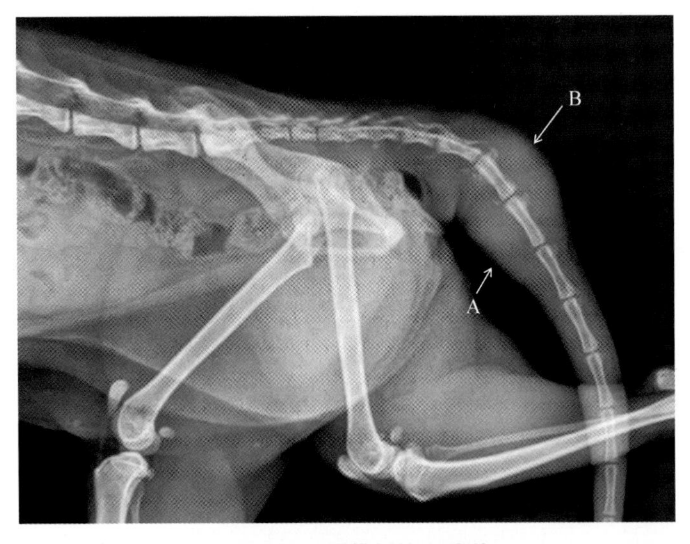

▲ 图 4.22　尾椎侧位 X 线片

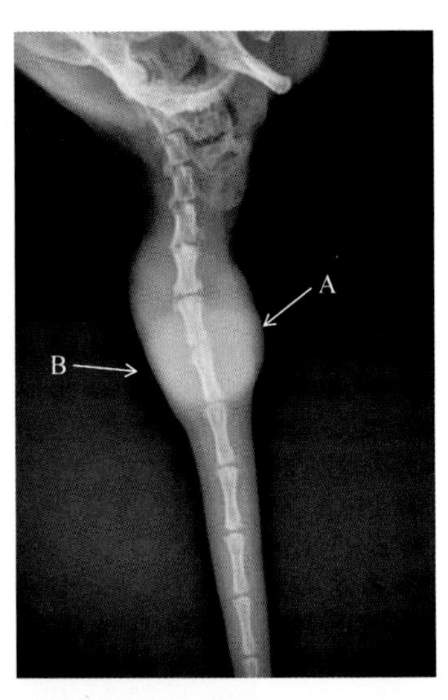

▲ 图 4.23　尾椎正位 X 线片

影像所见

图 4.22 与图 4.23 尾椎 X 线片可见患猫第 7、8、9 尾椎外侧软组织肿胀(A、B 箭头所示),尾椎椎体未见明显异常。

影像提示

上述征象提示尾椎外软组织肿块。排除尾椎骨折/尾椎肿瘤等病变。

进一步检查建议

建议肿块穿刺进行细胞学检查和细菌培养。

/ XIANGMU 5 /

项目5

骨关节常见疾病影像分析

项目概述

骨关节疾病常用的影像检查方法有X线、CT与MRI。对于骨关节外的肿块需要同时进行B超检查；当怀疑骨关节发生骨折时需要拍摄正位（前后位、后前位、背掌位等）与侧位2个体位的X线片，以防止漏诊；对于复杂的骨关节骨折需要追加CT检查；当出现神经症状表现时为寻找原因需要增加MRI检查。本项目主要介绍18种X线诊断的骨关节疾病，有些病例只给出了一个体位的X线片，通过这些典型病例的X线分析来诊断临床常见的骨关节疾病。

5.1 股骨头坏死

▲ 病例介绍

11 月龄雄性泰迪犬,2 个月前发现左后肢有时跛行,现逐渐加重,遂就诊。经触诊检查排除患肢长骨骨折,他动患肢髋关节时患犬疼痛,感觉有骨摩擦音,患肢肌肉萎缩明显,于是拍摄了骨盆正位 X 线片,见图 5.1。

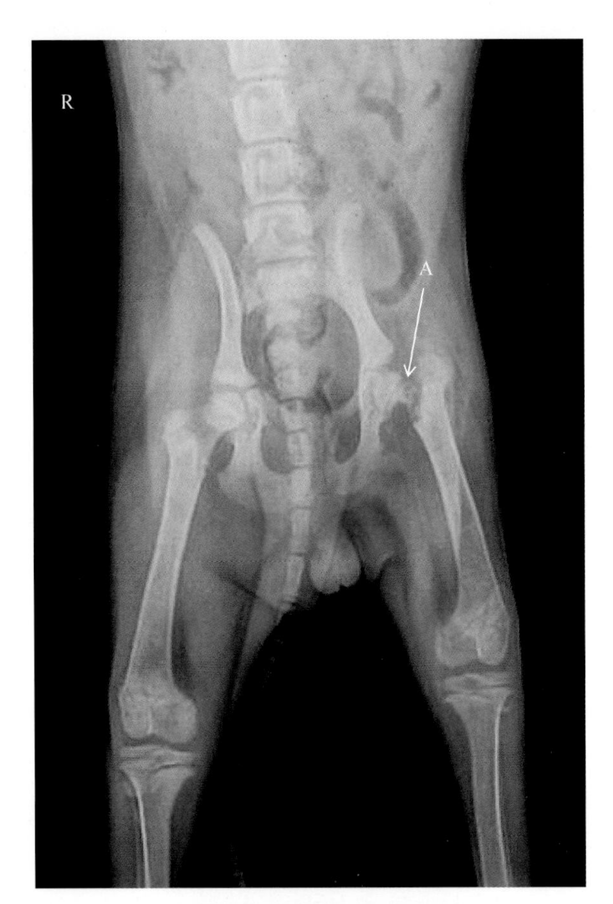

▲ **图 5.1 骨盆正位 X 线片**

视频 5.1
股骨头坏死影像诊断技术

影像所见

图 5.1 骨盆正位 X 线片可见患犬左侧股骨头密度降低,股骨颈变窄并出现散在的点状或斑块状低密度区(A 箭头所示),股骨外围软组织萎缩,其余结构未见明显异常。

影像提示

以上征象提示左侧股骨头坏死,并有病理性骨折风险。

最终诊断:股骨头坏死。

5.2 股骨头骨折

▲ 病例介绍

9月龄雌性柯基犬，在户外玩耍时被车撞击，然后三条腿走路，右后肢不敢负重，遂就诊。经检查患犬右侧髋关节疼痛，活动髋关节有骨摩擦音，于是拍摄了髋关节正位X线片，见图5.2。

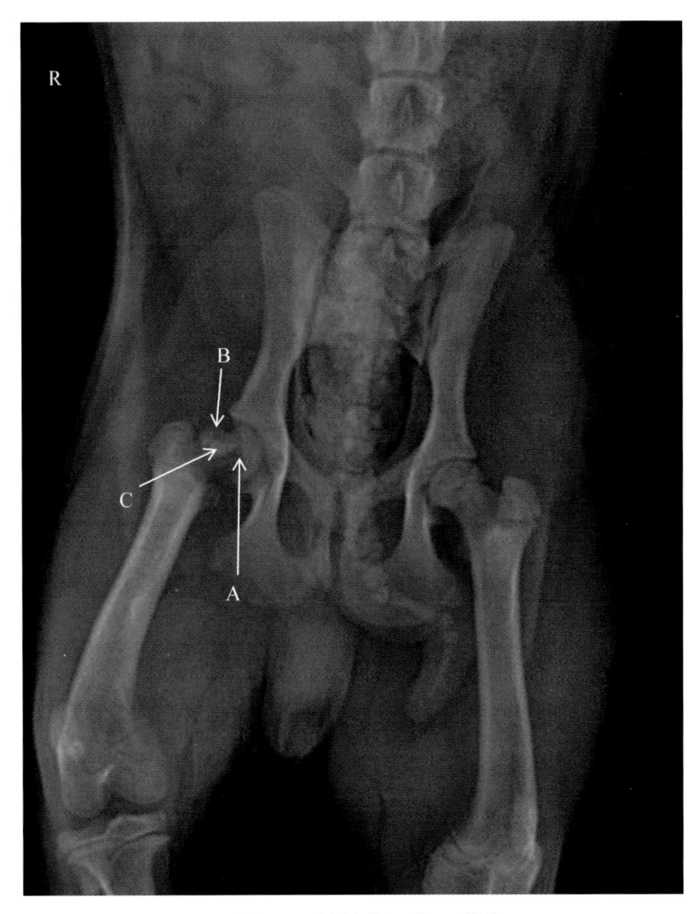

▲ 图 5.2 髋关节正位 X 线片

影像所见

图5.2髋关节正位X线片可见患犬右侧股骨头部位沿骺板骨折（A箭头所示），股骨颈断面朝前（B箭头所示），股骨颈密度增高（C箭头所示），其余结构未见明显异常。

影像提示

上述征象提示股骨头骺板骨折、股骨颈粉碎性骨折。

5.3 髌骨脱位

▲ 病例介绍

5 岁雄性泰迪犬，最初左后肢跛行，之后右后肢也跛行，现在双后肢外展，活动不便，遂就诊。经检查患犬后肢肌肉萎缩，髌骨脱位，于是拍摄了后肢 X 线片，见图 5.3 和图 5.4。

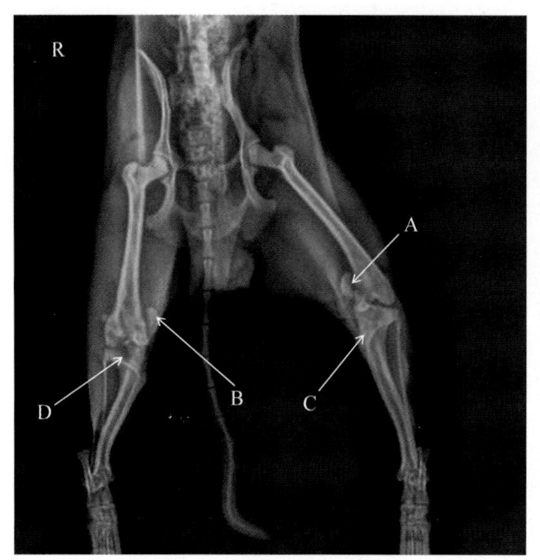

▲ 图 5.3　骨盆正位 X 线片

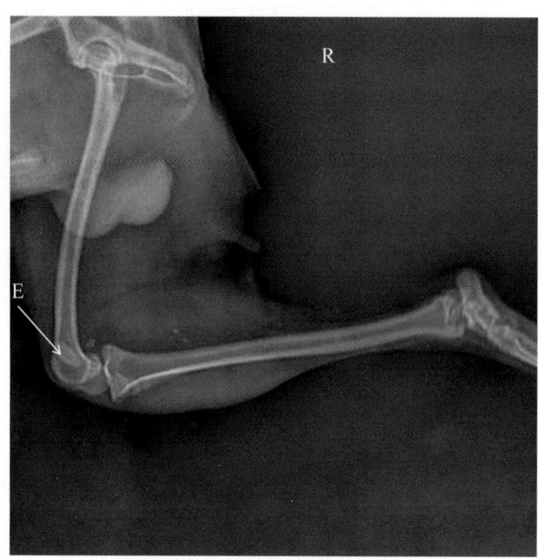

▲ 图 5.4　右后肢内外侧位 X 线片

影像所见

图 5.3 骨盆正位 X 线片可见患犬左后肢髌骨内侧脱位（A 箭头所示），右后肢髌骨内侧脱位（B 箭头所示），左后肢胫骨弯曲（C 箭头所示），右后肢胫骨弯曲（D 箭头所示），膝关节外软组织萎缩；图 5.4 右后肢内外侧位 X 线片可见髌骨重叠于股骨髁（E 箭头所示），膝关节关节面有旋转，其余结构未见明显异常。

影像提示

上述征象提示该犬双侧髌骨内侧脱位，4 级。

该犬进行了股骨脱位滑车沟加深术与胫骨结节移位术，术后双侧髌骨恢复到正常位置（图 5.5 中 F、G 箭头所示）。

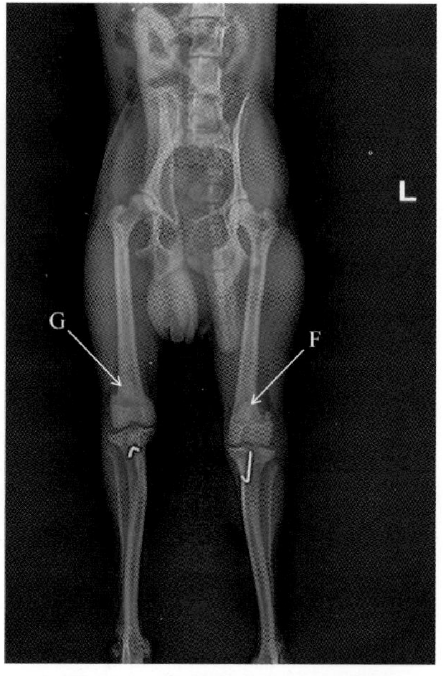

▲ 图 5.5　术后骨盆正位 X 线片

5.4 髋关节脱位

▲ 病例一介绍:犬髋关节脱位

10 月龄博美犬,外出活动时被车撞击,遂就诊。经检查患犬可三条腿站立,右后肢不敢着地,触诊疼痛,于是拍摄了髋关节正位 X 线片,见图 5.6。

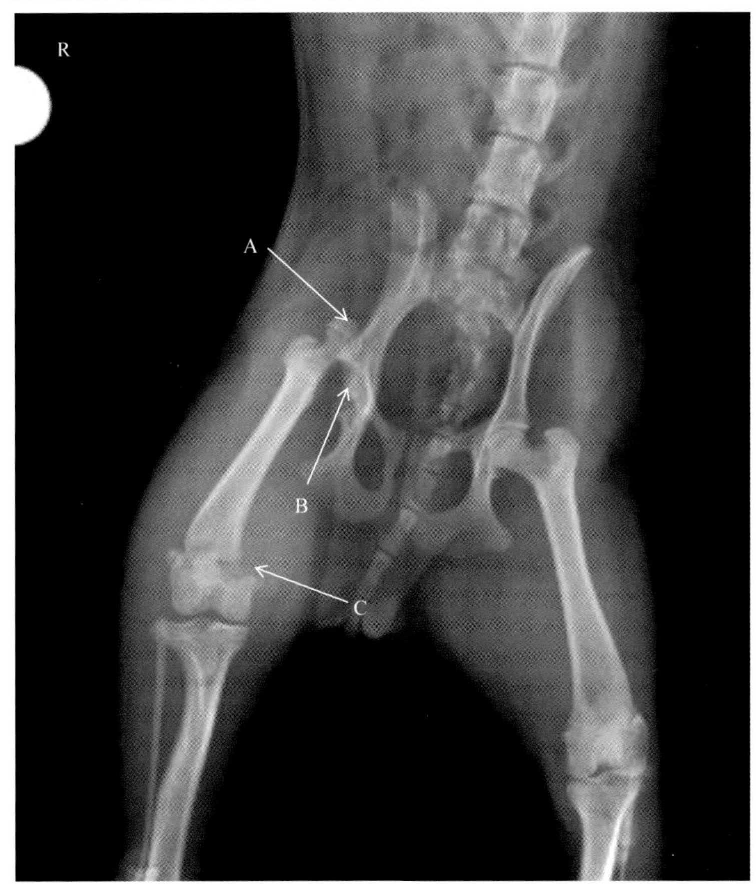

▲ 图 5.6 髋关节正位 X 线片

影像所见

图 5.6 髋关节正位 X 线片可见患犬右后肢股骨头(A 箭头所示)从髋臼(B 箭头所示)脱出,另外可见该犬右后肢股骨远端骺板骨折(C 箭头所示),其余结构未见明显异常。

影像提示

上述征象提示右后肢股骨头脱位与右后肢股骨远端骺板骨折。

▲ 病例二介绍:猫髋关节脱位

8 月龄蓝猫,从楼上摔下,之后左后肢跛行,遂就诊。经检查患猫左后肢疼痛,活动关节有骨摩擦音，于是拍摄了髋关节正位 X 线片，见图 5.7。

影像所见

图 5.7 髋关节正位 X 线片可见患猫左侧股骨头（A 箭头所示）从髋臼（B 箭头所示）内脱出，其余结构未见明显异常。

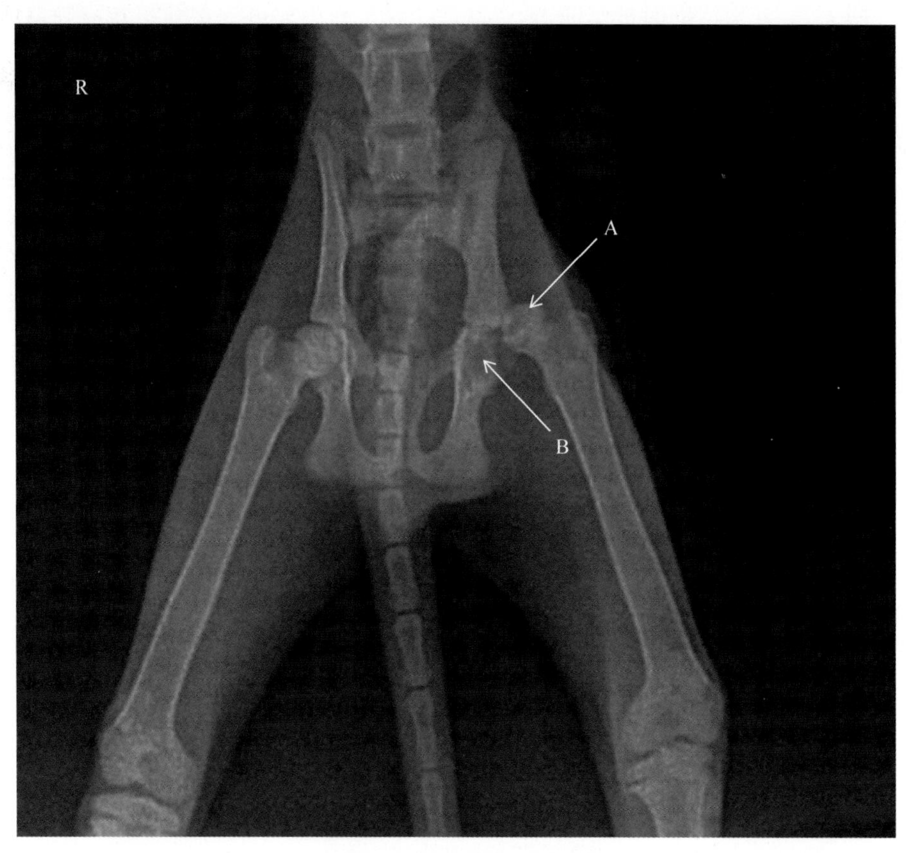

▲ **图 5.7　髋关节正位 X 线片**

影像提示

上述征象提示左侧股骨头脱位。

5.5　肩关节脱位

▲ 病例介绍

1 岁雄性灵缇犬，在户外快速运动时被路面一坑绊倒，之后患犬右前肢不敢着地，触诊患犬肩部疼痛，遂就诊。经转动前肢检查感知肩关节游离，于是拍摄了肩部 X 线片，见图 5.8。

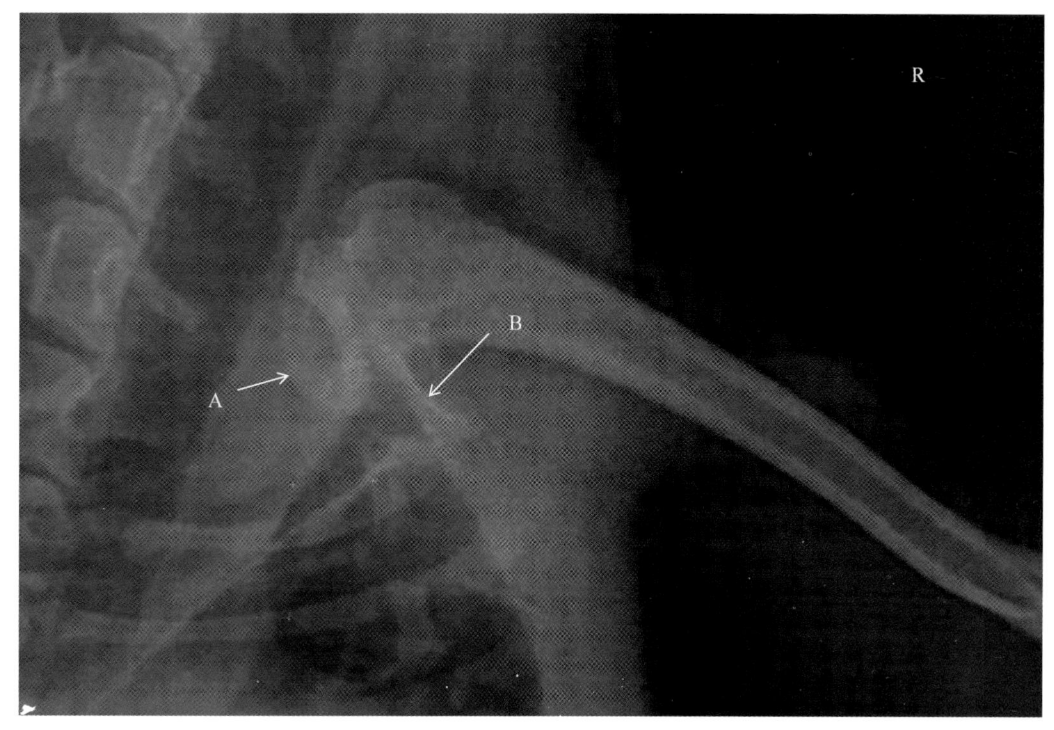

▲ 图 5.8 肩关节侧位 X 线片

影像所见

图 5.8 肩关节侧位 X 线片可见患犬肩关节的肱骨头(A 箭头所示)从肩臼(B 箭头所示)向肩胛骨方向脱出,使肱骨头与肩胛骨有重叠,其余结构未见明显异常。

影像提示

上述征象提示右肩关节脱位。

进一步检查建议

建议进行 MRI 检查,以判断肩关节脱位所引发的关节囊、韧带、血管和神经损伤情况。

5.6 肘关节脱位与尺骨骨折

▲ 病例介绍

2 岁雌性博美犬,在小区路边玩耍时被路过的电动车撞击,该犬倒地后爬起只能三条腿走路,右后腿不能着地,遂就诊。经触诊检查患犬右后肢肘关节肿胀,患犬疼痛,于是拍摄了肘关节侧位 X 线片,见图 5.9。

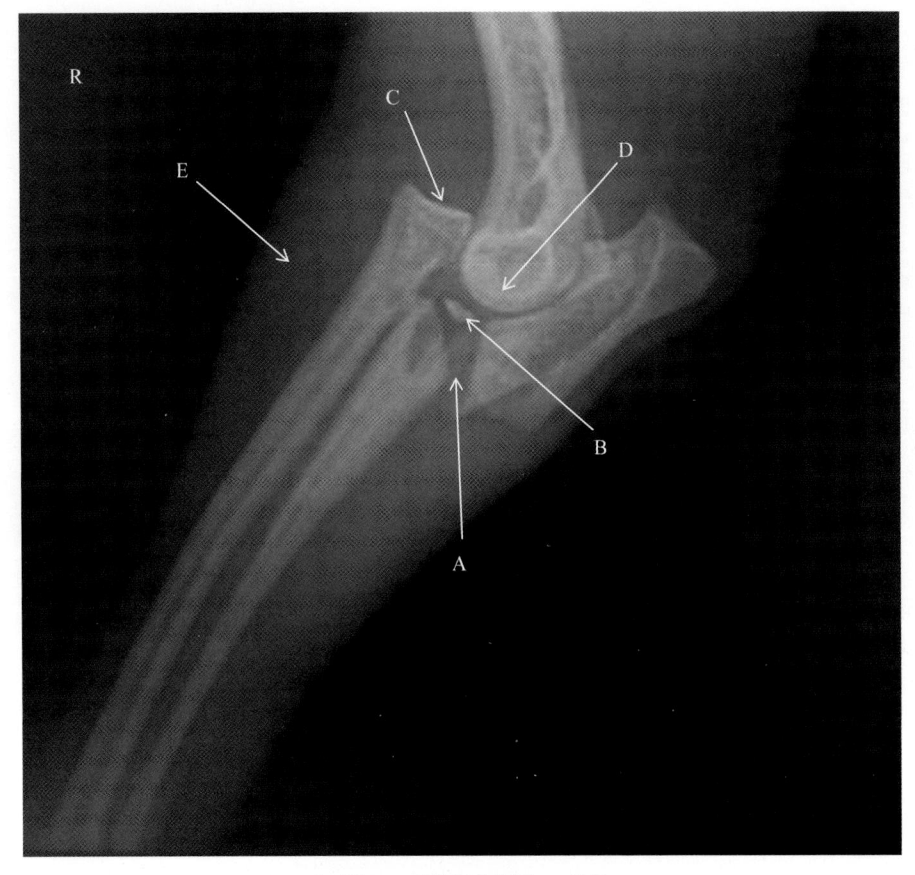

▲ 图 5.9 肘关节侧位 X 线片

影像所见

图 5.9 肘关节侧位 X 线片可见患犬尺骨近端骨折错位(A 箭头所示),有骨碎片(B 箭头所示),桡骨头关节面(C 箭头所示)与肱骨髁(D 箭头所示)分离移位,肘关节外侧软组织肿胀(E 箭头所示),其余结构未见明显异常。

影像提示

上述征象提示尺骨近端骨折错位,引起桡骨与肱骨髁关节面脱位。

5.7 髋关节发育不良

▲ 病例介绍

11 月龄金毛犬,小时候走路尚可,至 8 月龄时左右后肢走路不稳,左右晃,并逐渐加重,遂就诊。经检查患犬后肢起立困难,他动运动时,可感觉到"咔嚓"声,患犬疼痛。于是拍摄了髋关节正位 X 线片,见图 5.10。

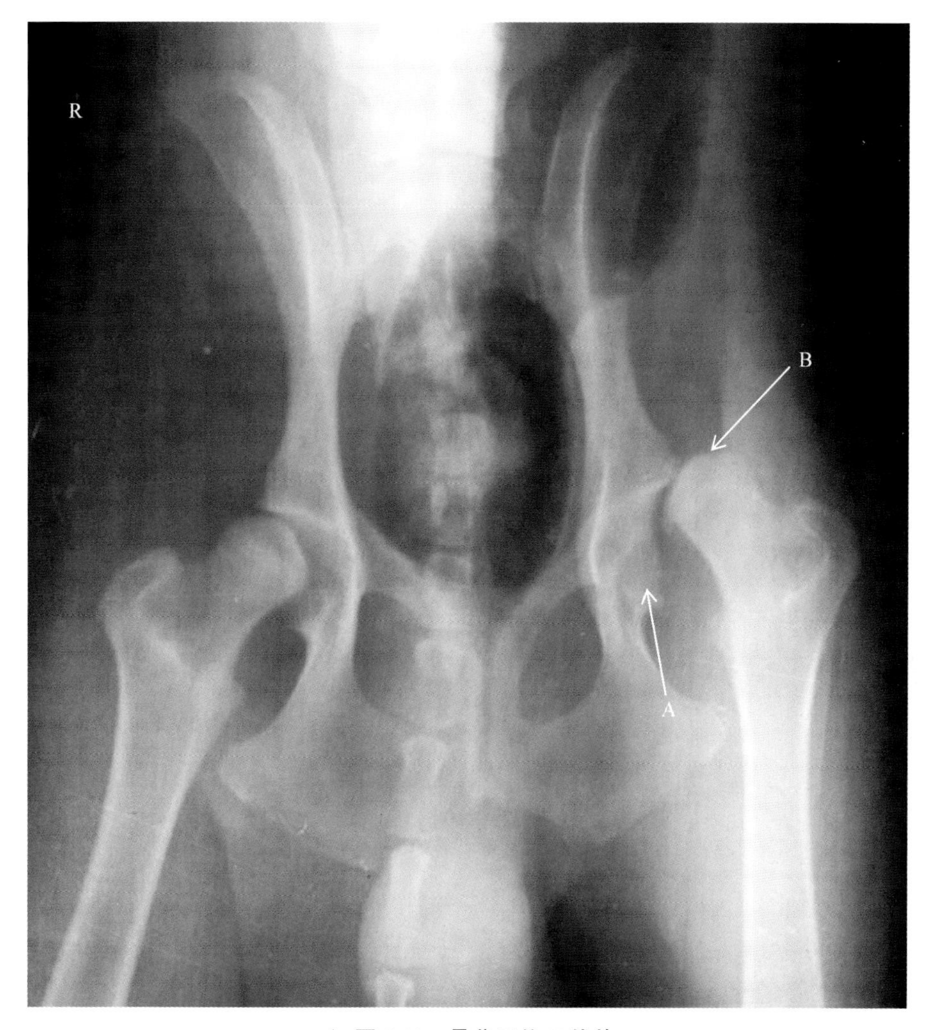

▲ **图 5.10　骨盆正位 X 线片**

影像所见

图 5.10 髋关节正位 X 线片可见患犬左侧髋臼变浅(A 箭头所示),股骨头扁平(B 箭头所示),关节间隙增宽,髋关节股骨头从髋臼脱出(B 箭头所示)。

影像提示

上述征象提示患犬左侧髋关节发育不良。

5.8　四肢骨骨折

▲ 病例一介绍:生长板骨折

10 月龄雄性萨摩耶犬,在外玩耍时摔倒,之后右后肢跛行,遂就诊。经检查触诊患犬膝关节处疼痛,于是拍摄了膝关节内外侧位 X 线片,见图 5.11。

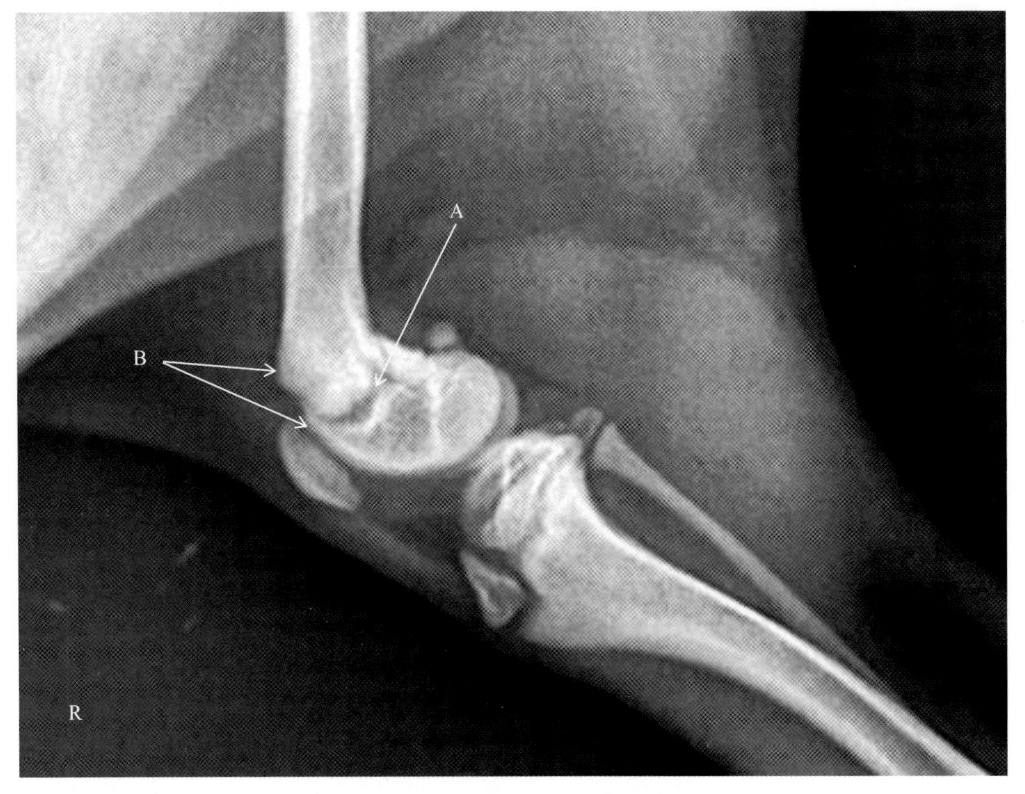

▲ 图 5.11　膝关节内外侧位 X 线片

影像所见

图 5.11 膝关节内外侧位 X 线片可见患犬股骨远端骺板增宽低密度带不均匀(A 箭头所示),股骨外侧骨皮质中断、不连续、有轻度错位(B 箭头所示),其余结构未见明显异常。

影像提示

上述征象提示沿着骺板出现骺板骨折。

▲ 病例二介绍:肱骨外髁骨折

10 月龄博美犬,玩耍时从高处摔落,左前肢不敢着地,遂就诊。经触诊左前肢疼痛,软组织肿胀,于是拍摄了肘关节后前位与侧位 X 线片,见图 5.12 和图 5.13。

视频 5.2
四肢骨折影像
诊断技术

影像所见

图 5.12 肘关节后前位 X 线片可见患犬左前肢肱骨外侧髁骨折(A 箭头所示),尺骨鹰嘴与肱骨远端偏移移位;图 5.13 肘关节侧位 X 线可见肱骨髁有低密度带(B 箭头所示),但不能看见骨折,肘关节外软组织肿胀,其余结构未见明显异常。

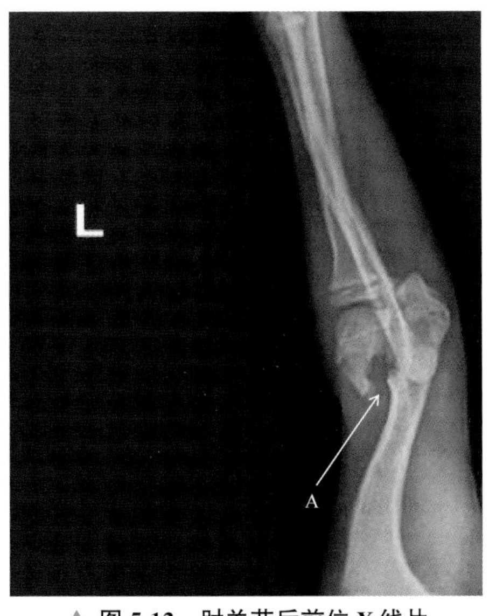

▲ 图 5.12 肘关节后前位 X 线片

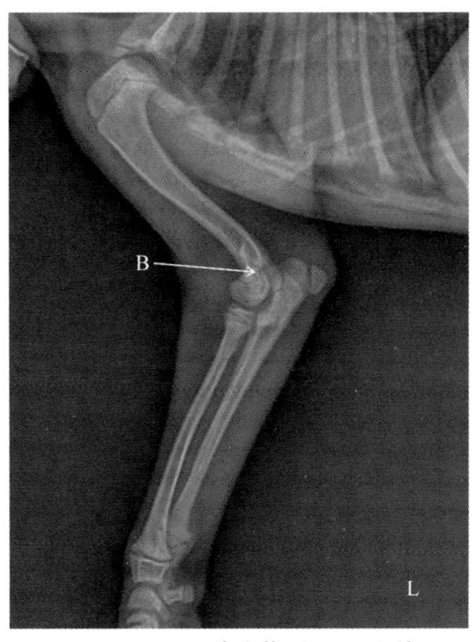

▲ 图 5.13 肘关节侧位 X 线片

影像提示

上述征象提示肘关节外侧髁骨折。

进一步检查建议

建议增加 CT 检查，以确定该肘关节其他病变。

▲ 病例三介绍：胫骨粗隆骨折

6 月龄金毛犬，在路边活动时被往来电瓶车撞击左后肢，导致左后肢跛行，不能负重，遂就诊。经触诊检查患肢膝关节部位肿胀，触诊疼痛，于是拍摄了左后肢内外侧位 X 线片，见图 5.14。

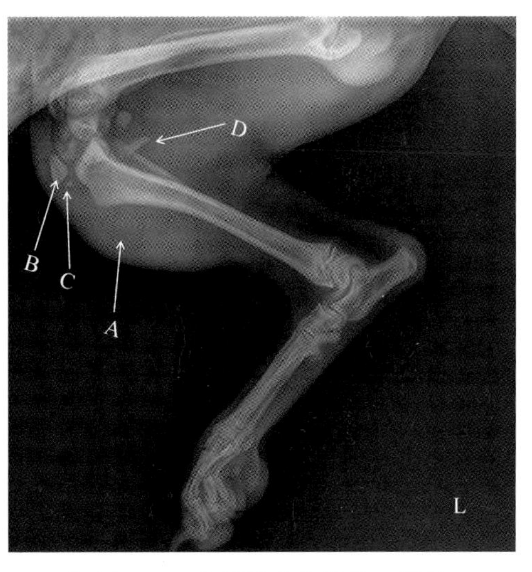

▲ 图 5.14 左后肢内外侧位 X 线片

影像所见

图 5.14 膝关节内外侧位 X 线片可见患犬左后肢外软组织肿胀（A 箭头所示），胫骨粗隆骨折移位（B 箭头所示），有骨碎片（C 箭头所示），腓骨骨折（D 箭头所示），股骨远端似有骨折但该体位不好评价，其余结构未见明显异常。

影像提示

上述征象提示胫骨粗隆骨折及腓骨骨折。

进一步检查建议

建议拍摄更多体位进行综合评价。

▲ 病例四介绍：骨裂

5 月龄比熊犬，在关门时被门缝挤压了一下，患犬疼痛，但可以行走，遂就诊。经触诊前肢尺桡骨部位时患犬疼痛，于是拍摄了前肢前后位 X 线片，见图 5.15。

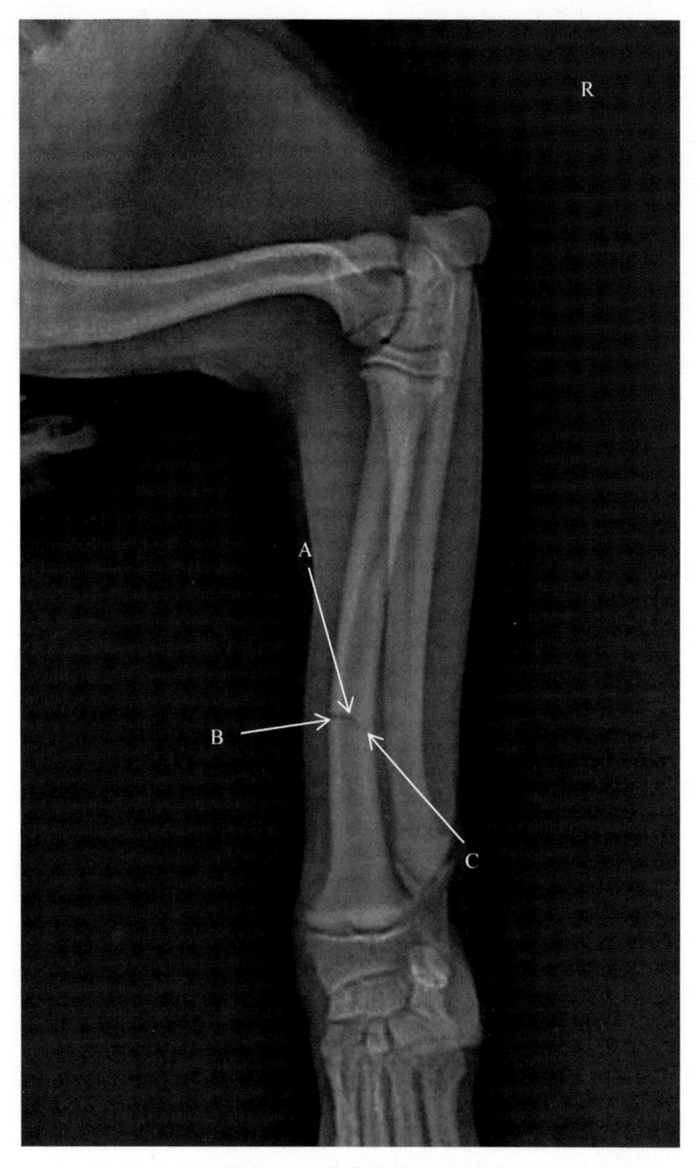

▲ 图 5.15　前肢前后位 X 线片

影像所见

图 5.15 前肢前后位 X 线片可见患犬桡骨中段靠下部位一骨折线（A 箭头所示），内侧骨皮质中断（B 箭头所示），外侧骨皮质连续（C 箭头所示），软组织稍肿胀，其余结构未见明显异常。

影像提示

上述征象提示桡骨骨裂。

▲ 病例五介绍：骨折错位外固定

1岁泰迪犬，从高处跳落后，不能站立，左前肢有弯曲，遂就诊。经触诊检查两前肢均有疼痛与骨摩擦音，于是拍摄了两前肢侧位X线片，见图5.16。

影像所见

图5.16前肢侧位X线片可见患犬左前肢尺骨与桡骨远端骨折错位（A箭头所示），右前肢尺骨桡骨远端骨折（B箭头所示），断端外侧软组织稍肿胀，其余结构未见明显异常。

影像提示

上述征象提示左右前肢尺骨与桡骨远端骨折。

该犬主人选择了外固定，使用玻璃纤维外固定材料进行了外固定，固定后X线片，见图5.17，显示断端稍微对位，3个月后拆除固定材料，预后良好。

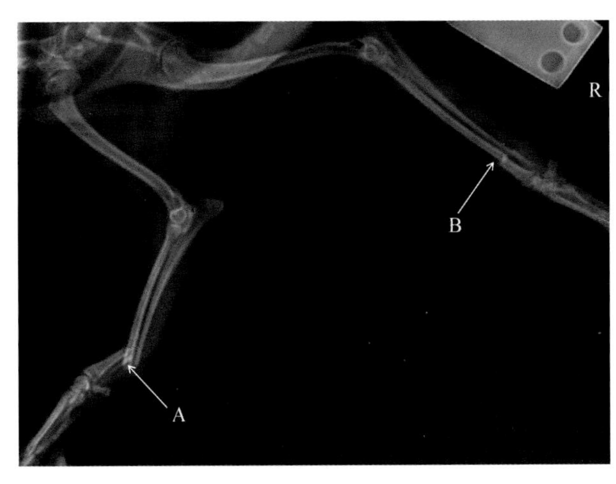

▲ 图5.16 前肢侧位X线片

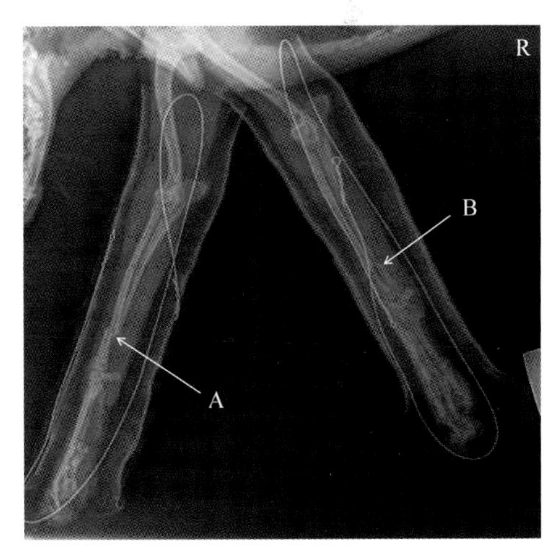

▲ 图5.17 固定后前肢侧位X线片

▲ 病例六介绍：骨折内固定

15月龄比熊犬，从床上掉下，右前肢跛行，不敢负重，可见患肢变形，遂就诊。经检查患肢肿胀，于是拍摄了患肢尺桡骨内外侧位X线片，见图5.18。

影像所见

图5.18内外侧位X线片可见患犬右前肢尺骨与桡骨中段下方完全骨折成角移位（A箭头所示），断端外软组织肿胀，其余结构未见明显异常。

影像提示

上述征象提示尺骨与桡骨远端骨折。

该犬接受了内固定手术，术后3个月X线可见断端骨痂较多(图5.19中B箭头所示)，骨折线消失，断端愈合良好。

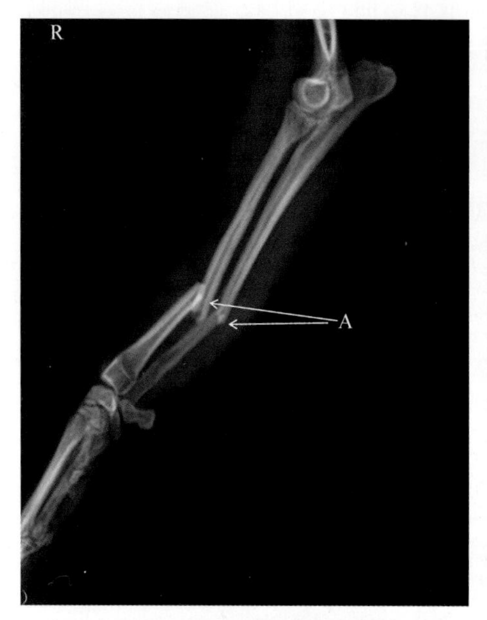

▲ 图 5.18 尺桡骨内外侧位 X 线片

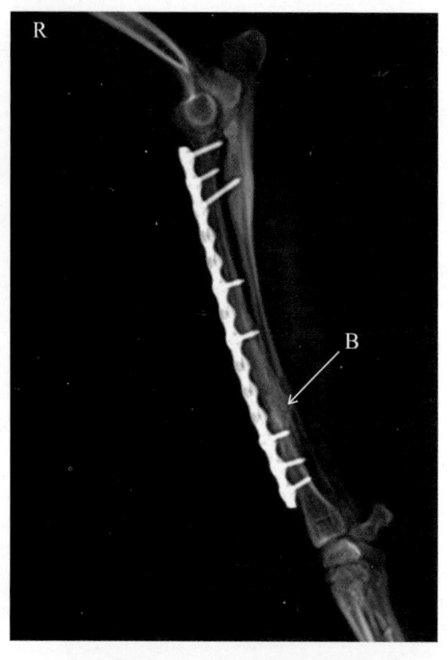

▲ 图 5.19 术后侧位 X 线片

▲ 病例七介绍：畸形愈合

流浪犬，具体年龄不详，在外流浪，左后肢跛行，被好心人带至医院就诊。经检查患犬左后肢膝关节周围软组织肿胀，触诊患犬疼痛，于是拍摄了左后肢膝关节内外侧位X线片，见图5.20。

影像所见

图5.20内外侧位X线片可见患犬股骨远端骨折错位，见骨增生(A箭头所示)及断端近端骨痂(B箭头所示)，断端周围软组织肿胀，上方股骨外肌肉萎缩，其余结构未见明显异常。

影像提示

上述征象提示股骨远端陈旧性骨折，畸形愈合。

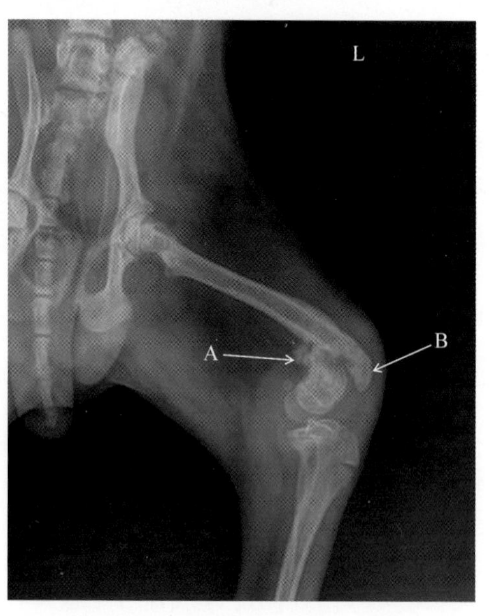

▲ 图 5.20 膝关节内外侧位 X 线片

5.9 前十字韧带断裂

▲ 病例介绍

3 岁雄性拉布拉多犬，在户外剧烈活动后左后肢出现轻微跛行，观察 2 d 未见好转，遂就诊。触诊患犬膝关节，患犬疼痛，于是拍摄了膝关节内外侧位 X 线片，见图 5.21 与图 5.22。

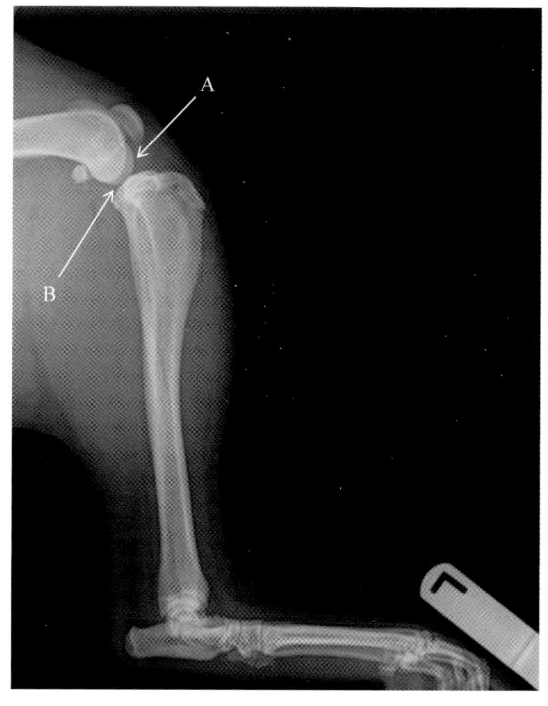

▲ 图 5.21 膝关节内外侧位 X 线片

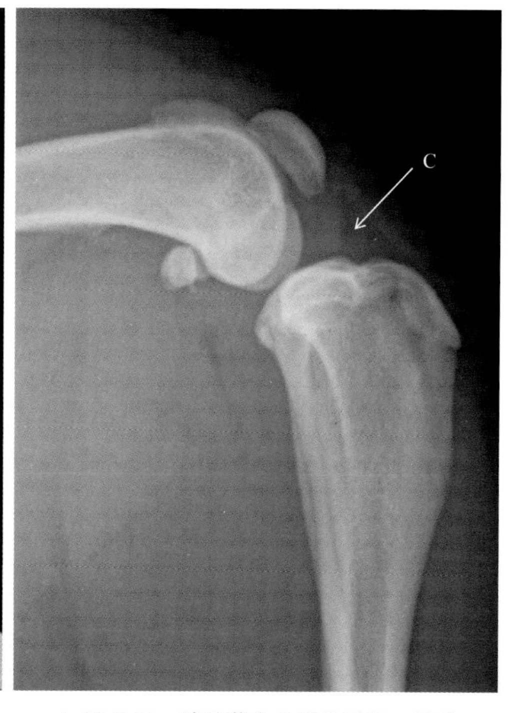

▲ 图 5.22 膝关节内外侧位局部 X 线片

影像所见

图 5.21 膝关节内外侧位 X 线片可见患犬股骨远端骨端项胫骨平台后侧移位(B 箭头所示)，关节囊内积液(A 箭头所示)，导致关节内脂肪垫压缩减少(图 5.22 中 C 箭头所示)，其余结构未见明显异常。

影像提示

上述征象提示十字韧带断裂。

进一步检查建议

建议进行 MRI 检查，确定断裂情况。

5.10 骨肿瘤

▲ 病例介绍

6 岁雄性德国牧羊犬,主人发现右前肢腕关节上方肿胀,患犬患肢不敢负重(图 5.23),遂就诊。经触诊检查患部肿胀坚硬,于是拍摄了患肢前后位 X 线片,见图 5.24。

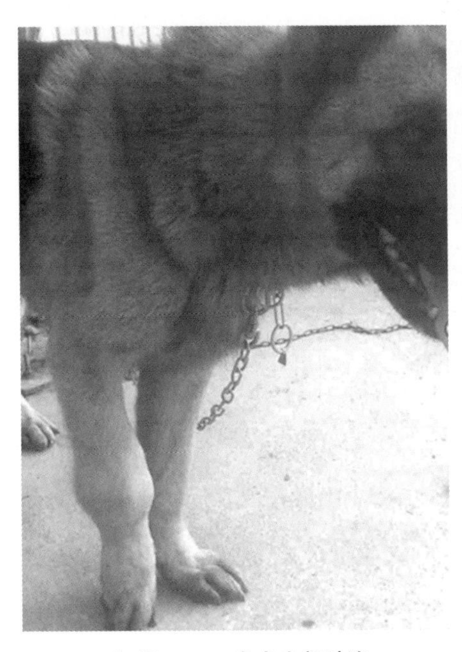

▲ 图 5.23　患犬患部肿胀

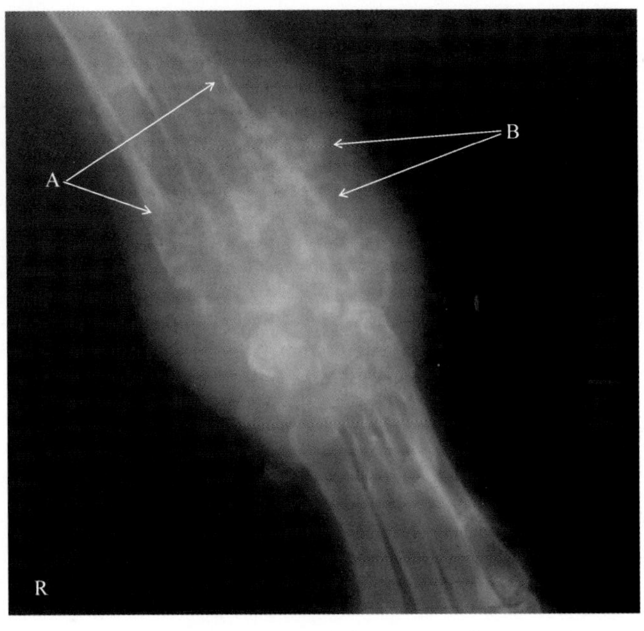

▲ 图 5.24　前肢前后位 X 线片

影像所见

图 5.24 前肢前后位 X 线片可见患犬右前肢尺骨与桡骨远端骨皮质溶解破坏、密度不均(A 箭头所示),患骨外侧见花边状骨膜增生(B 箭头所示),浸润未越过腕关节,患部外侧软组织肿胀。

影像提示

上述征象提示尺骨与桡骨远端骨肿瘤。

进一步检查建议

建议进行骨穿刺采样检测,确定骨肿瘤类型。

视频 5.3
四肢骨肿瘤影像
诊断技术

5.11 全骨炎

▲ 病例介绍

8 月龄雌性萨摩耶犬，无受伤史，最近突然出现左前肢跛行，之后出现后肢跛行，饮食欲下降，精神沉郁。触诊患肢有疼痛，但无骨折表现，于是拍摄了前肢侧位和后肢后前位 X 线片，见图 5.25 与图 5.26。

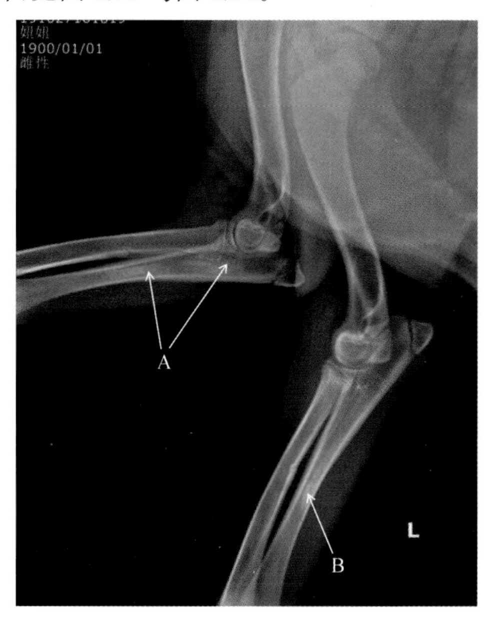

▲ 图 5.25 前肢侧位 X 线片

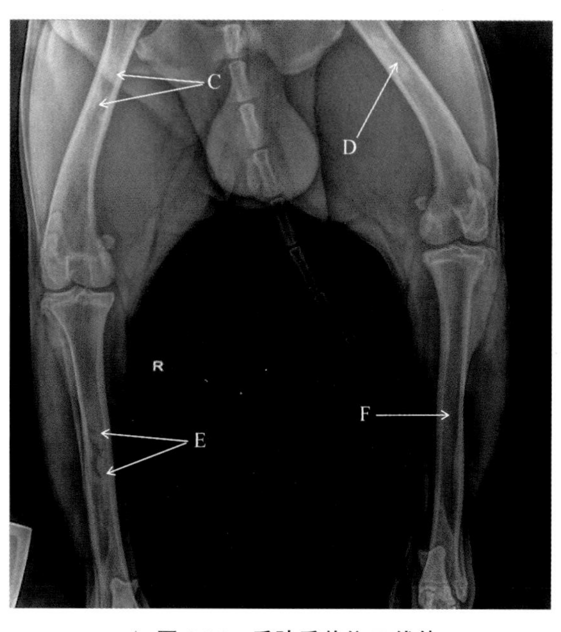

▲ 图 5.26 后肢后前位 X 线片

影像所见

视频 5.4
犬全骨炎影像诊断技术

图 5.25 前肢侧位 X 线片可见患犬两前肢尺骨近端骨髓腔出现斑块状密度增高影（A、B 箭头所示）；图 5.26 后肢后前位 X 线片可见两后肢股骨骨髓腔见斑块状中等密度影（C、D 箭头所示），两后肢胫骨骨髓腔见条块状密度增高影（E、F 箭头所示）。

影像提示

上述征象提示患犬为全骨炎。

5.12 肥大性骨病

▲ 病例介绍

10 岁雄性杂交犬，咳嗽 1 个多月，最近一段时间前肢突然出现跛行，并呈渐进性加重，遂就诊。经检查患肢远端长骨呈对称性硬肿，患部温热，有压痛，于是拍摄了患肢腕关节背掌位和腕部侧位 X 线片，见图 5.27 与图 5.28。

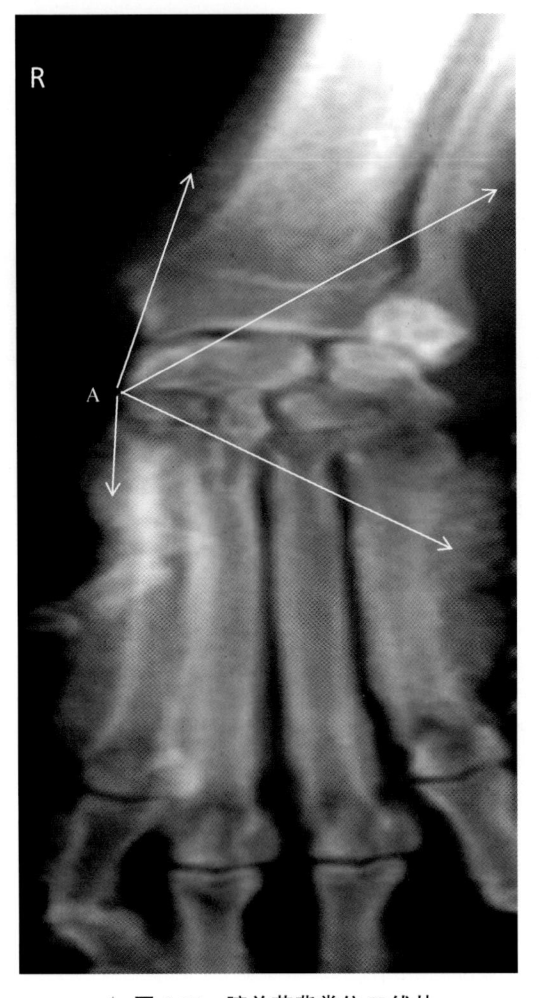

▲ 图 5.27 腕关节背掌位 X 线片

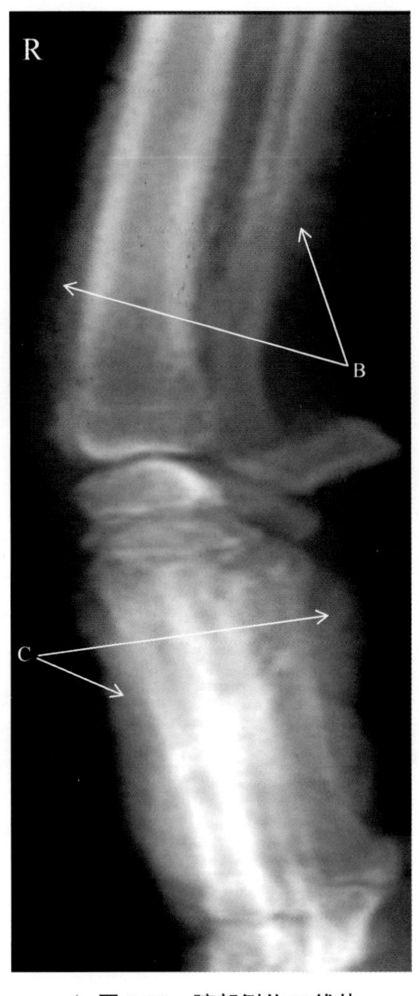

▲ 图 5.28 腕部侧位 X 线片

影像所见

图 5.27 腕关节背掌位 X 线片可见患犬尺骨远端外侧、桡骨远端外侧、第 2 掌骨与指骨外侧、第 5 掌骨外侧均可见花边状骨膜增生（A 箭头所示），呈现双侧肢对称性骨膜增生；图 5.28 腕部侧位 X 线片见骨外侧对称性骨膜增生（B、C 箭头所示），呈现花边状。

影像提示

上述征象提示患犬罹患肥大性骨病。

进一步检查建议

建议拍摄胸片，寻找引起肥大性骨病的病因。

5.13 肥大性骨营养不良

▲ 病例介绍

5 月龄雄性德国牧羊犬，最近一段时间两前肢出现肿胀、跛行、疼痛，无外伤史，遂就诊。经临床检查前肢腕部疼痛，于是拍摄了前肢内外侧位和背掌位 X 线片，见图 5.29 与图 5.30。

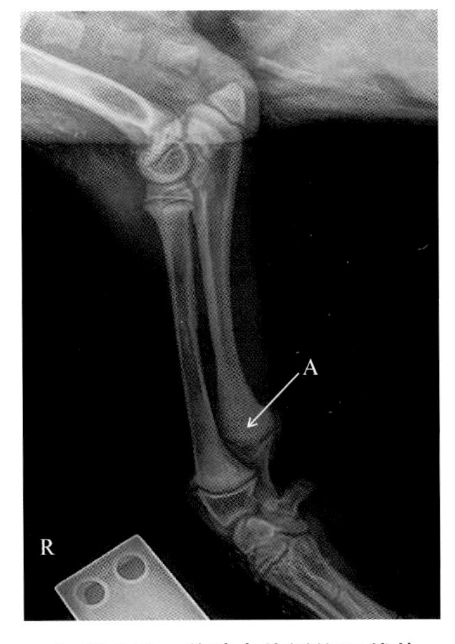

▲ 图 5.29 前肢内外侧位 X 线片

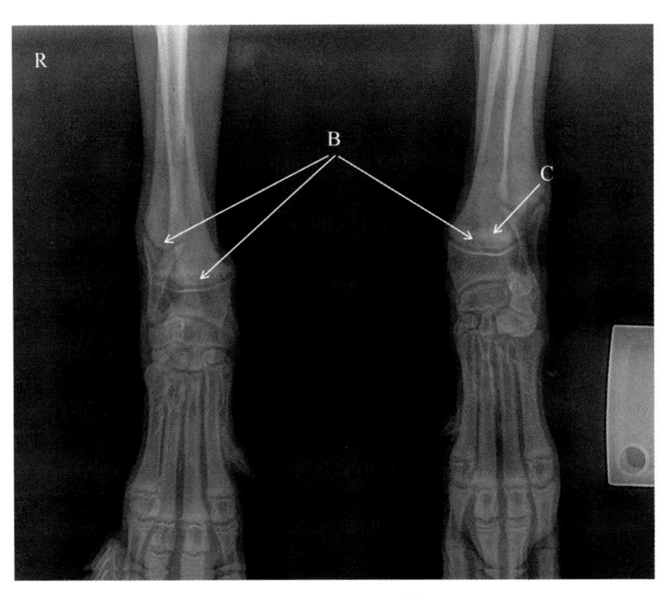

▲ 图 5.30 前肢背掌位 X 线片

影像所见

图 5.29 前肢内外侧位 X 线片可见患犬尺骨干骺端出现与生长板平行的低密度线（A 箭头所示）；图 5.30 前肢背掌位 X 线片可见两前肢桡骨远端出现与生长板平行的低密度线（B 箭头所示），干骺端硬化（C 箭头所示）。

视频 5.5
犬肥大性骨营养不良
影像诊断技术

影像提示

上述征象提示患犬罹患肥大性骨营养不良。

5.14 肘关节发育不良——肘突未愈合

▲ 病例介绍

6 月龄拉布拉多犬，右前肢跛行，不敢负重，屈曲肘关节患犬疼痛，于是拍摄了患肢肘关节屈曲侧位 X 线片，见图 5.31。

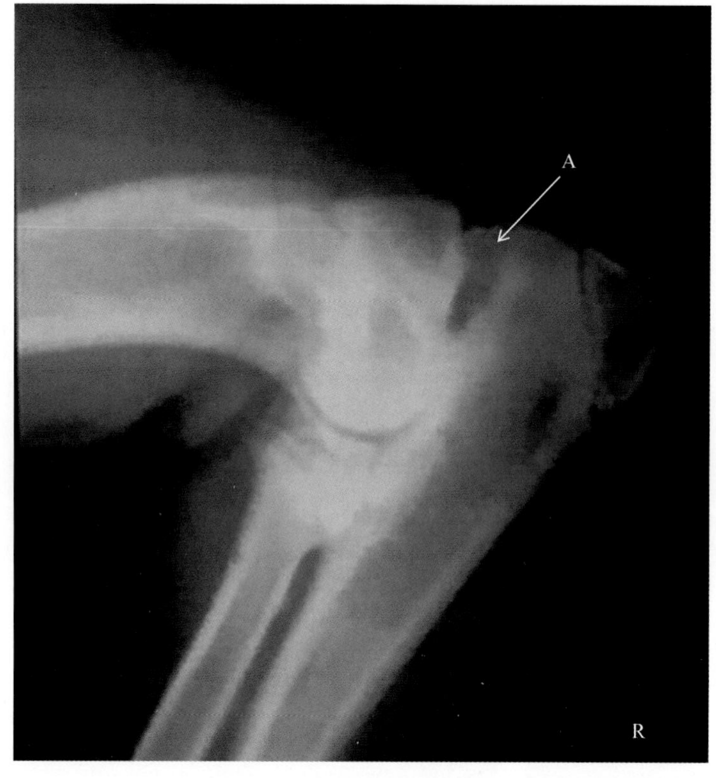

▲ 图 5.31　肘关节屈曲侧位 X 线片

影像所见

图 5.31 肘突屈曲侧位 X 线片可见患犬肘关节肘突与尺骨近端干骺端分离，中间见一条较大的低密度带（A 箭头所示），低密度带边缘骨质硬化。

影像提示

上述征象提示肘突不愈合。

5.15　尺桡骨发育不良

▲ 病例介绍

12 月龄杂交犬，主人发现该犬前肢逐渐变弯曲，出现轻度跛行，遂就诊。经检查右前肢尺桡骨弯曲，于是拍摄了前肢侧位 X 线片，见图 5.32。

影像所见

图 5.32 尺桡骨侧位 X 线片可见患犬桡骨向前突出弯曲（A 箭头所示），远端后方骨皮质增宽，尺骨骨干缩短、变直、横径增大，远端茎突上移。桡骨与尺骨间隙增大（B 箭头所示），桡腕关节及臂尺关节的关节间隙增大（C 箭头所示），关节骨对位不良，关节处于半脱位状态。

影像提示

上述征象提示尺骨远端骨骺提前闭合导致尺桡骨发育不良。

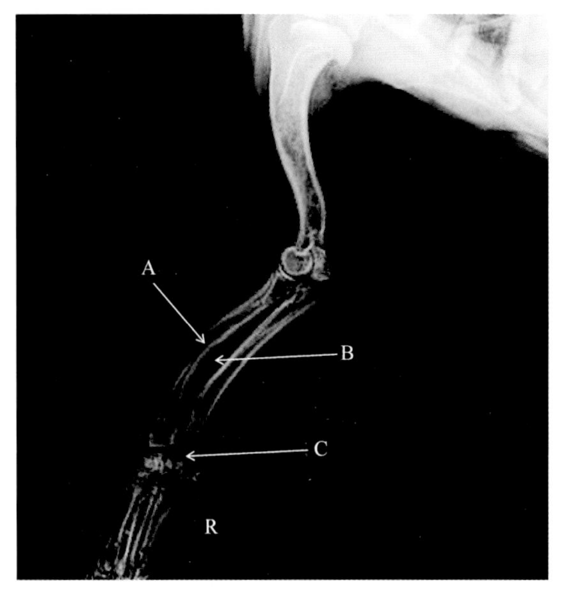

▲ 图 5.32 尺桡骨侧位 X 线片

5.16 骨盆骨折

▲ 病例介绍

12 月龄雄性哈士奇犬，在外活动时被车撞击身体后部，患犬倒地站立困难，遂就诊。触诊髂骨部位患犬疼痛，于是拍摄了骨盆正位 X 线片，见图 5.33。

影像所见

图 5.33 骨盆正位 X 线片可见患犬左侧髂骨体斜骨折（A 箭头所示），并有骨碎片（B 箭头所示），荐髂关节脱位（C 箭头所示），耻骨骨折（D 箭头所示）；患犬右侧髂骨体斜骨折（E 箭头所示），髋臼骨折（F 箭头所示），耻骨骨折（G 箭头所示），其余结构未见明显异常。

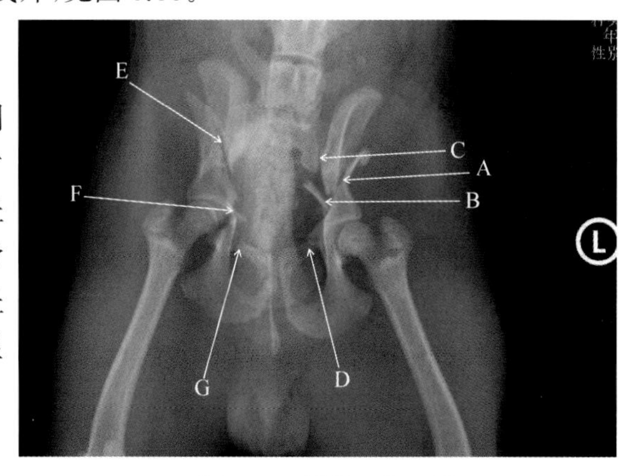

▲ 图 5.33 骨盆正位 X 线

影像提示

上述征象提示骨盆多处骨折：左侧髂骨体粉碎性骨折，荐髂关节脱位，耻骨骨折；右侧髂骨体斜骨折，髋臼骨折，耻骨骨折。

5.17 骨外软组织病变

▲ 病例一介绍：韧带损伤

1 岁雄性灵缇犬，前 1 天有剧烈活动，第 2 天发现左前肢跛行，腕关节肿胀，遂就诊。触诊腕部肿块疼痛，于是拍摄了前肢背掌位 X 线片，见图 5.34。

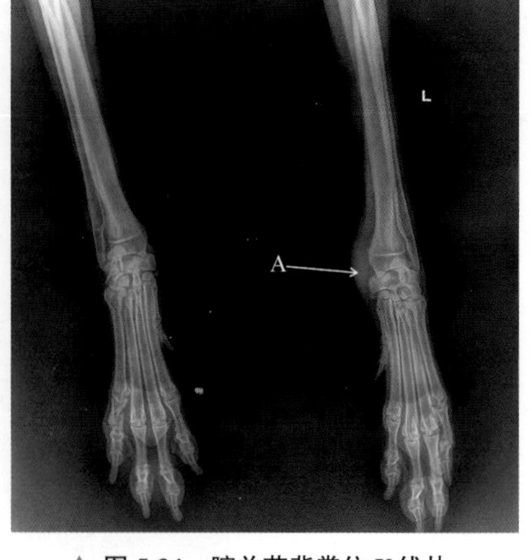

▲ 图 5.34 腕关节背掌位 X 线片

影像所见

图 5.34 腕关节背掌位 X 线片可见患犬左前肢腕关节内侧肿胀（A 箭头所示），其余结构未见明显异常。

影像提示

上述征象提示该部位的内侧侧副韧带损伤，导致软组织肿胀。

▲ 病例二介绍：软组织感染

2 岁蓝猫，主人发现该猫右前肢跛行，不让碰，遂就诊。保定后检查患肢肿胀，触诊柔软，于是拍摄了患肢 X 线片，见图 5.35 与图 5.36。

影像所见

图 5.35 前肢前后位 X 线片可见患猫右前肢尺骨与桡骨周围软组织肿胀，密度增高（A 箭头所示），骨与关节未见异常；图 5.36 前肢内外侧位 X 线片可见右前肢尺桡骨外侧软组织肿胀严重（B 箭头所示），骨与关节未见明显异常。

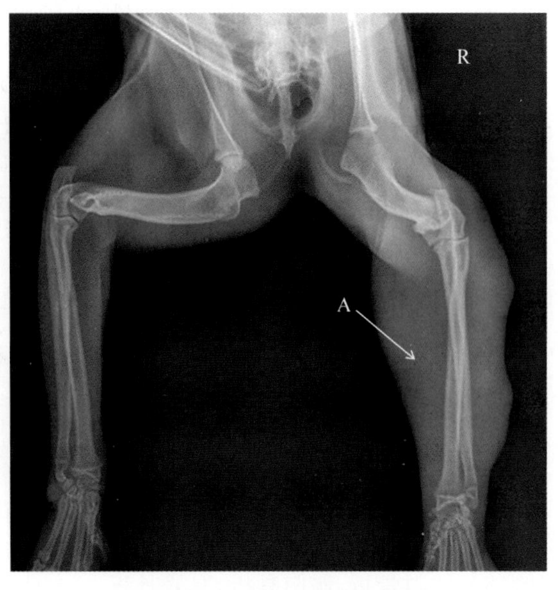

▲ 图 5.35 前肢前后位 X 线片

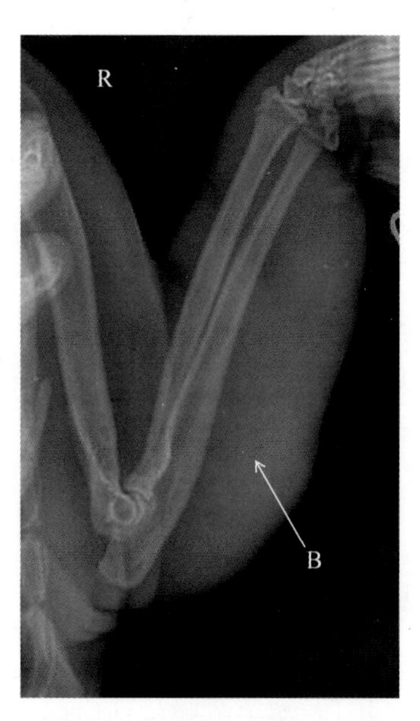

▲ 图 5.36 前肢内外侧位 X 线片

影像提示

上述征象提示软组织肿胀，后经过抗菌消炎肿胀消失。

▲ 病例三介绍：脂肪瘤

7 岁拉布拉多犬，主人在数月前发现右前肢外侧有一小肿块，最近肿块越长越大，导致患犬走路出现跛行，遂就诊。触诊肿块坚硬，于是拍摄了患肢侧位 X 线片，见图 5.37。

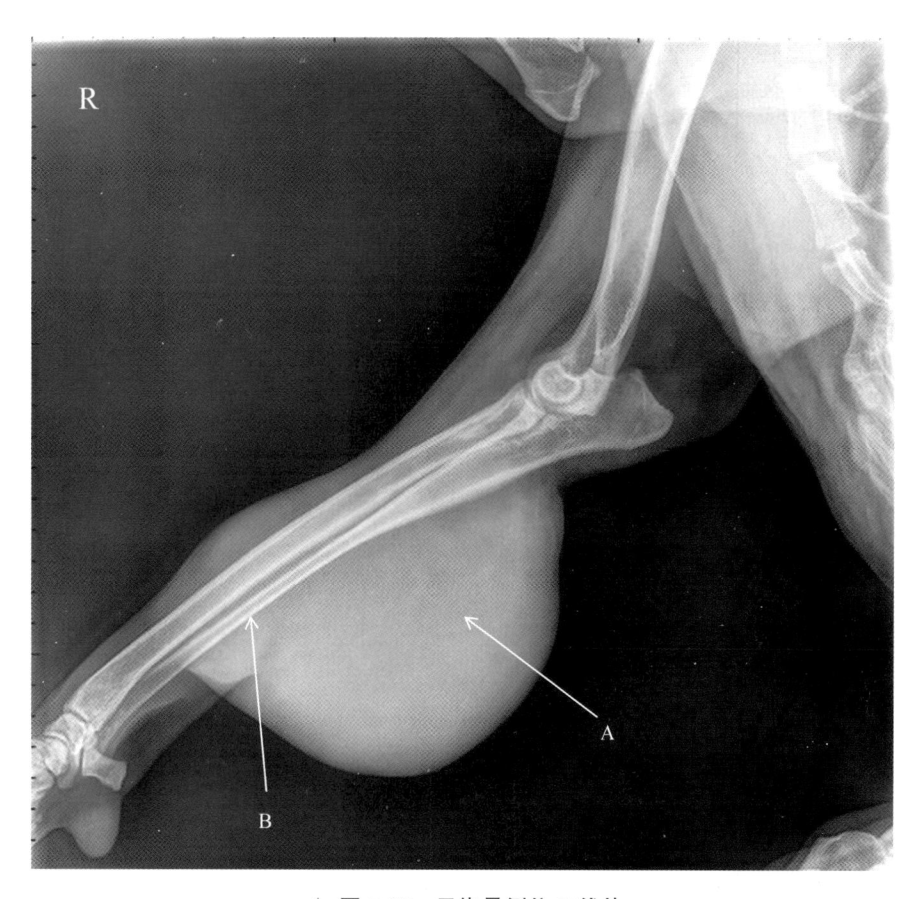

▲ 图 5.37 尺桡骨侧位 X 线片

影像所见

图 5.37 尺桡骨侧位 X 线片可见患犬右侧尺骨与桡骨外侧巨大的软组织团块（A 箭头所示），向后方突出，患犬尺骨的中下段尺骨骨干变细（B 箭头所示），皮质变薄，骨髓腔变窄，其余结构未见明显异常。

影像提示

上述征象提示尺骨外侧软组织肿块。

该犬接受了手术摘除肿块，后经细胞学诊断为脂肪瘤。

5.18 骨关节炎

▲ 病例一介绍:肩关节炎

8 岁可卡犬,主人发现最近一个多月不愿活动,左前肢跛行,不敢负重,并逐渐加重,遂就诊。经触诊检查左侧肩关节患犬疼痛,于是拍摄了肩关节侧位 X 线片,见图 5.38。

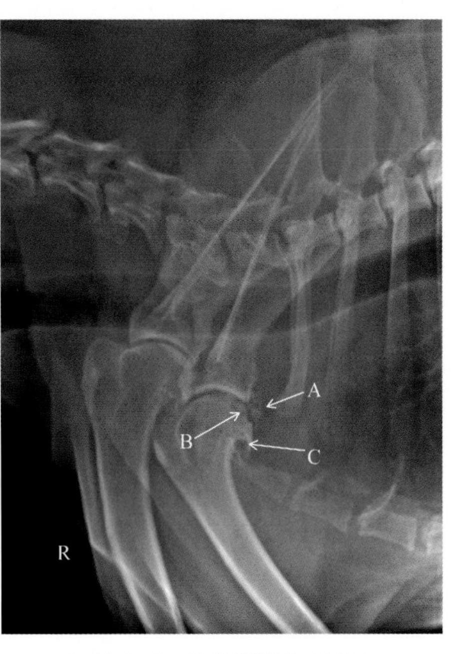

▲ 图 5.38 肩关节侧位 X 线片

影像所见

图 5.38 肩关节侧位 X 线片可见患犬左侧肩关节肩臼后侧缘骨赘形成(A 箭头所示),肱骨头局部密度不均不光滑(B 箭头所示),下缘骨增生(C 箭头所示),其余结构未见明显异常。

影像提示

上述征象提示肩关节炎,肱骨头骨软骨症。

▲ 病例二介绍:髋关节炎

8 岁雄性柴犬,最近几个月患犬后肢跛行逐渐加重,右后肢比左后肢严重,遂就诊。触诊髋关节疼痛,活动髋关节有骨摩擦音,于是拍摄了髋关节正位 X 线片,见图 5.39。

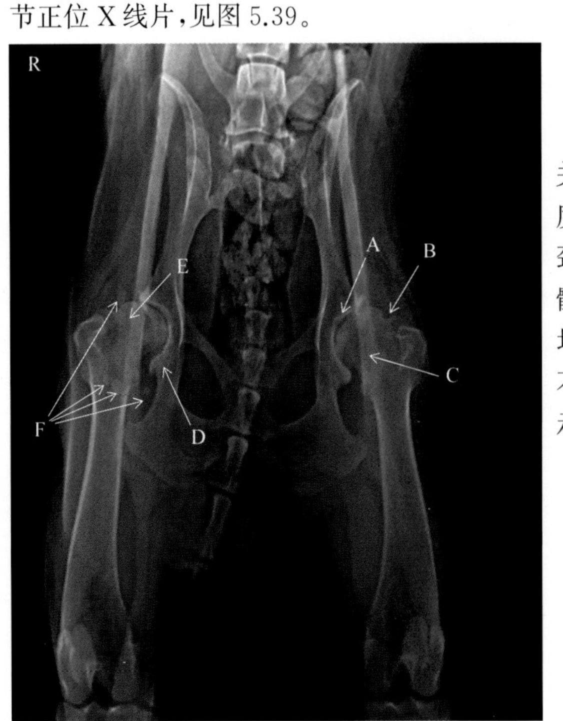

▲ 图 5.39 髋关节正位 X 线片

影像所见

图 5.39 髋关节正位 X 线片可见患犬左髋关节的髋臼密度增高(A 箭头所示),股骨头密度增高、股骨颈面有凹陷(B 箭头所示),股骨颈增粗(C 箭头所示);右侧髋关节可见髋关节髋臼下缘骨增生(D 箭头所示),股骨头密度不均(E 箭头所示),股骨颈增宽、密度增高、密度不均匀,周围见多个圆形增生骨(F 箭头所示),其余结构未见明显异常。

影像提示

上述征象提示髋关节炎。

/ XIANGMU 6 /

项目6

颈胸部疾病影像分析

项目概述

颈胸部疾病常用的影像检查方法有X线、B超与CT。对于颈胸部外的肿块、胸腔积液、心脏疾病等需要在X线检查后也进行B超检查；对于复杂的胸腔病变需要追加CT检查。本项目主要介绍25种X线诊断的颈胸部疾病，有些病例只给出了一个体位X线片，有些病例给出了两个体位X线片，通过各病例影像征象分析掌握各疾病影像表现。

6.1 气管异物

▲ 病例介绍

4月龄萨摩耶犬，主诉该犬下午外出玩要后回家突然发病，口腔见大量涎液，呼吸困难，送往当地宠物医院按照中毒治疗未见好转，其间数次呼吸停止现象，经主人按摩犬颈部与胸部获得缓解。经检查，该犬体温正常，口腔及喉部大量涎液，眼结膜与口腔黏膜发绀，舌苔发紫，呼吸困难，张口呼吸，于是拍摄了颈胸部侧位X线片，见图6.1。

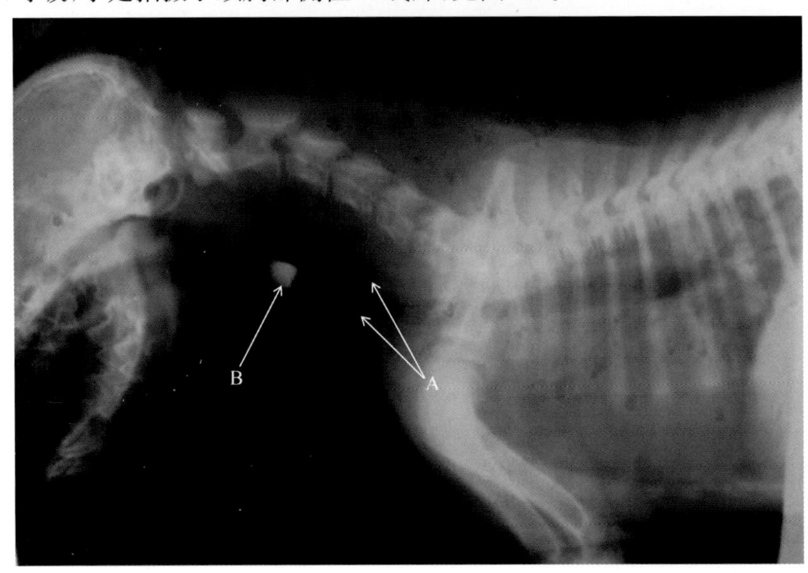

▲ 图 6.1　颈胸部侧位 X 线片

影像所见

图6.1颈胸部侧位X线片可见患犬颈部气管（A箭头所示）的中段见一高密度团块（B箭头所示）将气管管腔堵塞，肺部密度增高，其余结构未见明显异常。

影像提示

上述征象提示气管高密度异物堵塞。

该犬接受了气管切开手术，恢复良好，取出的异物为小石头，见图6.2。

视频 6.1
气管异物影像诊断技术

▲ 图 6.2　术后患犬及取出的石头

6.2 气管塌陷

▲ 病例介绍

4 岁雌性博美犬，主诉该犬精神、食欲良好，平时偶有咳嗽，兴奋时加重，最近咳嗽加剧，遂就诊。经检查患犬气喘，于是拍摄了颈胸部侧位 X 线片，见图 6.3。

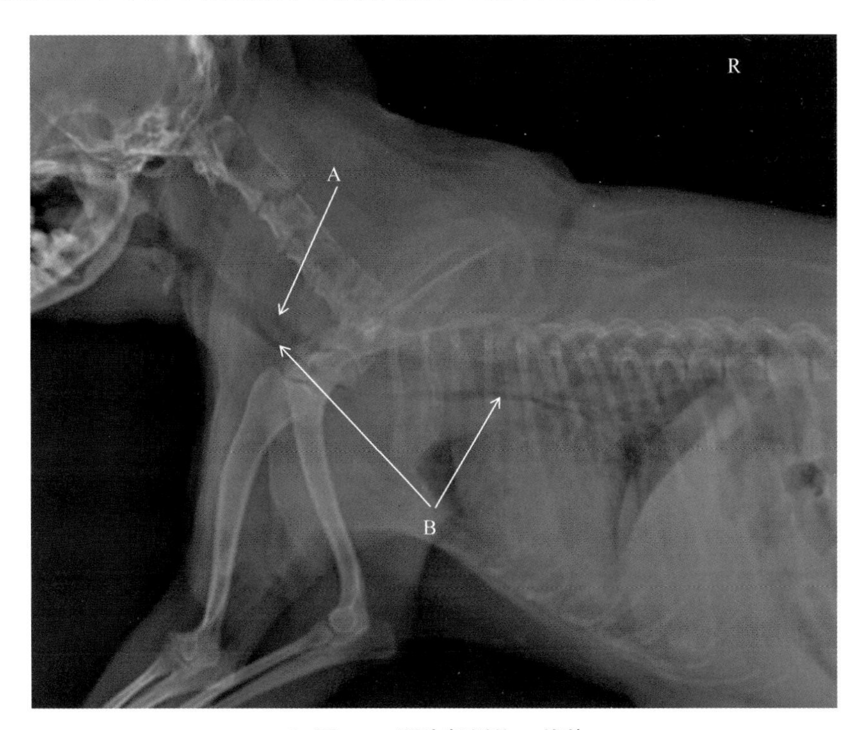

▲ 图 6.3　颈胸部侧位 X 线片

影像所见

图 6.3 颈胸部侧位 X 线片可见患犬颈部食管少量低密度气体（A 箭头所示），胸腔入口段至心基前段气管直径变窄（B 箭头所示），呈上下压扁性狭窄，与颈椎和前部胸椎平行排列。

视频 6.2
气管塌陷影像
诊断技术

影像提示

上述征象提示患犬气管塌陷。

6.3 气管撕裂

▲ 病例介绍

1 岁泰迪犬，在外被其他犬撕咬，因呼吸急促，遂就诊。经检查患犬皮下积气，见外伤，于是拍摄了胸部腹背位和侧位 X 线片，见图 6.4 与图 6.5。

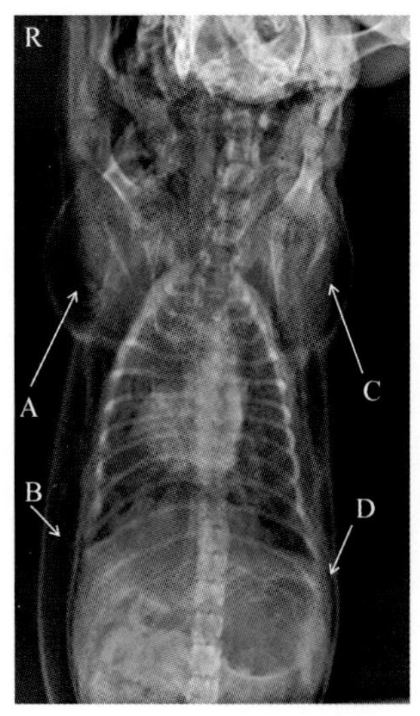

▲ 图 6.4　胸部腹背位 X 线片

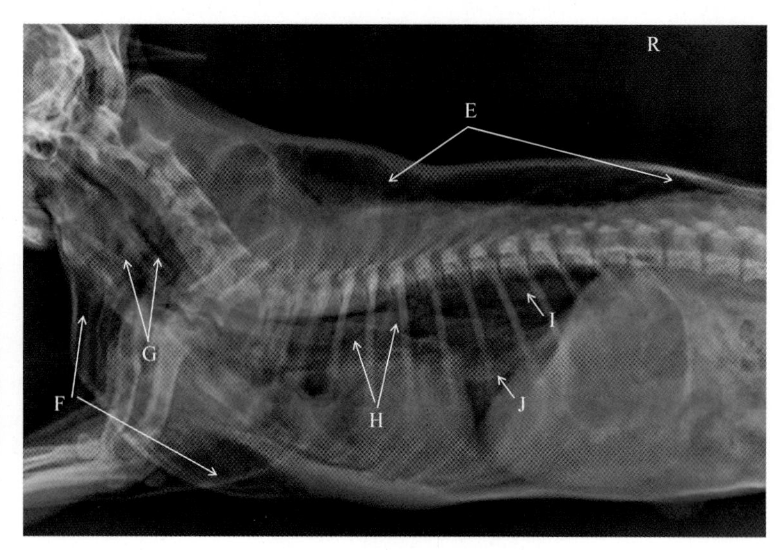

▲ 图 6.5　胸部侧位 X 线片

影像所见

图 6.4 胸部腹背位 X 线片可见患犬肘部皮下积气（A、C 箭头所示），胸壁两侧皮下积气（B、D 箭头所示），右侧积气多于左侧，颈部结构紊乱、积气，心脏右侧稍移位；图 6.5 胸部侧位 X 线片可见背部皮下大量积气（E 箭头所示），颈腹侧与胸腹侧积气（F 箭头所示），颈部结构紊乱、气管背侧与腹侧壁可见（G 箭头所示），胸部气管背侧与腹侧壁可见（H 箭头所示），主动脉清晰可见（I 箭头所示），后腔静脉清晰可见（J 箭头所示），心胸三角区结构紊乱。

影像提示

上述征象提示颈胸部皮下积气、气纵隔。结合病史考虑颈部气管撕裂。

进一步检查建议

建议进行气管碘剂造影检查，寻找破裂点。

6.4　食道异物

▲ 病例一介绍：低密度异物

11 月龄雄性比格犬，突然出现吞咽困难、烦躁不安表现，遂就诊。经检查口腔未见异物，颈部触诊未有异常，于是拍摄了胸部侧位 X 线片，见图 6.6。

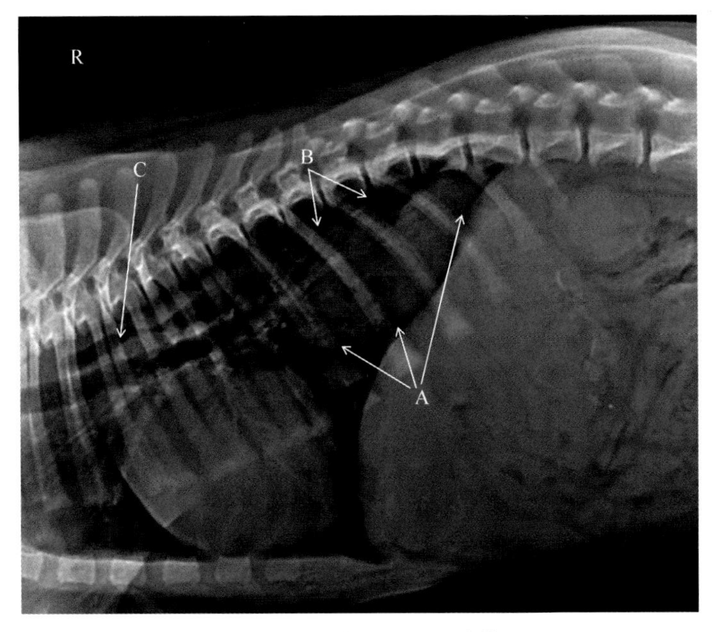

▲ 图 6.6 胸部侧位 X 线片

视频 6.3
食道异物影像诊断技术

影像所见

图 6.6 胸部侧位 X 线片可见患犬椎膈三角区的横膈脚前方见一腹侧边界明显的中等密度团块影(A 箭头所示),背侧边界欠清晰(B 箭头所示),在胸腔段的气管背侧可见一低密度管状结构与气管平行延伸至横膈前肿块前缘(C 箭头所示),其余结构未见明显异常。

影像提示

上述征象提示胸段横膈前食道异物堵塞。

进一步检查建议

建议增加食道造影检查,判断阻塞物的轮廓与食道是否完全堵塞。

▲ 病例二介绍:高密度异物

1 岁雄性泰迪犬,中午犬主给犬喂食了骨头,之后犬出现吞咽困难,流涎,疼痛表现,并停止采食,遂就诊。触诊患犬颈部敏感疼痛,于是拍摄了颈胸部侧位 X 线片,见图 6.7。

影像所见

图 6.7 颈胸部侧位 X 线片可见患犬颈部胸腔入口前方有一形态不规则高密度骨性异物(A 箭头所示),异物前方食道扩张积气(B 箭头所示),其余结构未见明显异常。

影像提示

上述征象提示颈部食道高密度骨性异物梗阻。

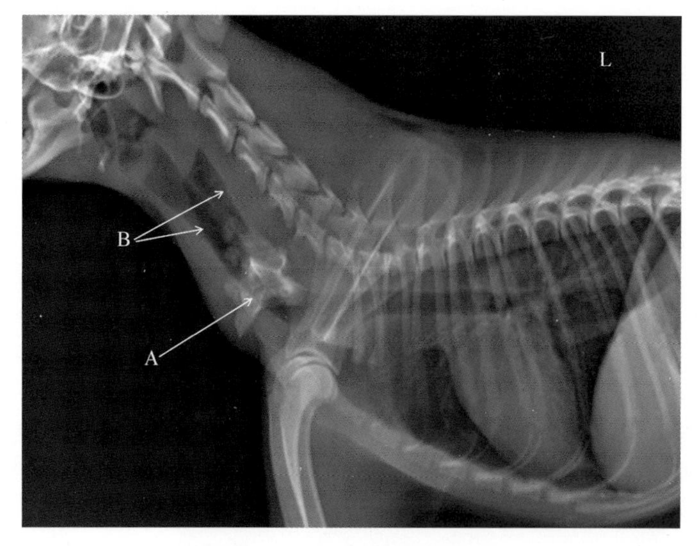

▲ 图 6.7　颈胸部侧位 X 线片

▲ 病例三介绍:金属异物

2 岁比熊犬,中午饮食欲尚正常,下午玩耍后发现犬疼痛,抓颈部,遂就诊。触诊患犬颈部敏感,于是拍摄了颈部侧位 X 线片,见图 6.8。

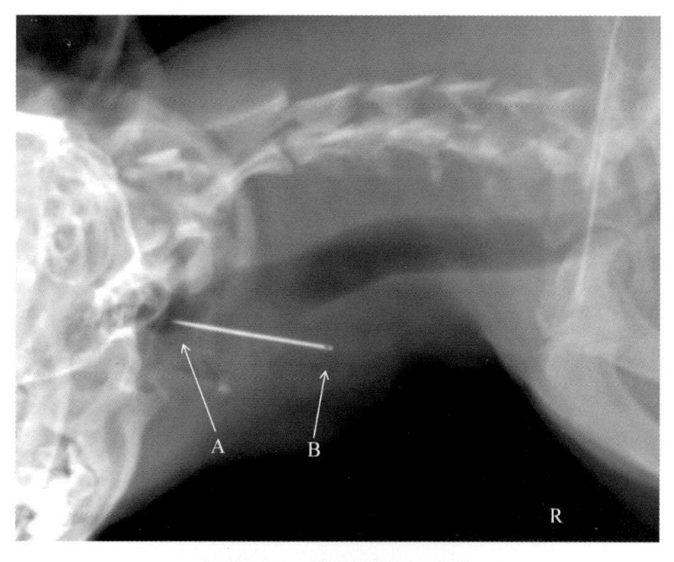

▲ 图 6.8　颈部侧位 X 线片

影像所见

图 6.8 颈部侧位 X 线片可见患犬咽部见一针状高密度异物,针尖朝头侧(A 箭头所示),针尾朝尾侧(B 箭头所示),颈腹侧软组织稍肿胀,其余结构未见明显异常。

影像提示

上述征象表明患犬咽部针状异物梗阻。

6.5 巨食道症

▲ 病例一介绍

3 月龄苏格兰牧羊犬，最近更换颗粒状犬粮，吃后很快就吐出食物，吐后仍有食欲，仍然采食，但逐渐消瘦。于是就诊，给犬进行了食道钡餐造影检查，见图 6.9。

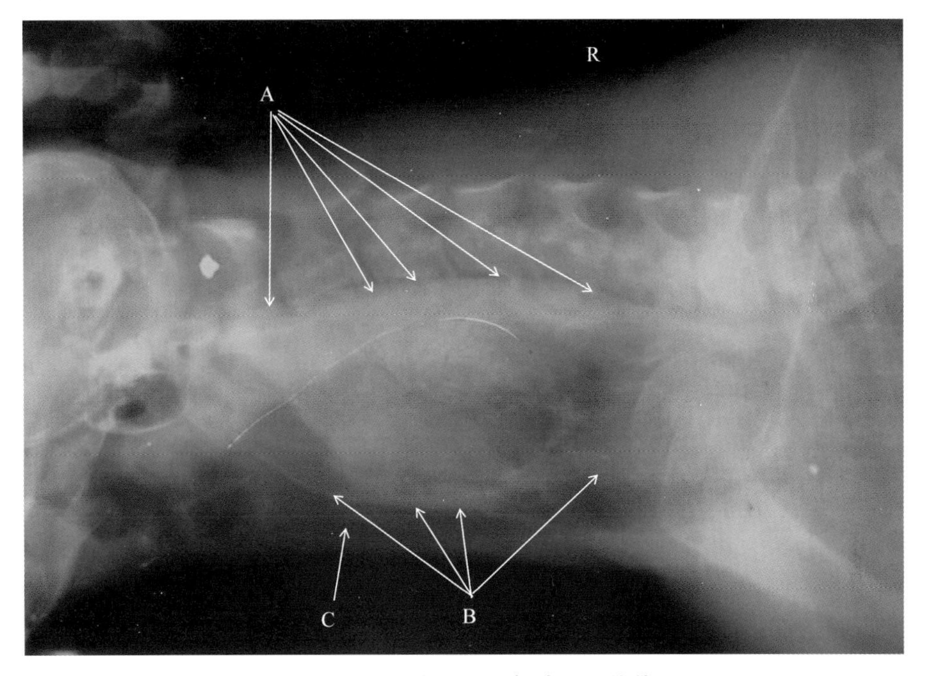

▲ **图 6.9 颈部侧位钡餐造影 X 线片**

影像所见

图 6.9 颈部侧位钡餐造影 X 线片可见患犬颈部食道异常扩张，呈横置的宽带状密影，内充满大量造影剂及少量气体，食道背侧壁紧贴颈椎腹侧，边界清晰（A 箭头所示），食道腹侧壁边界明显（B 箭头所示），食道将气管挤压向腹侧使气管移位紧贴颈部腹侧（C 箭头所示）。

影像提示

上述征象提示巨食道症，鉴别诊断包括持久性右主动脉弓。

进一步检查建议

建议拍摄胸部造影片，排除持久性右主动脉弓。

▲ **病例二介绍**

4 月龄雌性杂交犬，主诉中午采食大量骨头后吐出一些骨头，然后食欲废绝，患犬呻吟，遂就诊。经检查后拍摄了胸部正位 X 线片，见图 6.10。

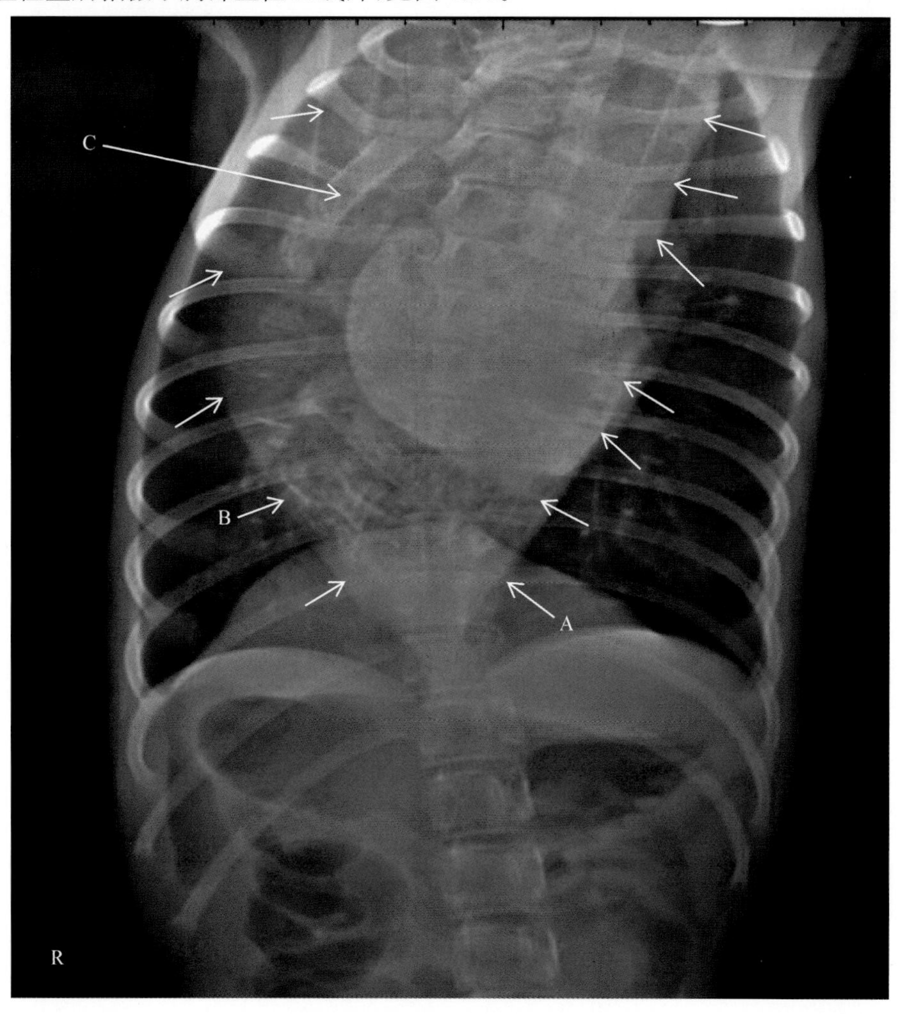

▲ **图 6.10　胸部正位(腹背位)X 线片**

影像所见

图 6.10 胸部腹背位 X 线片可见患犬左侧食道壁扩张到左心左侧(A 侧箭头所示边界)，右侧食道壁扩张到右侧胸壁(B 侧箭头所示边界)，食道内充满大量高密度的骨头，其中可见一较大管状骨(C 箭头所示)，胸腔食道靠近贲门前方逐渐变狭窄，胃内少量气体，空虚，无食物。

影像提示

上述征象提示巨食道症。

6.6 支气管炎

▲ 病例介绍

8 月龄比熊犬，咳嗽有一段时间，动物主人自己在家喂抗生素无好转，遂就诊。经听诊检查后拍摄了胸部侧位与正位 X 线片，见图 6.11 与图 6.12。

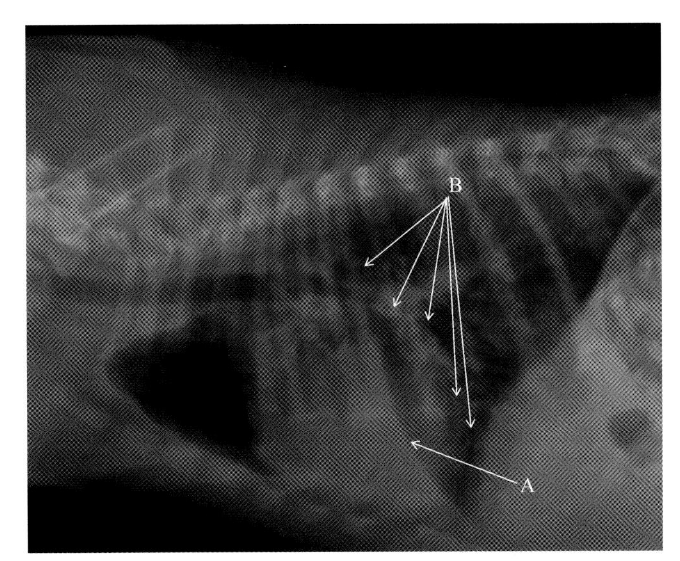

▲ 图 6.11 胸部侧位 X 线片

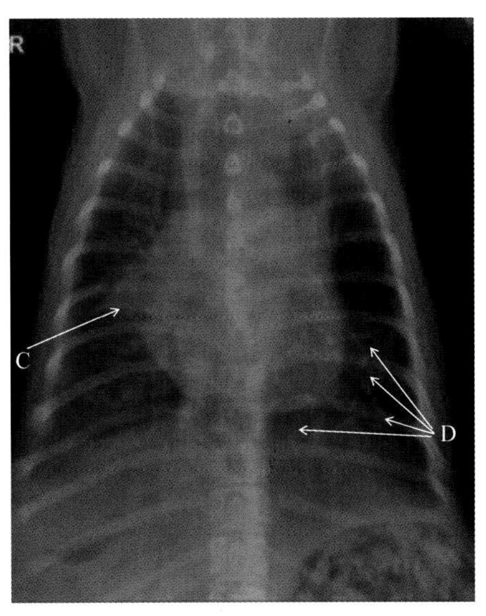

▲ 图 6.12 胸部腹背位 X 线片

影像所见

图 6.11 胸部侧位 X 线片可见心肺中叶呈肺叶边界征（A 箭头所示），在椎膈三角区与心膈三角区见支气管壁增厚影（B 箭头所示），气管居中，无明显狭窄，胸廓软组织未见明显异常，骨骼未见异常，横膈膈影连续可见；图 6.12 胸部腹背位 X 线片可见右肺中叶体积变小、密度增高，表现为三角形的密度增高影（C 箭头所示），与周围黑色肺野分界明显，左肺后叶见支气管壁增厚影，左肺后叶与右肺后叶纹理增多、增粗，见少量支气管壁增厚影，前纵隔稍增宽。

影像提示

上述征象提示支气管炎伴右肺中叶肺叶塌陷。

进一步检查建议

建议支气管灌洗，进行细菌培养检测。

6.7 肺泡型肺炎

▲ 病例介绍

10 月龄泰迪犬，咳嗽一周，流鼻涕，并逐渐加重，遂就诊。经听诊有湿啰音，于是拍摄了胸部侧位与正位 X 线片，见图 6.13 与图 6.14。

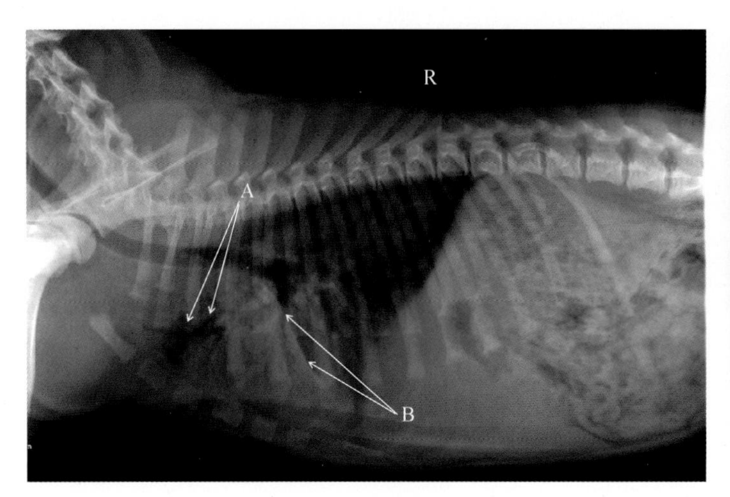

▲ 图 6.13　胸部侧位 X 线片

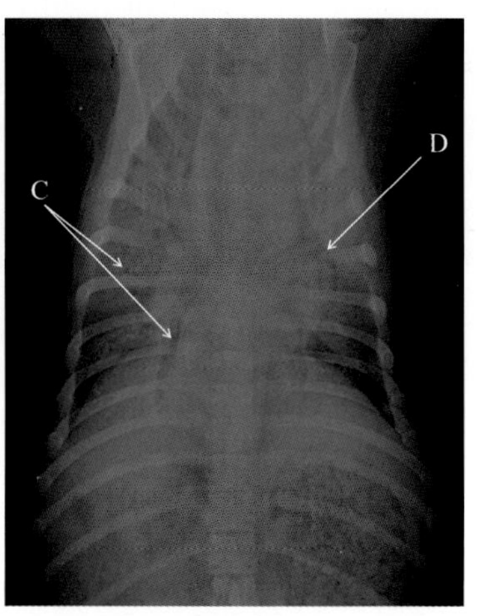

▲ 图 6.14　胸部腹背位 X 线片

影像所见

由图 6.13 胸部侧位 X 线片可见患犬心胸三角区见含低密度气体树枝状的支气管影（A 箭头所示），周围肺野密度增高呈现灰白影，肺中叶可见肺叶边界征（B 箭头所示），心脏影像轮廓不清；图 6.14 胸部腹背位 X 线可见右肺前叶、中叶均密度增高，表现灰白色影，见支气管影（C 箭头所示），左肺前叶密度增高见支气管影（D 箭头所示），心脏影像不可见，膈顶影像不清。

影像提示

上述征象提示左肺前叶肺泡渗出，右肺前叶中叶肺泡渗出，表现肺泡征。

最终诊断：肺泡型肺炎。

6.8 气　胸

▲ 病例介绍

2 岁蓝猫，从高空坠落后出现呼吸急促，遂就诊。经检查呼吸次数为 40 次/min，于是拍摄了胸部正位与侧位 X 线片，见图 6.15 与图 6.16。

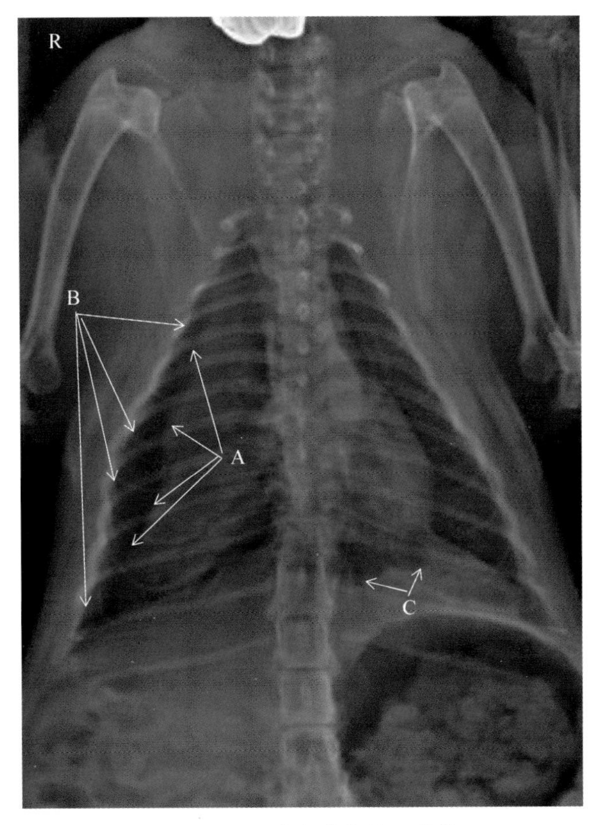

▲ 图 6.15　胸部腹背位 X 线片

视频 6.4
气胸影像诊断技术

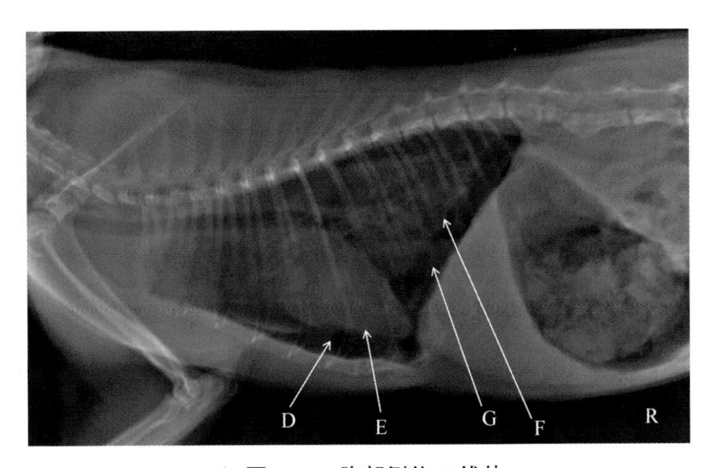

▲ 图 6.16　胸部侧位 X 线片

影像所见

图 6.15 胸部腹背位 X 线片可见患猫右侧胸膜腔在萎陷的肺轮廓之外(A 箭头所示萎缩的肺轮廓),与胸壁(B 箭头所示右侧胸壁边界)之间显示比肺密度更低的、无肺纹理的低密度区,肺副叶区域见低密度边界(C 箭头所示),纵隔向左侧移位;图 6.16 胸部侧位 X 线片可见心脏与胸骨间为无肺纹理的低密度区(D 箭头所示),心脏上抬(E 箭头所示),椎隔三角区可见萎

缩的肺叶边界(F 箭头所示)与横膈之间为无肺纹理结构的低密度区(G 箭头所示),肋间隙增宽,横膈后移,其余结构未见明显异常。

影像提示

上述征象提示右侧胸膜腔气胸。

进一步检查建议

建议及时进行右侧胸膜腔穿刺抽出气体,然后再进行 X 线检查确认胸膜腔气体消失。

6.9 气纵隔与气胸

▲ 病例介绍

1 岁柯基犬,外出玩耍归家,主人发现犬呼吸急促,精神差,不吃不喝,遂就诊。经检查患犬可视黏膜发绀,呼吸快,于是拍摄了胸部正位与侧位 X 线片,见图 6.17 与图 6.18。

影像所见

图 6.17 胸部腹背位 X 线片可见患犬右侧胸腔肺叶回缩,密度增高,肺叶与胸壁、右后叶与横膈以及肺叶之间(A 箭头所示)见低密度气体,左侧胸腔同样肺叶回缩,密度增高,肺叶与胸壁、左后叶与横膈以及肺叶之间(B 箭头所示)见低密度气体,胸腔段气管环边界可见(C、D 箭头所示);图 6.18 胸部侧位 X 线片可见颈段气管至胸段气管的腹侧壁(E 箭头所示)与背侧壁(F 箭头所示)清晰可见,前纵隔内血管清晰可见(G 箭头所示),心胸三角区呈现低密度气体影,肺叶回缩,边界清晰(H、I 箭头所示),肺后叶与横膈之间见低密度气体影(J 箭头所示),肺后叶密度增高(L 箭头所示)。

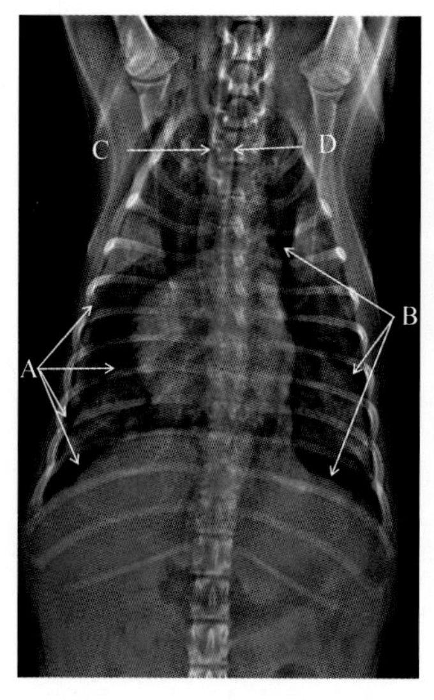

▲ 图 6.17 胸部腹背位 X 线片

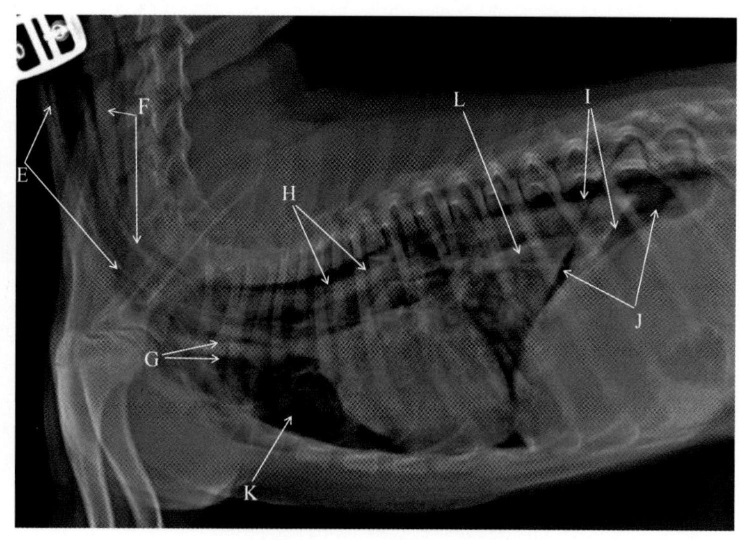

▲ 图 6.18 胸部侧位 X 线片

影像提示

上述征象提示纵隔积气，胸膜腔积气，颈部气管周围积气。
最终诊断：气纵隔与气胸。

进一步检查建议

建议进行CT检查，以明确气管与胸腔内破裂部位。

6.10 纵隔增宽

▲ 病例介绍

1岁雄性京巴犬，最近出现呼气困难，不耐运动，观察无好转，遂就诊。经临床检查后拍摄了胸部正位X线片，见图6.19。

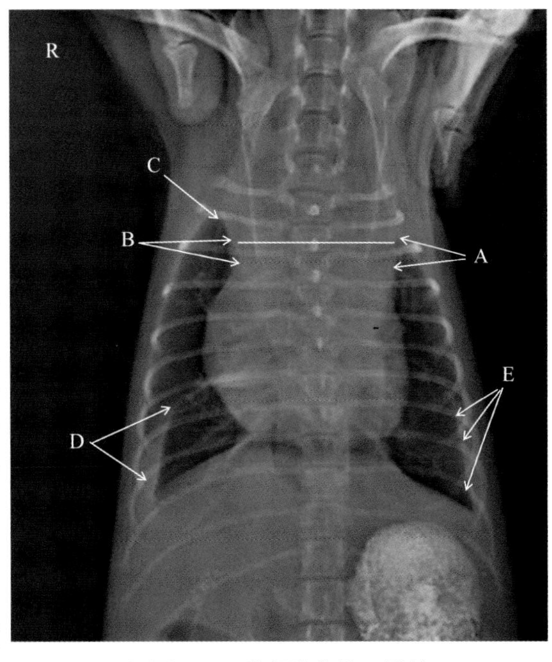

▲ 图 6.19 胸部腹背位X线片

影像所见

图6.19胸部腹背位X线片可见患犬前纵隔左侧边界(A箭头所示)与右侧边界(B箭头所示)所构成的前纵隔增宽(白色横线所示)，左肺前叶下移，右肺前叶下移，心脏扩张变圆，右肺后叶回缩，右肺中叶与后叶之间叶间裂隙(D箭头所示)，左肺后叶回缩，左肺前叶与后叶之间叶间裂隙(E箭头所示)，左侧膈脚消失。

影像提示

上述征象提示前纵隔增宽(正常纵隔宽度为胸椎宽度的2倍)，胸腔少量积液，心脏扩张。

进一步检查建议

建议进行胸腔超声检查或胸部CT扫查，以确定病因。

6.11 纵隔移位

▲ 病例介绍

3月龄泰迪犬，因咳嗽，呼吸急促就诊。经临床检查后，拍摄了胸部正位X线片，见图6.20。

影像所见

图 6.20 胸部腹背位 X 线片可见患犬心脏移至左侧胸膜腔，心脏的左侧边界（A 箭头所示）紧贴左侧胸壁，心脏的右侧边界（B 箭头所示）到达中间脊柱水平，左肺密度增高，见含气的支气管影。

影像提示

上述征象提示纵隔左侧移位（左肺萎缩）。

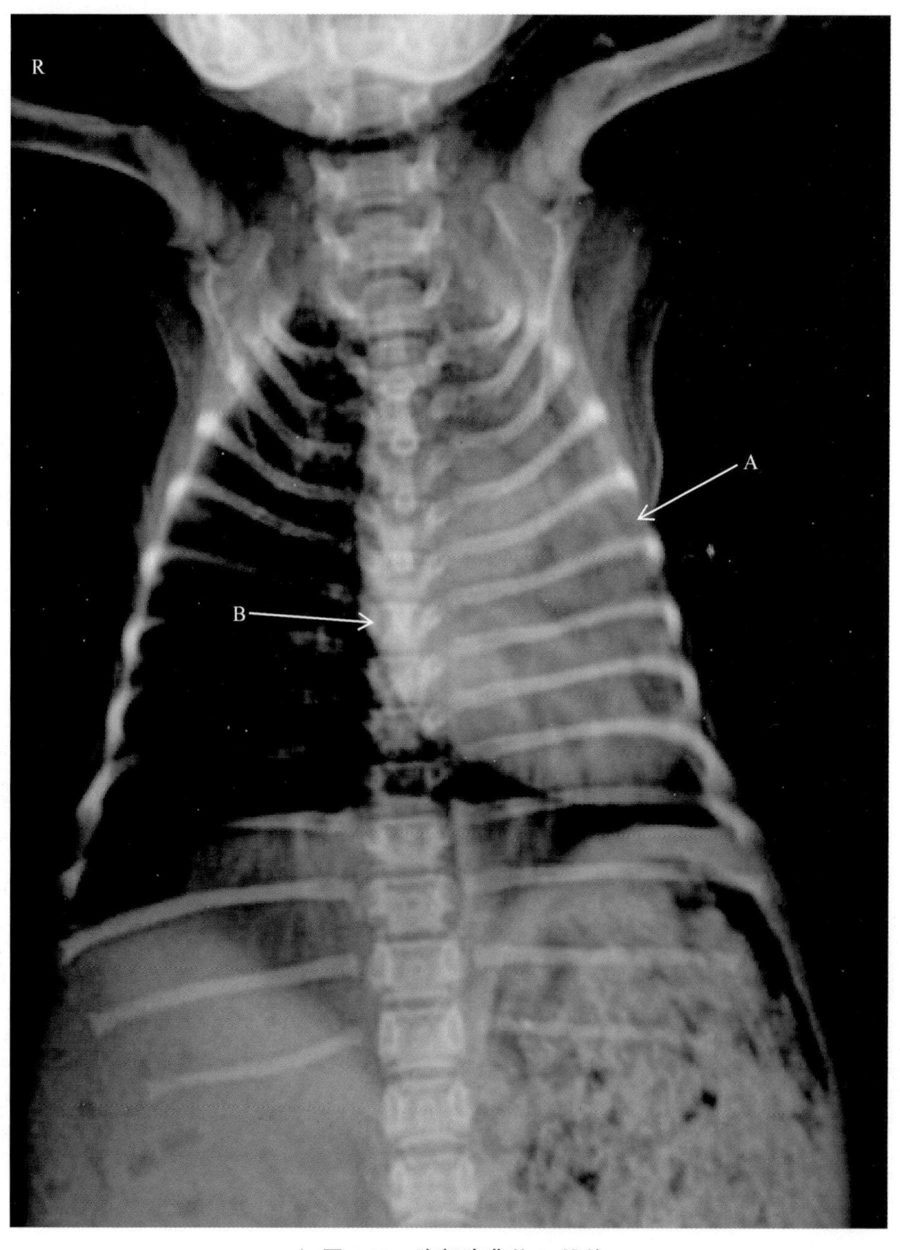

▲ 图 6.20　胸部腹背位 X 线片

6.12 胸腔积液

▲ 病例介绍

1 岁蓝白猫，最近发现呼吸困难，食欲废绝，在外院治疗无效遂转本院就诊。经检查患猫呼吸急促，精神沉郁，听诊心影遥远，呼吸音不清，于是拍摄了胸部侧位与正位 X 线片，见图 6.21 与图 6.22。

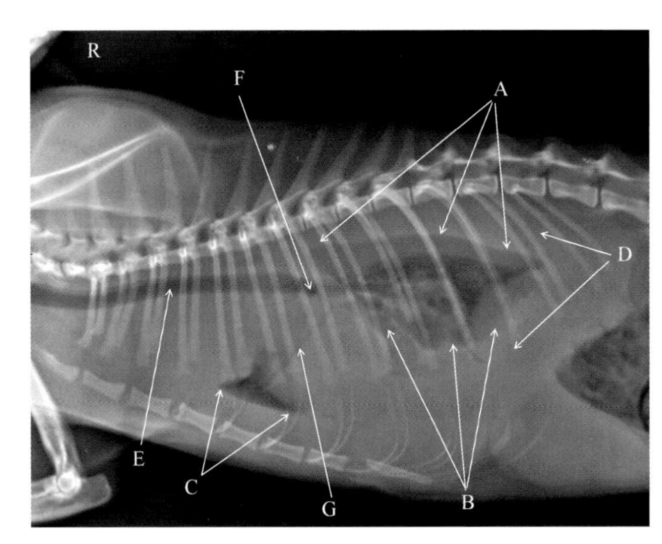

▲ 图 6.21 胸部侧位 X 线片

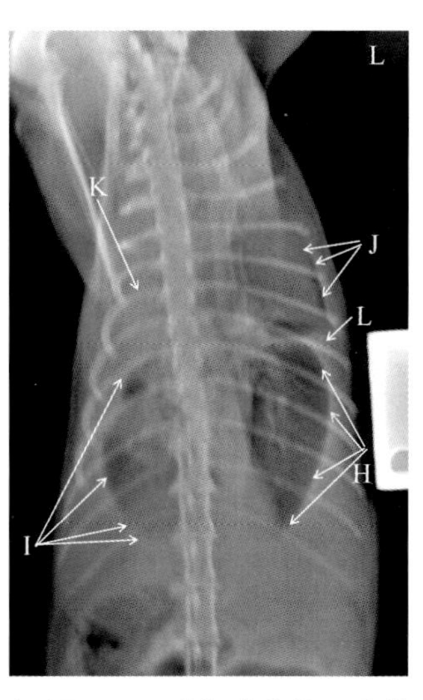

▲ 图 6.22 胸部腹背位 X 线片

影像所见

图 6.21 胸部侧位 X 线片可见患猫椎隔三角区肺边界回缩(A、B 箭头所示)、肺体积变小、肺密度稍增高，在回缩的肺叶四周为灰白色均匀的中等密度影(D 箭头所示)，心胸三角区肺叶缩小成一三角形低密度影(C 箭头所示)，胸段气管清晰可见且背侧移位，气管分叉处后移(F 箭头所示)，肺中叶区见含气的支气管影(G 箭头所示)，心脏轮廓消失，胸腔内大血管不可见，横膈影消失；图 6.22 胸部腹背位 X 线可见左肺后叶边界回缩(H 箭头所示)，右肺后叶边界回缩(I 箭头所示)，左肺前叶边界回缩(J 箭头所示)，在回缩的上述肺叶边界与胸壁之间见均匀的中等密度影，在左肺前叶与后叶间见叶间裂隙(L 箭头所示)，右肺前叶区域均匀的中等密度影(K 箭头所示)，心脏轮廓消失，横膈影完全消失。

影像提示

上述征象提示左侧与右侧胸膜腔大量积液。

最终诊断：胸腔积液。

进一步检查建议

建议抽胸腔积液缓解患猫呼吸困难症状及对胸腔积液进行化验分析。

6.13 肺大疱

▲ 病例介绍

9 岁白色博美犬，常年咳嗽，最近咳嗽加剧，遂就诊。经临床检查后拍摄了胸部侧位与正位 X 线片，见图 6.23 与图 6.24。

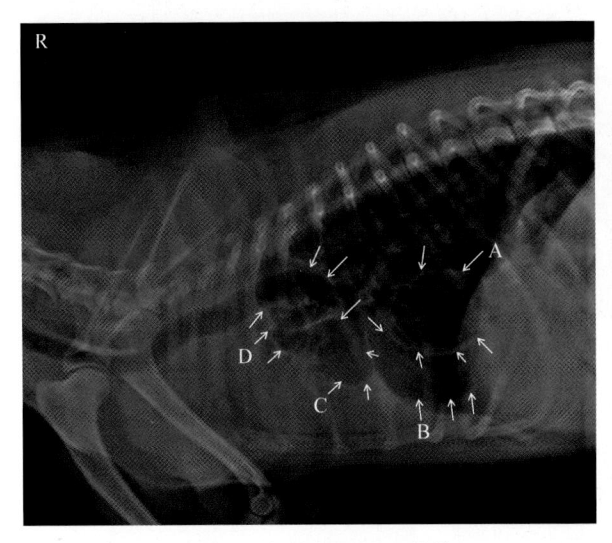

▲ 图 6.23 胸部侧位 X 线片

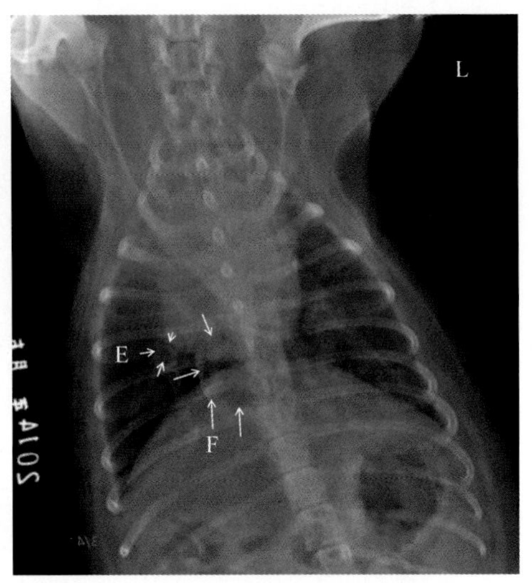

▲ 图 6.24 胸部腹背位 X 线片

影像所见

图 6.23 胸部侧位 X 线片可见患犬肺部的椎隔三角区及心胸三角区有多个边界清晰的中等密度影，呈圆形，内部为低密度影（A、B、C、D 箭头所示各圆形边界轮廓），右心室与胸骨接触增多；图 6.24 胸部腹背位 X 线片可见右肺后叶及副叶有多个内部低密度的圆形影（E、F 箭头所示各圆形边界轮廓）。

影像提示

上述征象提示患犬肺内存在多个肺大疱。

进一步检查建议

建议进行 CT 检查，可以精确评价肺大疱的大小与具体分叶部位。

6.14 肺水肿

▲ 病例介绍

3 岁泰迪犬，突发呼吸困难，发绀，遂就诊。经听诊检查肺部湿啰音，于是拍摄了胸部侧位与正位 X 线片,见图 6.25 与图 6.26。

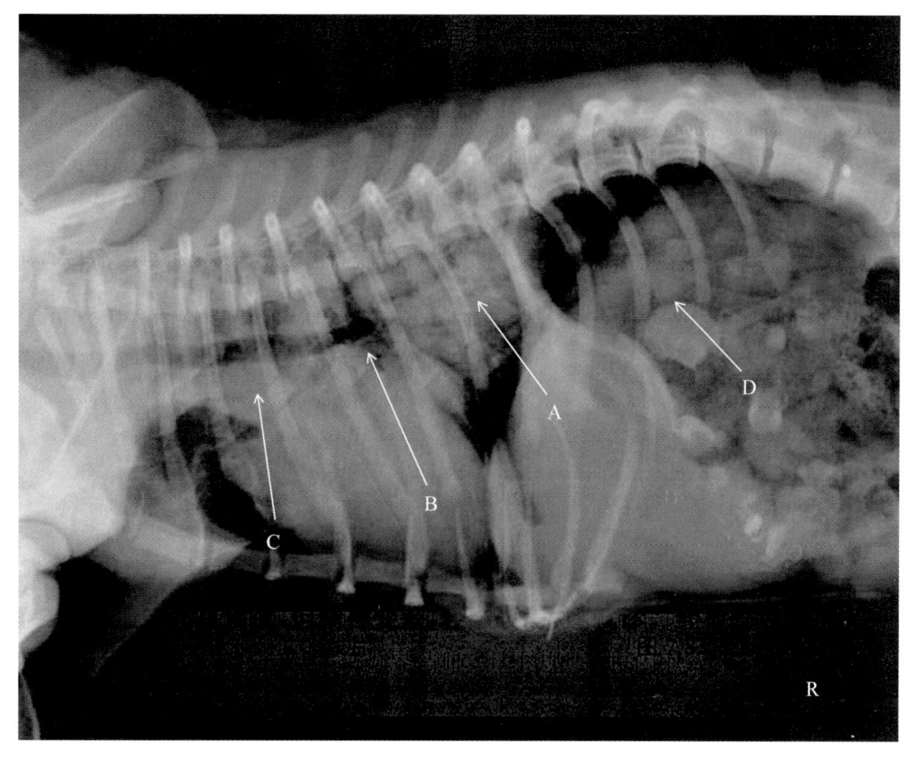

▲ 图 6.25 胸部侧位 X 线片

影像所见

图 6.25 胸部侧位 X 线片可见患犬椎隔三角区由心基部(A 箭头所示)向后叶密度增高,呈灰白絮状,内见含气支气管影(B 箭头所示),心脏前缘(C 箭头所示)与后缘均消失,胃扩张内部低密度影(D 箭头所示)及食物中等密度团块;图 6.26 胸部腹背位 X 线可见右肺中叶(E 箭头所示)与后叶(F 箭头所示)渗出呈絮状中等密度,左肺后叶(G 箭头所示)少量渗出呈云絮状影,胃扩张充满低密度影及中等密度团块(H 箭头所示)。

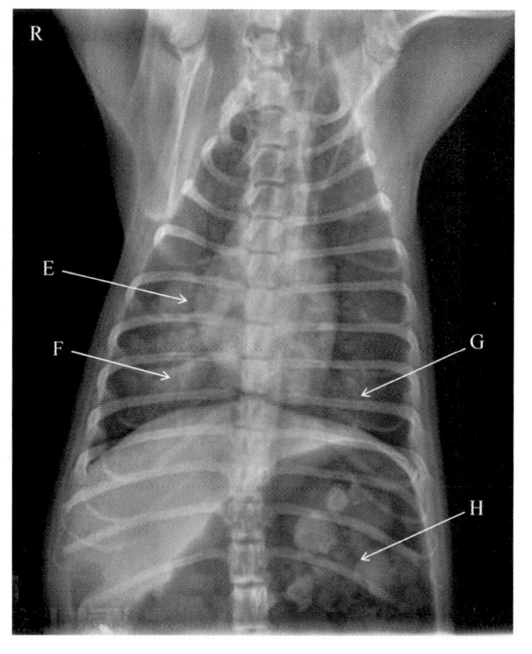

▲ 图 6.26 胸部腹背位 X 线片

影像提示

上述征象提示肺部渗出水肿。

最终诊断:肺水肿。

6.15 肺出血

▲ 病例介绍

2 岁比熊犬,从高处掉落后可能胸部着地,之后呼气困难,闭孔有血流出,遂就诊。听诊检查肺部湿啰音,于是拍摄了胸部正位 X 线片,见图 6.27。

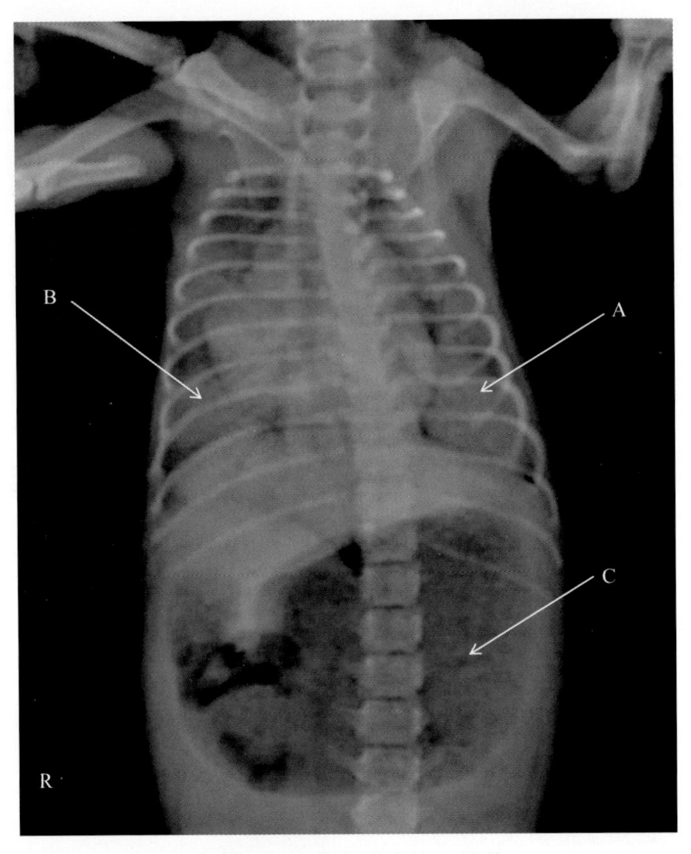

▲ 图 6.27 胸部腹背位 X 线片

影像所见

图 6.27 胸部腹背位 X 线片可见患犬左肺密度增高呈灰白色,中等密度(A 箭头所示),右肺密度增高为灰白色,中等密度(B 箭头所示),心脏轮廓可见,横膈影像可见,胃扩张充满低密度影(C 箭头所示),胃底下移到腹中部第 5 腰椎水平,骨骼未见骨折影像。

影像提示

上述征象提示肺部渗出出血引起呼吸困难,导致吸气过度胃积气扩张。

最终诊断:肺出血。

6.16 肺气肿

▲ 病例介绍

6 岁博美犬，前段时间有受过外伤，最近犬呼吸稍急促，不耐运动，有些呼吸困难，遂就诊。经听诊检查右肺无呼吸音及心音，于是拍摄了胸部正位 X 线片，见图 6.28。

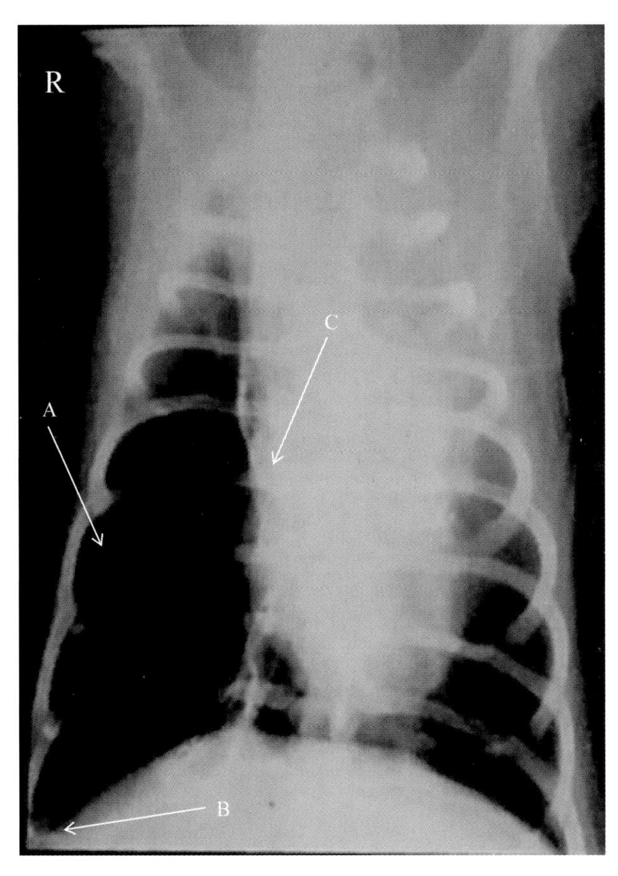

▲ **图 6.28 胸部腹背位 X 线片**

影像所见

图 6.28 胸部腹背位 X 线片可见患犬右肺整体密度降低(A 箭头所示)，右肺前叶、中叶与后叶肺纹理均不可见，右肺体积膨大，肋间隙变宽，右侧肋膈脚钝圆(B 箭头所示)，纵隔左侧移位(心脏偏至左侧胸膜腔)，左肺及副叶可见肺纹理。

影像提示

上述征象提示右肺积聚大量气体。

最终诊断：肺气肿。

6.17 肺肿瘤

▲ 病例介绍

7 岁雌性比熊犬，未绝育，最近几个月逐渐消瘦，不爱活动，遂就诊。触诊检查时患犬腹部敏感，于是拍摄了腹部与胸部侧位 X 线片，见图 6.29 与图 6.30。

视频 6.5
肺肿瘤影像
诊断技术

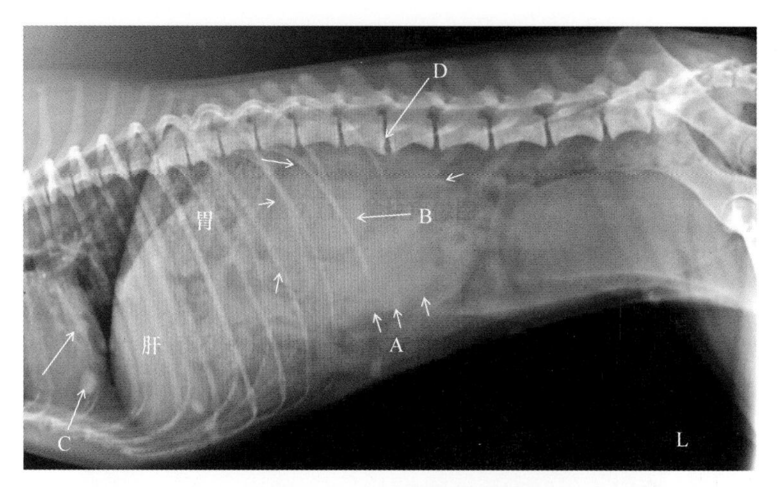

▲ 图 6.29　腹部侧位 X 线片

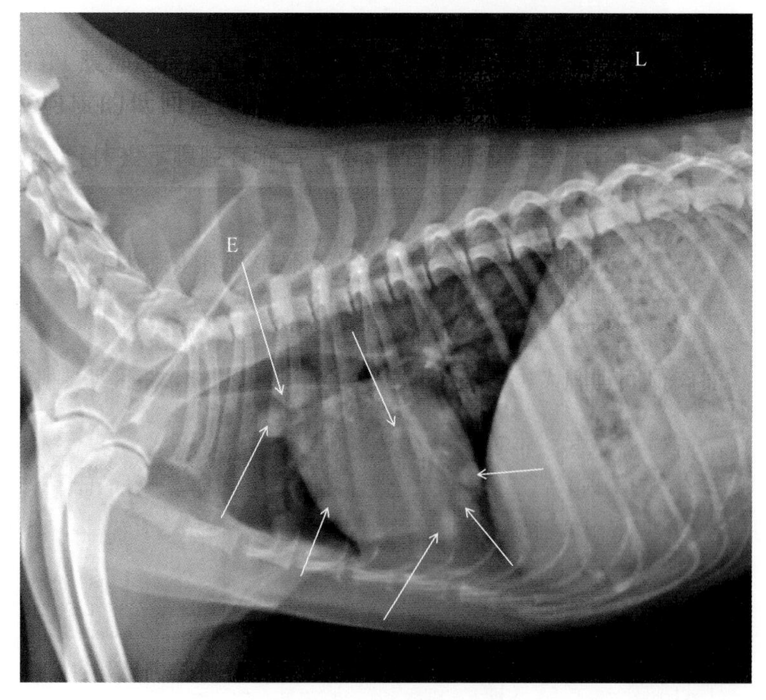

▲ 图 6.30　胸部侧位 X 线片

影像所见

图 6.29 腹部侧位 X 线片可见患犬胃后方的腹中部见一较大的软组织团块(A 箭头所示肿块边界),团块导致胃部前移、小肠腹侧移位与后侧移位,并可见一肾脏影与肿块重叠(B 箭头所示)边界清晰,在该片显示的部分胸腔中见两个中等密度结节影与心脏左侧缘重叠(C 箭头所示),此外,可见该片中第 1～2 腰椎退化,椎间隙狭窄(D 箭头所示),膀胱积尿;图 6.30 胸部侧位 X 线片可见肺部多个大小不等的圆形软组织团块,位于各肺叶中(E 箭头所示)。

影像提示

上述征象提示腹部肿块(鉴别诊断包括卵巢肿瘤、肾脏肿瘤、脾脏肿瘤等),肺部肿瘤团块。

进一步检查

进行了腹部超声检查诊断肿块为卵巢肿块。

最终诊断:腹腔卵巢肿瘤肺转移,引起肺肿瘤。

6.18 心脏增大

▲ 病例介绍

6 岁雄性京巴犬,未去势,食欲下降,精神一般,定期免疫驱虫。有较长一段时间出现稍运动即气喘现象,有时伴有咳嗽,以晚上咳嗽较重,自行用药未见好转,遂就诊。检查见患犬心动过速,听诊心脏有杂音,稍激动即舌头发绀,气喘,于是拍摄了胸部正位与侧位 X 线片,见图 6.31 与图 6.32。

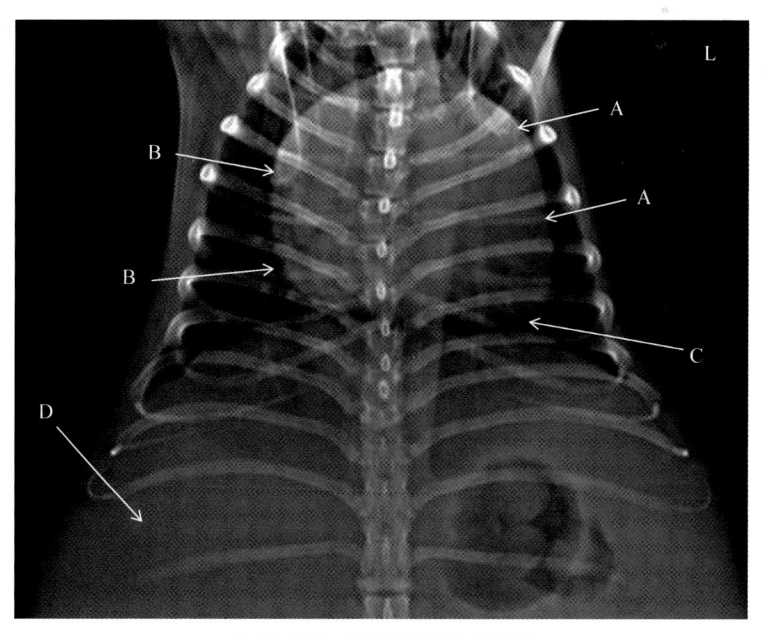

▲ 图 6.31 胸部腹背位 X 线片

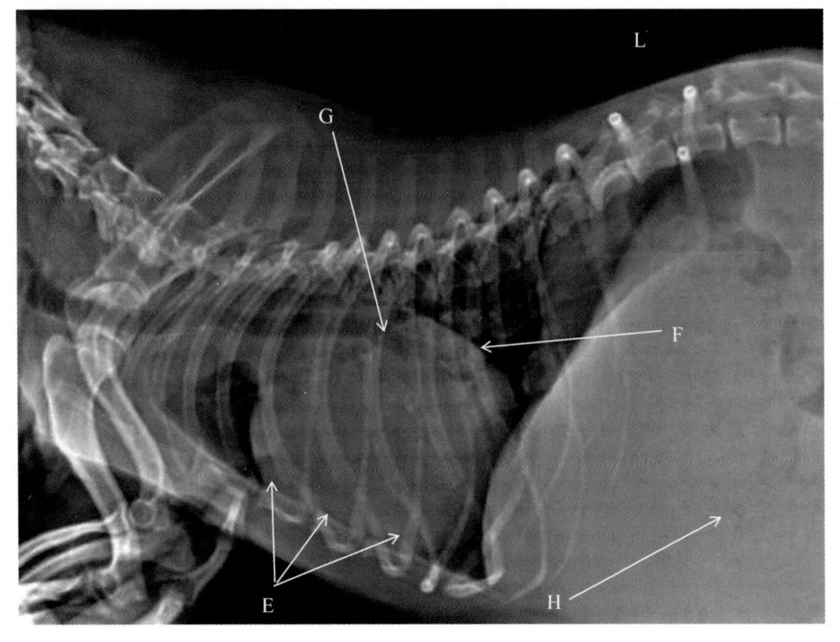

▲ 图 6.32　胸部侧位 X 线片

影像所见

图 6.31 胸部腹背位 X 线片上见心脏变圆，左心边界（A 箭头所示）凸起与左侧胸壁较近，右心边界（B 箭头所示）变圆，右心与心尖与横膈重叠（C 箭头所示），可见的前腹部呈现均一的中等软组织密度（D 箭头所示），除含气的胃外，其余脏器浆膜细节不可见；图 6.32 胸部侧位 X 线片，以心脏椎体测量法（VHS）可见心脏增大，并可见左心房隆起（F 箭头所示），右心室增大（E 箭头所示）引起心脏增宽，前膈脚消失，心脏后界变得更直且与膈线重叠，气管和大血管向背侧移位（G 箭头所示），前腹部密度增高（H 箭头所示）。

影像提示

上述征象提示该犬左心与右心均增大。

最终诊断：全心增大，心衰引起腹腔积液。

进一步检查建议

建议进行心脏超声检查及腹部超声检查，以查明原因。

6.19　心包积液

▲ 病例介绍

2 岁暹罗猫，最近发现不愿活动，食欲也下降，稍活动多后呼吸加快，于是就诊。经听诊左右两侧心音区扩大，心音弱，感觉遥远，于是拍摄了胸部侧位与正位 X 线片，见图 6.33 与图 6.34。

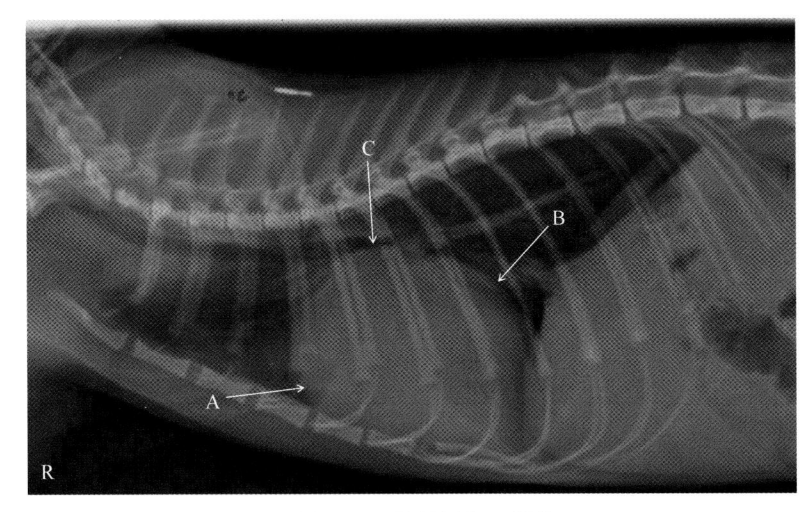

▲ 图 6.33 胸部侧位 X 线片

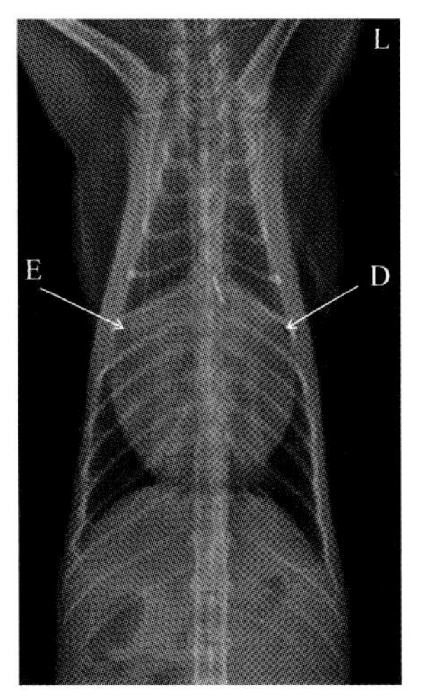

▲ 图 6.34 胸部腹背位 X 线片

影像所见

图 6.33 胸部侧位 X 线片可见患猫心脏增大呈球形(A 箭头所示),占据胸腔较大范围,右心室与胸骨接触增加,心脏后缘即左心边界向后凸起(B 箭头所示),气管及气管分叉上抬(C 箭头所示);图 6.34 胸部腹背位 X 线片可见心脏呈球形,左心边界(D 箭头所示)与左胸壁紧贴,右心边界与右胸壁紧贴(E 箭头所示),心尖直立与膈顶接触。

影像提示

上述征象提示心脏增大,鉴别诊断包括心包积液、全心增大。

进一步检查

进行了心脏超声检查,在心肌外层和心包膜之间见大量液性暗区环绕。

最终诊断:心包积液。

6.20 心包横膈疝

▲ 病例介绍

9 月龄加菲猫,主人感觉猫一直不爱活动,带至医院进行体检。经听诊检查心影不清,于是拍摄了胸部侧位 X 线片,见图 6.35。

影像所见

图 6.35 胸部侧位 X 线片可见患猫心脏区域异常增大(A 箭头所示),肺前叶动脉与静脉血管紧贴一起,心脏区域密度不均匀(B 箭头所示),心脏后缘与膈顶相连(C 箭头所示),含气管状肠管前移(D 箭头所示),气管上抬紧贴胸椎腹侧(E 箭头所示),其余结构未见明显异常。

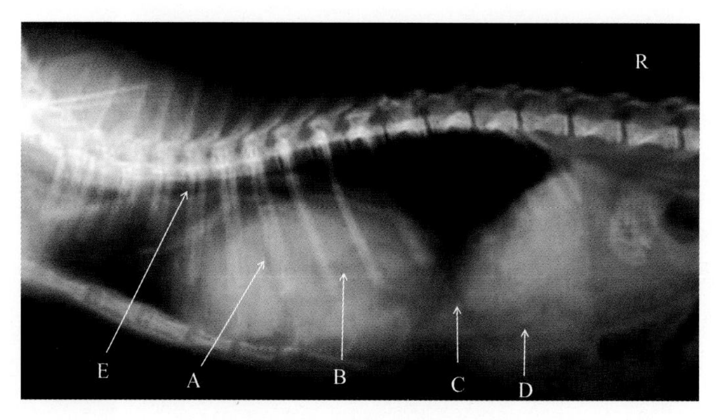

▲ 图 6.35　胸部侧位 X 线片

影像提示

上述征象提示心脏心包与横膈相通，提示心包膈疝。

进一步检查建议

建议进行心脏超声检查，判断进入心包的具体组织。

6.21　膈　疝

▲ 病例介绍

11 月龄杂犬，在外玩耍时被路过的汽车撞击，之后患犬呼吸困难，遂就诊。经检查患犬皮下积气，有外伤，腹式呼吸，听诊心音不清，于是拍摄了胸部正位与侧位 X 线片，见图 6.36 与图 6.37。

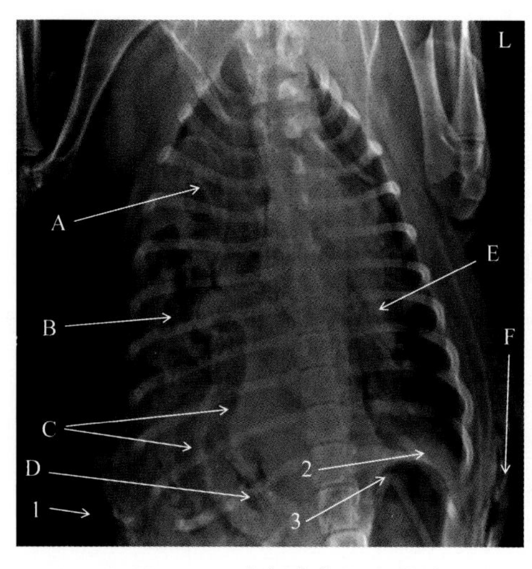

▲ 图 6.36　胸部腹背位 X 线片

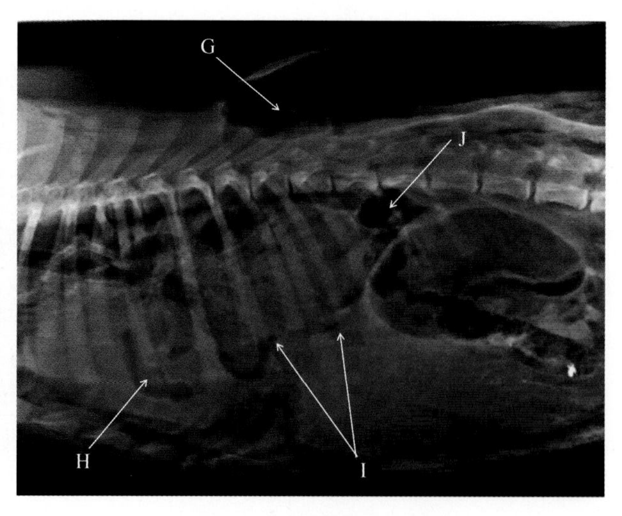

▲ 图 6.37　胸部侧位 X 线片

影像所见

图 6.36 胸部腹背位 X 线片可见患犬胸腔内结构紊乱，右侧胸腔见多个管状含气影像（A、B、C、D 箭头所示），左肺密度增高（E 箭头所示），左侧胸壁软组织肿胀，内见低密度气体影（F 箭头所示），右侧胸壁见低密度气体影（1 箭头所示），左侧第 12 肋骨骨折（2 箭头所示），左侧第 13 肋骨骨折（3 箭头所示），心脏轮廓不清，横膈影完全消失；图 6.37 胸部腹背位 X 线片可见患犬背部皮下大量低密度气体影（G 箭头所示），低密度下方的背部软组织密度不均匀，胸膜腔内可见多个管状含气影（H、I、J 箭头所示），胸膜腔内心脏轮廓消失，横膈影消失。

影像提示

上述征象提示膈疝（小肠和或肝脏进入胸腔）、肋骨骨折、皮下积气。

视频 6.6
膈疝影像诊断技术

进一步检查建议

建议进行超声检查，确认肝脏是否进入胸腔，及腹内脏器是否损伤。

6.22 腹壁疝

▲ 病例介绍

1 岁泰迪犬，外出活动后尖叫地跑回来，主人检查发现右侧腹壁一肿包，遂就诊。经检查肿包触诊柔软，于是拍摄了胸腹部正位 X 线片，见图 6.38。

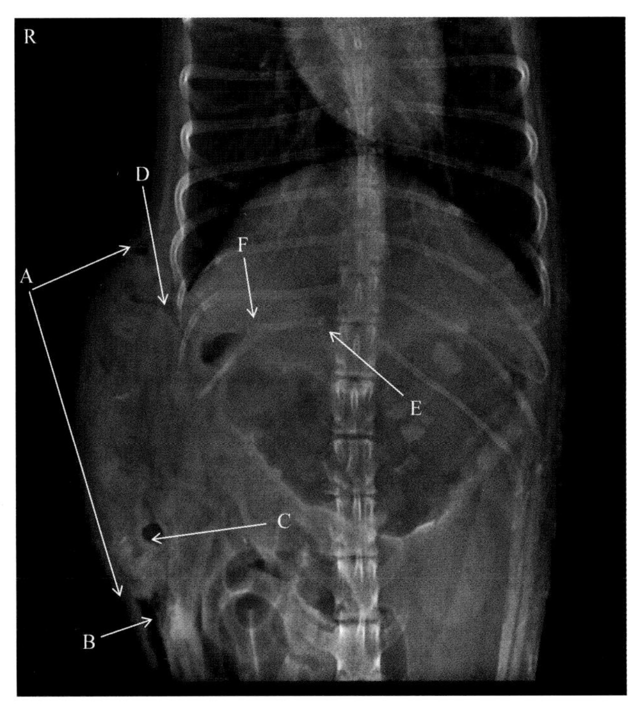

▲ 图 6.38　胸部腹背位 X 线片

影像所见

图 6.38 胸部腹背位 X 线片可见患犬右侧腹壁肿胀突起(A 箭头所示),与下腹壁形成的夹角有低密度气体(B 箭头所示),团块内侧腹壁不完整,见低密度圆形气体(C 箭头所示)与管状气体从腹腔进入肿块(D 箭头所示),右侧第 13 肋骨头骨折移位(E 箭头所示),肋弓骨折(F 箭头所示),其余结构未见明显异常。

影像提示

上述征象表明右侧腹壁疝,疝内容物为小肠,并伴右侧第 13 肋骨肋骨头与肋弓骨折。

6.23 淋巴结肿大

▲ 病例介绍

7 岁雄性德国牧羊犬,最近发现食欲废绝,精神萎靡不振,遂就诊。经检查患犬单侧睾丸,触诊可见下颌淋巴结肿大及全身多处浅表淋巴结肿大,并发现腹股沟隐睾肿大如拳头大小,于是拍摄了头颈部侧位 X 线片及胸部侧位 X 线片,见图 6.39 与图 6.40。

影像所见

图 6.39 头颈部侧位 X 线片可见患犬下颌肿胀(A 箭头所示),表现为灰白色中等密度影,颈段气管背侧见两个软组织团块(B、C 箭头所示)导致气管两处弯曲向腹侧;图 6.40 胸部侧位 X 线片可见第 2 胸骨上淋巴结肿大(D 箭头所示),胸段气管腹侧前纵隔淋巴结肿大(E 箭头所示),支气管淋巴结肿大(F 箭头所示)。

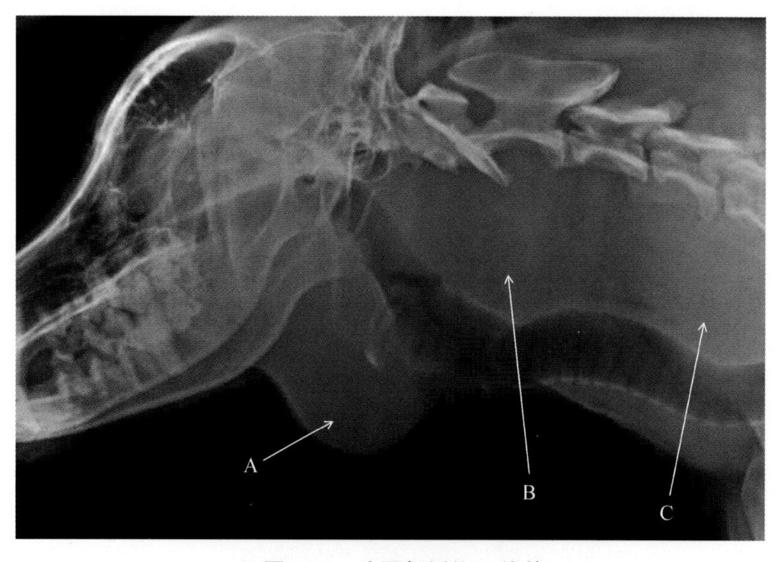

▲ 图 6.39　头颈部侧位 X 线片

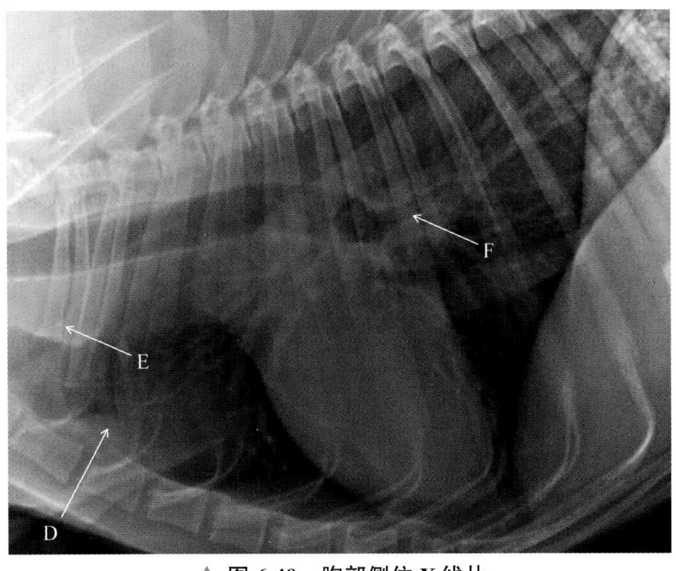

▲ 图 6.40　胸部侧位 X 线片

影像提示

上述征象提示淋巴结肿大，考虑隐睾肿瘤淋巴结转移。

6.24　胸壁肿瘤

▲ 病例介绍

11 岁田园犬，6 个月前发现患犬胸部一小肿块，逐渐增大，现在有拳头大小，害怕破裂，遂就诊。经触诊肿块较硬，于是拍摄了胸腹部侧位与正位 X 线片，见图 6.41 与图 6.42。

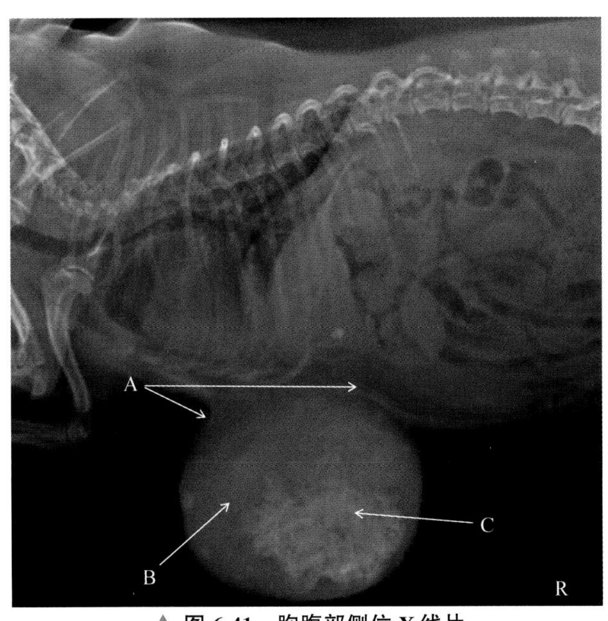

▲ 图 6.41　胸腹部侧位 X 线片

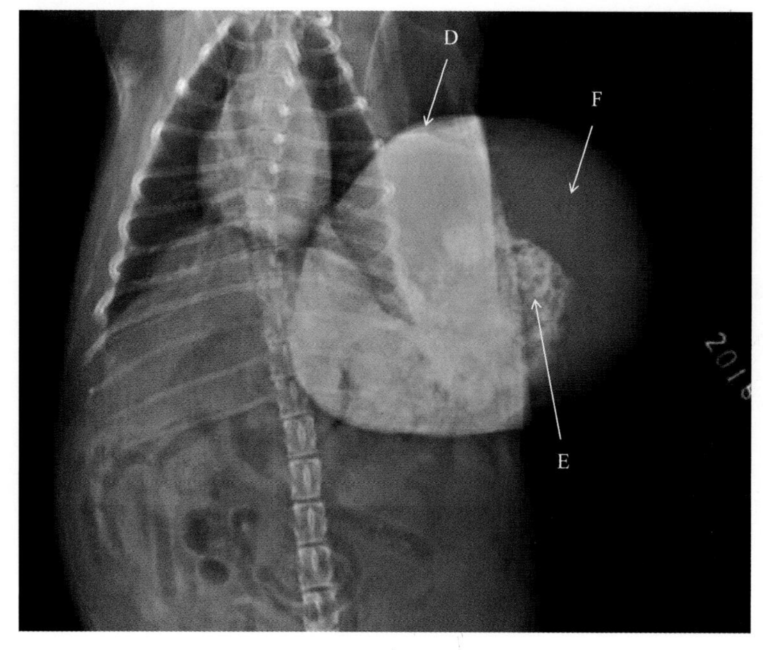

▲ 图 6.42 胸腹部腹背位 X 线片

影像所见

图 6.41 胸腹部侧位 X 线片可见患犬胸骨外侧有一边界清晰的大的圆形软组织团块(A 箭头所示),团块内部四周为中等密度(B 箭头所示),中间偏外侧为不规则团块的高密度影(C 箭头所示),心脏影像不清,膈顶前移,胸腔变小;图 6.42 胸腹部腹背位 X 线片可见肿块位于左侧胸壁,一半与左侧胸壁重叠(D 箭头所示),一半位于左侧胸壁外侧(F 箭头所示),内部有高密度团块影(E 箭头所示)。

影像提示

上述征象提示胸壁肿瘤并有钙化。

进一步检查建议

建议进行超声检查及组织病理检查。

6.25 肥厚型心肌病

▲ 病例介绍

18 月龄布偶猫,突发呼气急促,并逐渐加重,遂就诊。经临床检查患猫呼吸次数为 45 次/min,听诊肺部有湿啰音,于是拍摄了胸部正位与侧位 X 线片,见图 6.43 与图 6.44。

影像所见

图 6.43 胸部腹背位 X 线片可见患猫心脏增大，呈现爱心形心脏（A、B 箭头所示），左右肺的后叶絮状密度增高（C、D 箭头所示），导致膈顶区域横膈影消失；图 6.44 胸部侧位 X 线片可见患猫心脏增大，左心房有隆起（E 箭头所示），椎膈三角区呈现絮状密度增高影（F 箭头所示），肺血管增粗（G 箭头所示），其余结构未见明显异常。

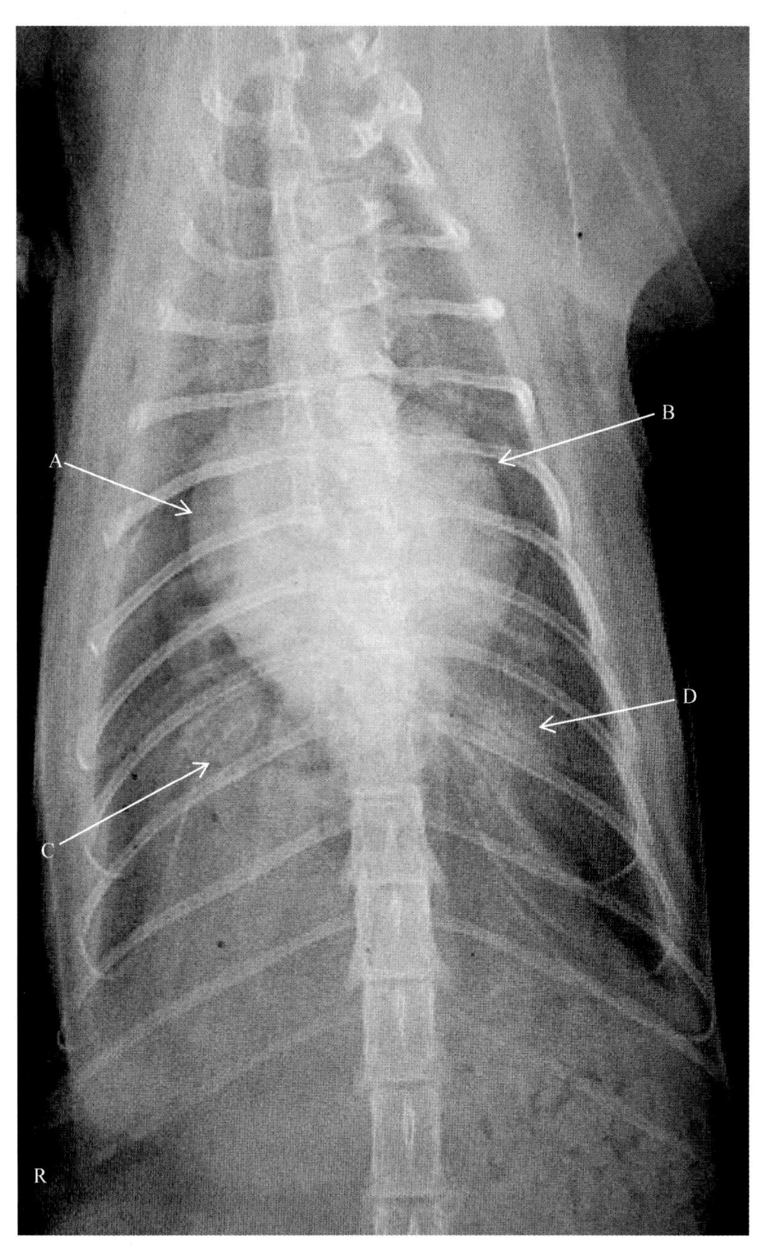

▲ 图 6.43 胸部腹背位 X 线片

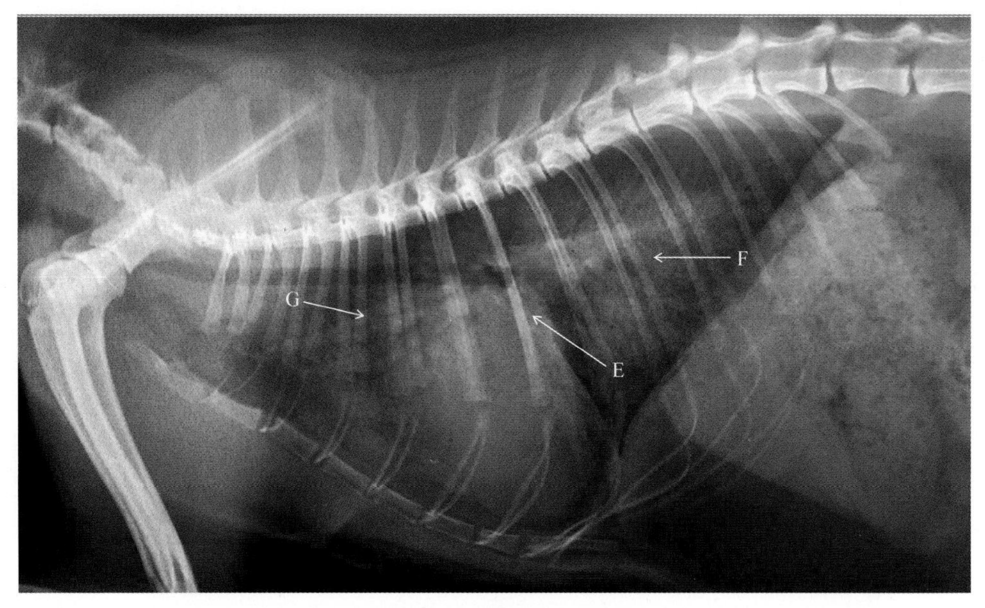

▲ 图 6.44　胸部侧位 X 线片

影像提示

上述征象提示患猫心脏增大，肺部水肿，提示肥厚型心肌病。

进一步检查建议

建议进行心脏超声检查、后肢动脉超声检查及 fBNP 检测。

/ XIANGMU 7 /

项目7

腹部常见疾病影像分析

项目概述

腹部疾病常用的影像检查方法有X线、B超与CT。对于腹部的肿块，以及器官的位置、密度、大小、形态、毗邻位置关系的观察首选代价低与便捷的X线检查，阅片后再进行腹部的超声检查有助于超声检查与提高诊断率。实践表明：X线与超声同时检查可以更完美的诊断腹腔病变，两者互相弥补，不可互相替代，需要联合应用；对于一些复杂的腹部病变，还需要CT检查，以明确诊断。本项目主要介绍X线诊断的51种腹部疾病，主要描述X线所见征象，有些疾病同时进行了超声检查一并列出，有些病例只单独列出了X线片进行分析，通过这些临床真实病例影像分析，提高腹部器官病变的读片能力。

7.1 肝肿瘤

▲ 病例介绍

7 岁田园犬，最近 1 个多月腹部逐渐变大，精神差，食欲下降，遂就诊。经检查患犬后，拍摄了腹部侧位与正位 X 线片，见图 7.1 与图 7.2；并在 X 线发现的基础上进行了腹部超声检查，见图 7.3 与图 7.4。

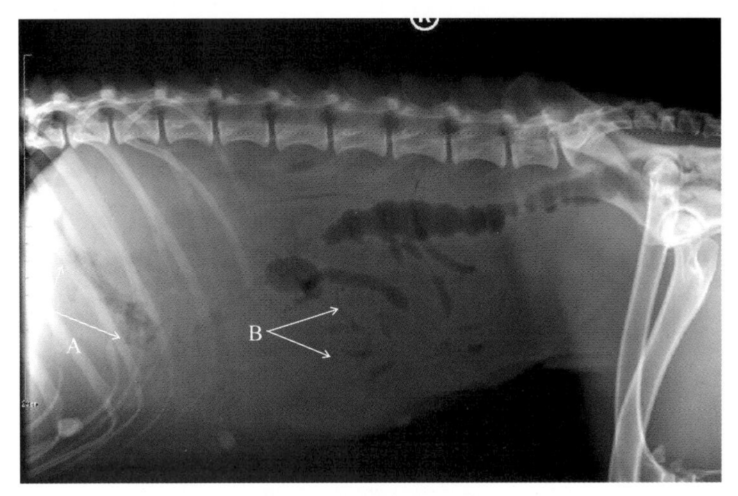

▲ 图 7.1　腹部侧位 X 线片

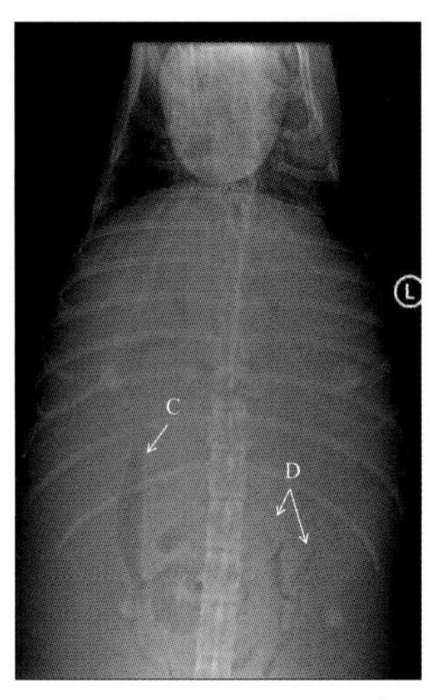

▲ 图 7.2　腹部正位 X 线片

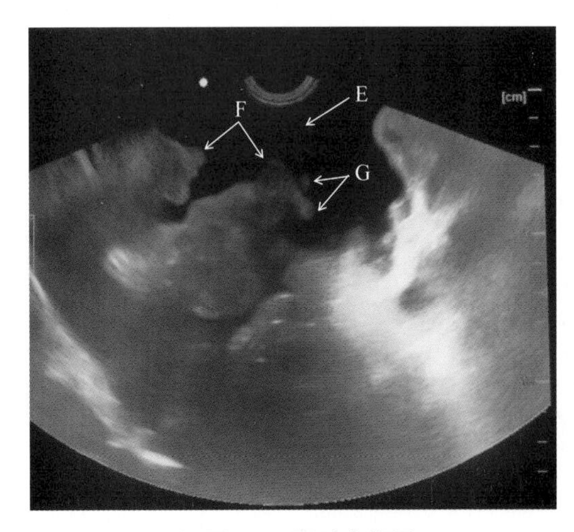

▲ 图 7.3　肝脏声像图

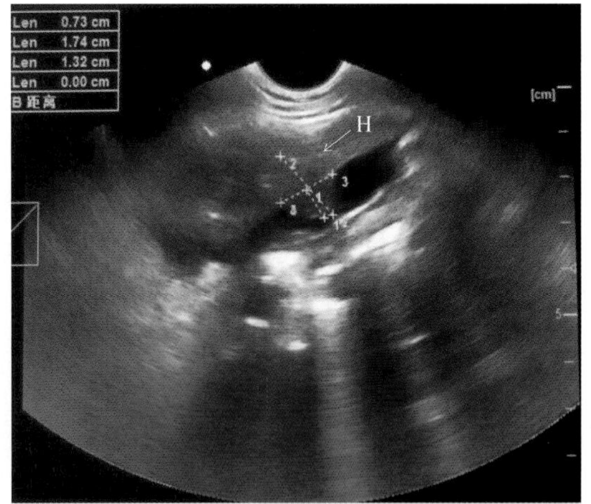

▲ 图 7.4　肝脏声像图

影像所见

图 7.1 腹部侧位 X 线片可见患犬胃轴后移（A 箭头所示），全腹密度升高，浆膜细节不清（B 箭头所示）；图 7.2 腹部正位 X 线片可见降十二指肠向左侧移位（C 箭头所示），腹部密度升高，浆膜细节不清，只能看见含气体的肠管影像，其余结构不可清晰分辨。

图 7.3 与图 7.4 腹部肝脏区域超声扫查见腹腔中等量的腹腔积液，表现为无回声的暗区（E 箭头所示），肝脏边界见凸凹不平的凸起（F、G、H 箭头所示），肝实质回声不均匀，呈现弥散性的病变，其余腹内器官未见明显异常。

影像提示

根据 X 线与超声征象，提示该犬为肝脏弥散性肿瘤，引起腹腔积液。

最终诊断：肝肿瘤。

进一步检查建议

由于腹水的影响，对腹内器官完整的超声扫查有一定的干扰，可在抽腹水后再次超声检查或不抽腹水情况下直接进行 CT 检查，以确定肝脏病变的程度。

7.2 肝肿大

▲ 病例介绍

6 岁混血犬，最近尚有食欲，但精神变差，轻微腹泻，遂就诊。经检查后拍摄了腹部侧位 X 线片，见图 7.5。

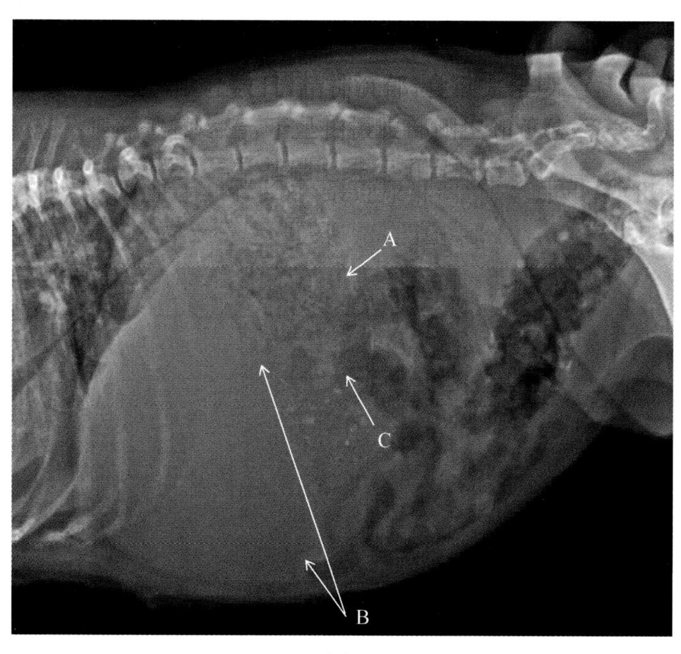

▲ 图 7.5 腹部侧位 X 线片

影像所见

图 7.5 腹部侧位 X 线片可见患犬胃向后移，胃轴向后下方倾斜（A 箭头所示），肝脏体积大、后下缘变钝圆，超过最后肋弓在两个肋弓以上（B 箭头所示），横结肠、小肠受挤压后移

(C箭头所示),结肠积气,并见粪便残渣存在,其余结构未见明显异常。

影像提示

上述征象提示肝脏肿大。

进一步检查建议

建议进行B超检查来确定引起肝脏肿大的原因。

7.3 胆结石

▲ 病例介绍

5岁蓝猫,最近食欲下降,精神变差而就诊。经临床检查后拍摄了腹部侧位和正位X线片,见图7.6与图7.7。

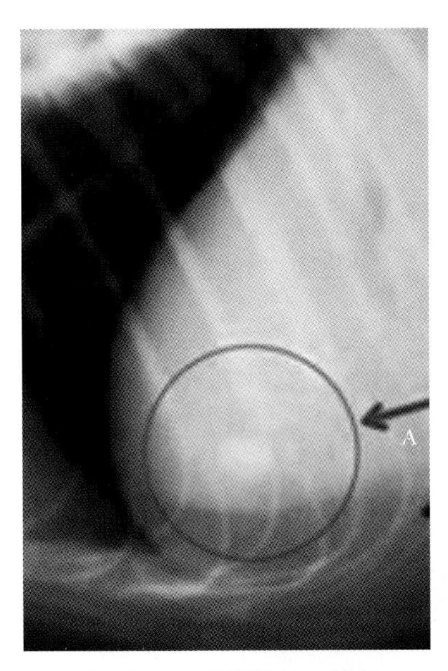

▲ 图 7.6　腹部侧位 X 线片

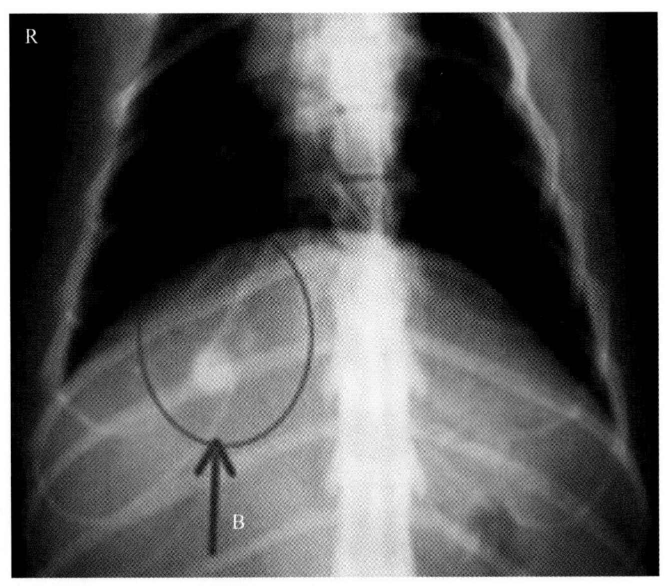

▲ 图 7.7　腹部正位 X 线片

影像所见

图7.6腹部侧位X线片可见患猫肝脏区域存在一圆形高密度影像(A箭头所示圈中);图7.7腹部正位X线片可见右侧肝脏区域存在一圆形高密度影像(B箭头所示圈中),其余结构未见明显异常。

影像提示

上述影像表现提示:高密度表明为结石,结合解剖位置表明结石位于胆囊。

最终诊断:胆囊结石。

进一步检查建议

建议进行超声检查，以明确胆囊壁及胆汁病变情况。

7.4 脾脏肿瘤

▲ 病例介绍

6 岁雌性博美犬，最近感觉腹围有变大，抱腹部时犬有疼痛，精神状态下降，偶尔呕吐，在其他宠物诊所按胃炎治疗两日未见好转，遂就诊。经临床检查后拍摄了腹部侧位和正位 X 线片，见图 7.8 与图 7.9；在 X 线检查后也进行了腹部超声检查，病变征象见图 7.10 与图 7.11。

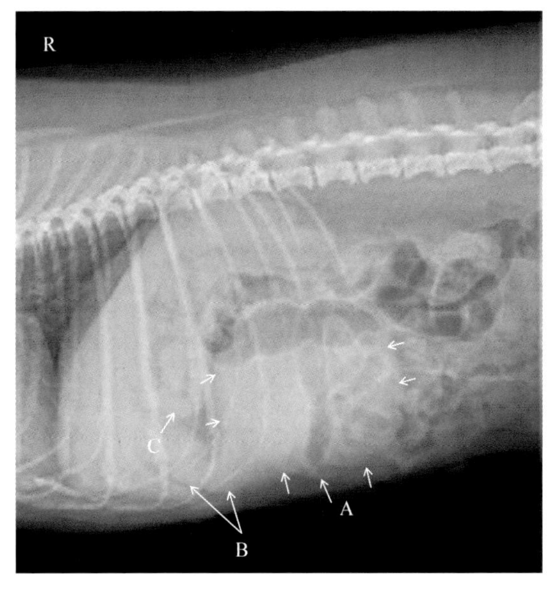

▲ 图 7.8　腹部侧位 X 线片

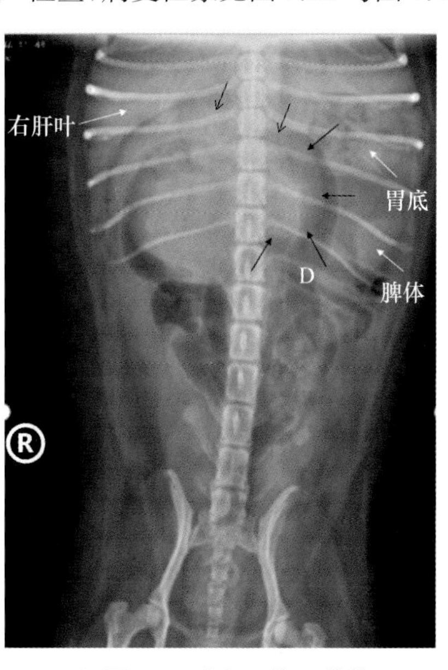

▲ 图 7.9　腹部正位 X 线片

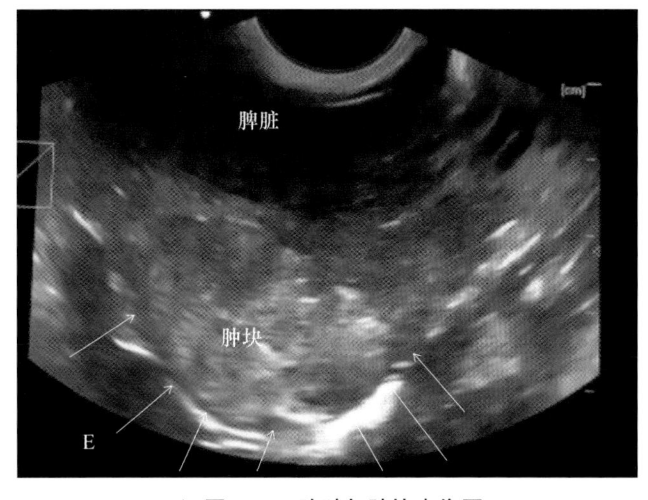

▲ 图 7.10　脾脏与肿块声像图

视频 7.1
胃肿瘤影像诊断技术

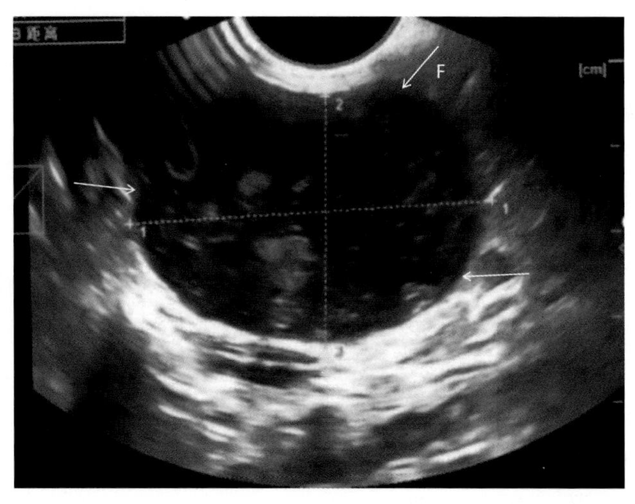

▲ 图 7.11　肿块声像图

影像所见

图 7.8 腹部右侧位 X 线片可见该犬中上腹部存在圆形软组织密度肿块(A 箭头所示),肿块位于幽门的后方(C 箭头所示幽门部),部分含气的空肠影与肿块中后部重叠,肿块的前腹侧见软组织密度影折转向前(B 箭头所示);图 7.9 腹部正位 X 线片可见患犬上腹部中间区域、肝脏后侧、胃底右侧、脾体右侧存在一圆形软组织密度肿块影(D 黑色箭头所示),借助结肠内气体影可见肿块的左侧部分边界(黑箭头),肿块导致小肠稍向左侧移位;其他结构未见明显异常。

图 7.10 与图 7.11 腹部超声检查显示,肿块来自脾脏尾部(E 箭头所示),肿块内部为实质混合性回声,由不均质的低回声、中等回声及囊状液性暗区构成(F 箭头所示),大小为 4.4 cm×3.9 cm 左右。

影像提示

影像结果表明该肿块来源于脾脏尾部,超声征象提示为脾脏肿瘤。

进一步检查

该犬进行了脾脏摘除手术,对肿块进行组织病理检查表明为脾脏间质肉瘤。

7.5　脾脏扭转

▲ 病例介绍

6 岁雌性萨摩耶犬,在户外玩耍有 1 个多小时,然后突然发病,呕吐、疼痛、无力,于第 2 天就诊。经临床检查后拍摄了腹部侧位和正位 X 线片,见图 7.12 与图 7.13,并在 X 线检查后进行了腹部多普勒超声检查,见图 7.14 与图 7.15。

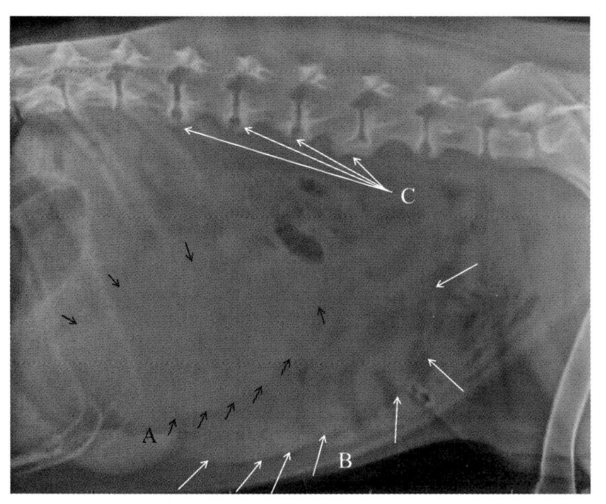

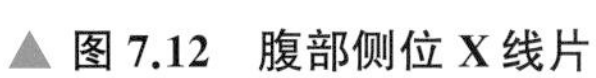
▲ 图 7.12 腹部侧位 X 线片

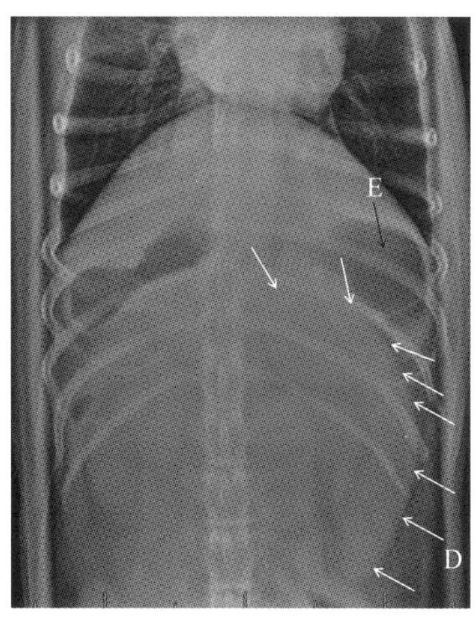

▲ 图 7.13 腹部正位 X 线片

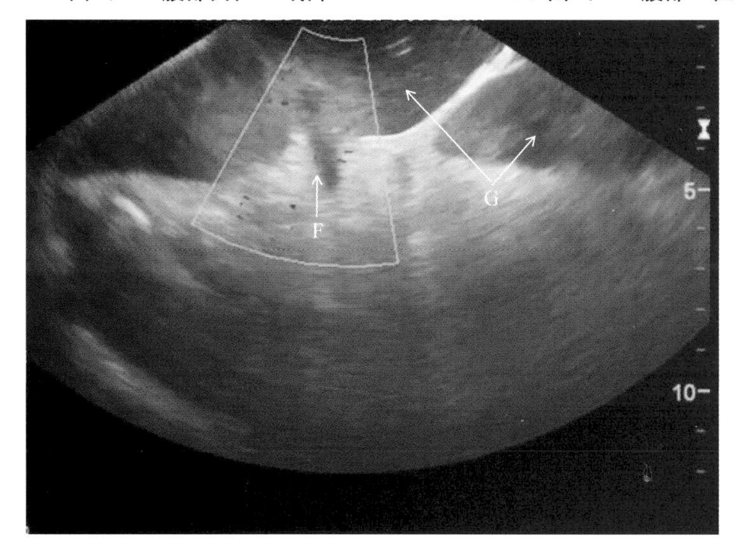

▲ 图 7.14 腹部脾脏声像图

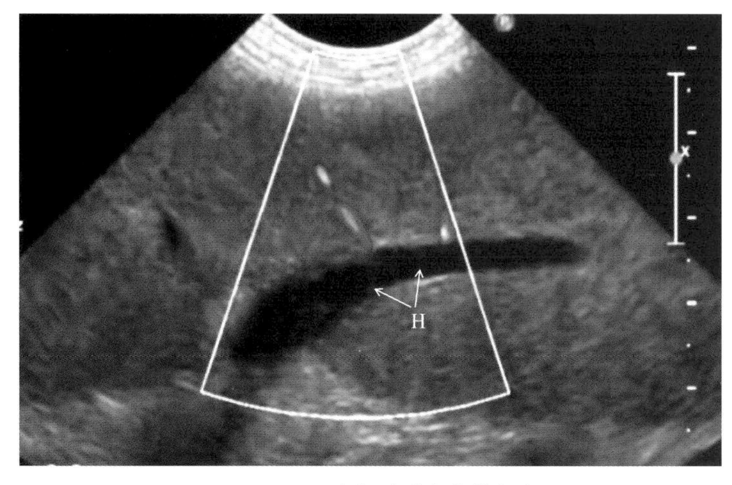

▲ 图 7.15 腹部脾脏多普勒超声

影像所见

图 7.12 腹部侧位 X 线片可见腹中部软组织团块影，可以清楚地看见两个边界(A 所示黑箭头与 B 所示白箭头)，其中 A 箭头所示肿块密度更高一些，重叠在 B 箭头所示的软组织团块上方，A 箭头所示肿块前方胃被推挤向前，结肠向背侧移位，部分小肠与 B 箭头所示肿块后部重叠，腹腔浆膜细节下降，另可见一些退化的脊椎(C 箭头所示)；图 7.13 腹部正位 X 线片可见腹中部左侧有肿大的脾脏(D 箭头所示)，肿大的脾脏影像前侧与胃体部(E 黑箭头所示)重叠，双肾影像可见。

图 7.14 与图 7.15 超声检查见脾脏肿大，回声降低，呈现三围结构的外观(G 箭头所示)，可见折转的边界，多普勒超声检查见脾静脉血流缺失(F 与 H 箭头所示)。

影像提示

综合 X 线征象与超声所见，提示脾脏扭转缺血。

进一步检查建议

缺血的脾脏需要紧急手术，建议进行全脾脏切除。

7.6 脾肿大

▲ 病例介绍

7 岁雌性萨摩耶犬，出现食欲废绝，精神萎靡不振，遂就诊。触诊腹围变大，腹部有肿块，临床检查后拍摄了腹部正位和侧位 X 线片，见图 7.16 与图 7.17。

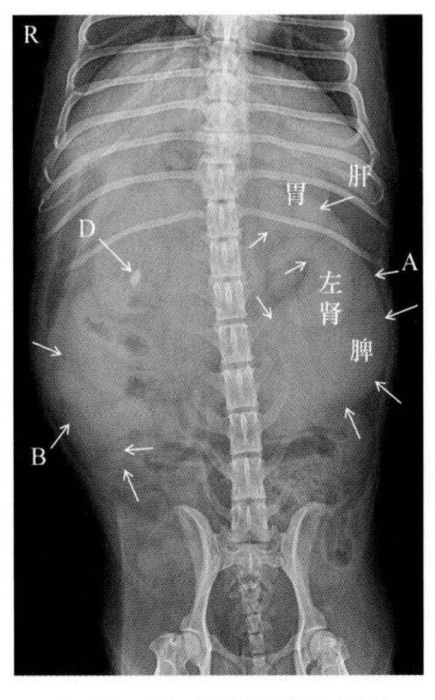

▲ 图 7.16　腹部正位 X 线片

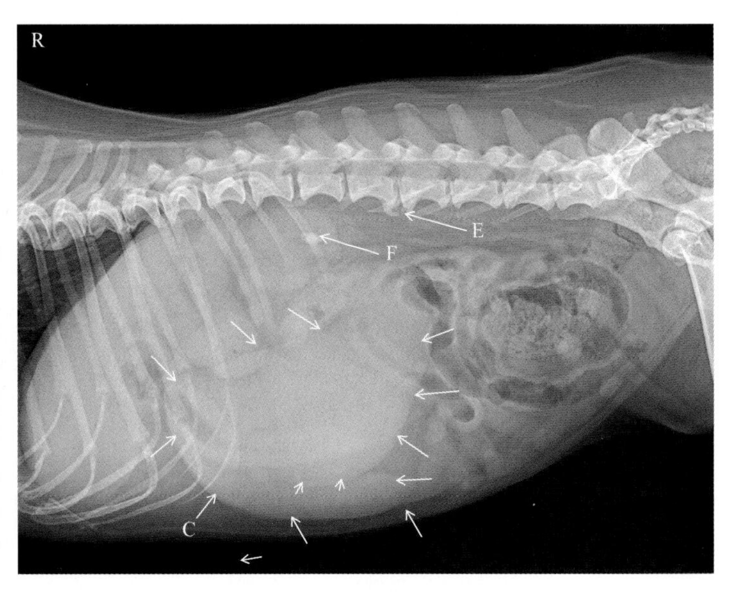

▲ 图 7.17　腹部侧位 X 线片

影像所见

图 7.16 腹部正位 X 线片可见患犬左侧腹部一肿大的脾脏影像(A 箭头所示轮廓),肿大脾脏前侧与胃底下方重叠,右侧与左肾重叠,结肠挤压移位向腹侧,脾脏尾部延伸至右侧腹壁形成肿块(B 箭头所示),右肾可见一高密度结石影像(D 箭头所示);图 7.17 腹部侧位 X 线片可见中腹腔有一很大的软组织团块(C 长箭头勾勒出的轮廓),结合正位片确认为肿大的脾脏,脾脏尾侧可见,尾侧与体部有重叠影像(短箭头所示),小肠与结肠被推挤向腹侧,右肾可见高密度小团块(F 箭头所示),另外第 3～4 腰椎退化(E 箭头所示),其余结构未见明显异常。

影像提示

上述征象提示脾脏肿大,右肾结石,腰椎退化。

进一步检查建议

建议进行超声检查,确认肿大的原因,若脾脏无血流则考虑为脾脏扭转。

7.7 单侧胃扩张

▲ 病例介绍

1 岁雌性柯基犬,餐后主人带着外出活动 20 余 min,然后带到宠物美容院给犬洗澡,犬进入洗澡池后开始呕吐,呕吐物为没消化的犬粮,以及一些骨块、纸屑等杂物,吐完后犬虚脱无力,站立不稳,于是就诊拍摄了腹部正位侧位 X 线片,见图 7.18 与图 7.19。

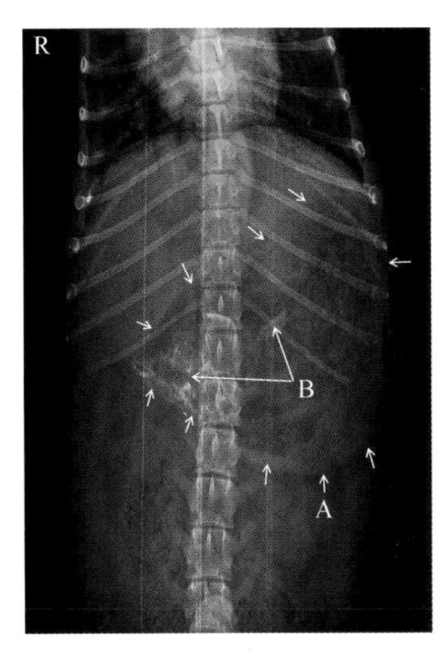

▲ 图 7.18 腹部正位 X 线片

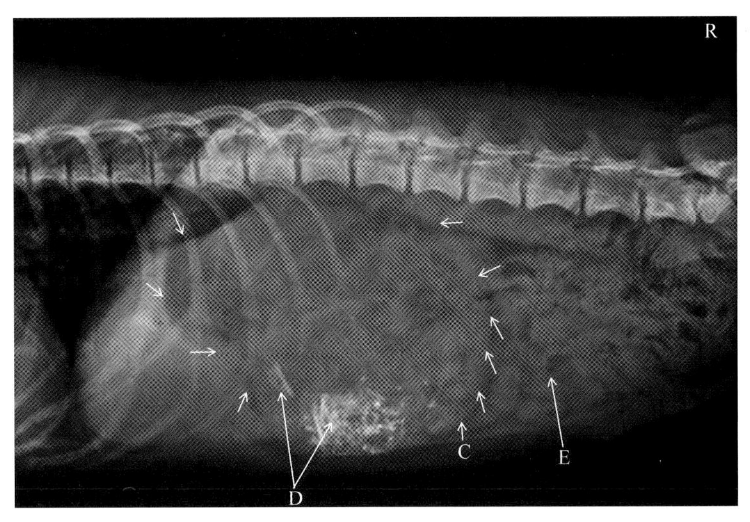

▲ 图 7.19 腹部侧位 X 线片

影像所见

图 7.18 腹部正位 X 线片可见一扩张的胃(A 短箭头勾勒出胃轮廓),胃的下缘到达腹中部,胃内容物为气体、食物及一些高密度的骨头(B 箭头所示),胃的形态没有扭转;图 7.19 腹部侧位 X 线片可见扩张的胃(C 短箭头勾勒出胃轮廓),胃内为气体、食物及碎骨头(D 箭头所示),小肠由于扩张的胃的挤压向后侧移位(E 箭头所示),其余结构未见明显异常。

影像提示

上述征象提示胃积气扩张。

进一步检查建议

不需要进一步检查,但需要及时插入胃导管排出积气及内容物,以缓解对血液循环系统的压迫。

7.8 胃扩张扭转综合征

▲ 病例介绍

4 岁萨摩耶犬,在外活动后突然出现虚脱、呼吸急促、腹围增大症状,遂就诊。经触诊腹部鼓胀,拍击呈现鼓音,立即拍摄了腹部侧位和正位 X 线片,见图 7.20 与图 7.21。

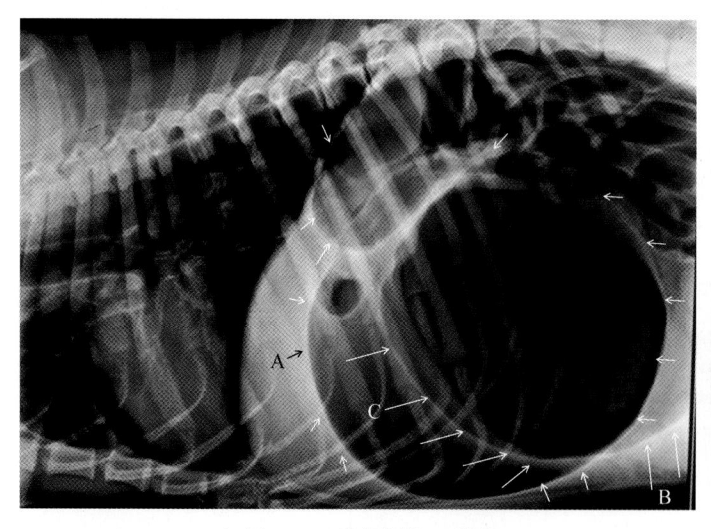

▲ 图 7.20 腹部侧位 X 线片

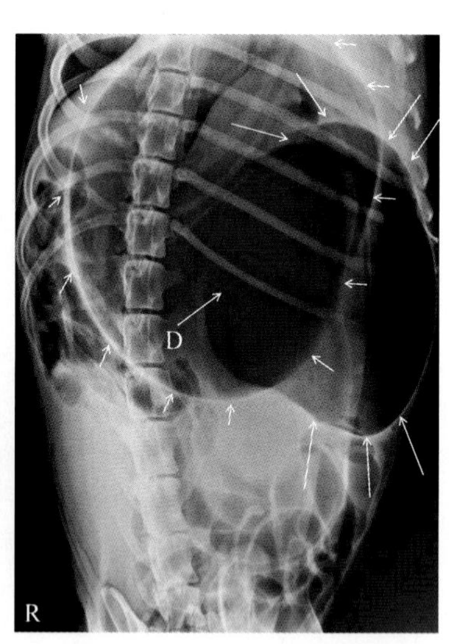

▲ 图 7.21 腹部正位 X 线片

影像所见

图 7.20 腹部侧位 X 线片可见胃体积大、积气,呈现多个胃腔(A 短箭头与 B 长箭头所示边界轮廓),可见折转的胃壁呈现条带状软组织密度在扩张含气的胃腔之间(C 箭头所示),胃壁后界到达腹中部,小肠积气移向背侧,膈顶前移,心脏变小;图 7.21 腹部正位 X 线片由于犬腹

痛体位不是很正，但可见两个大的扩张积气的胃腔（长箭头与短箭头所示），两胃腔有一部分重叠形成密度更低的黑色区域（D 箭头所示），左肾、积气小肠被挤压向后侧及右侧，其余结构未见明显异常。

影像提示

体积增大的两个胃腔提示胃积气扩张并扭转。

最终诊断：胃扩张扭转综合征。

视频 7.2
胃扩张-扭转综合症
影像诊断技术

进一步检查建议

急诊外科，排出胃内气体，矫正胃的位置并固定胃壁至腹壁防止再次扭转，若脾脏同时出现梗死，一并切除脾脏。

7.9 胃内异物

▲ 病例一介绍：猫胃内高密度异物

1 岁蓝猫，主人发现刚用的缝衣针不见了，家里只有这只猫在旁边玩耍，怀疑被猫吃掉，遂就诊。根据主诉拍摄了腹部侧位和正位 X 线片，见图 7.22 与图 7.23。

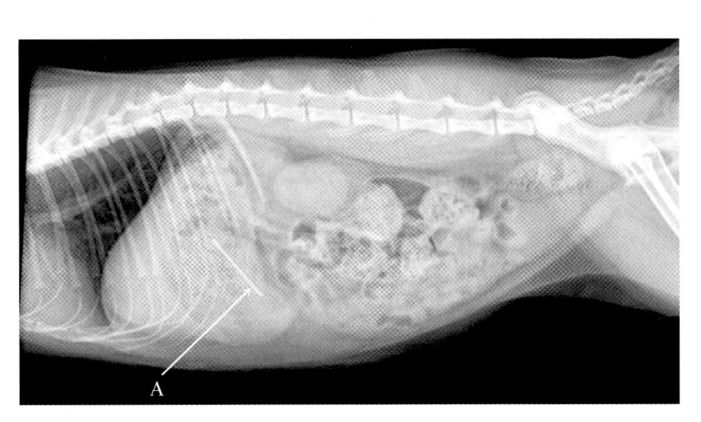

▲ 图 7.22　腹部侧位 X 线片

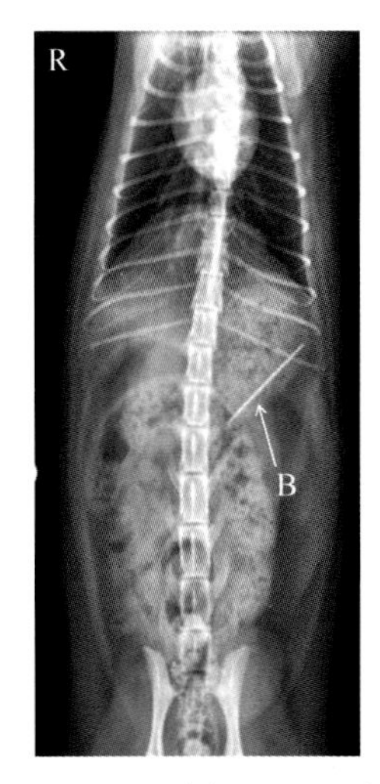

▲ 图 7.23　腹部正位 X 线片

影像所见

图 7.22 腹部侧位 X 线片可见患猫胃内充满食物，在胃内见一高密度针状异物（A 箭头所示）；图 7.23 腹部正位 X 线片可见高密度针状异物位于胃底（B 箭头所示），其余结构未见明显异常。

影像提示

根据高密度异物形态可判断异物为针，无线性异物表现。
最终诊断：胃内金属针异物。

进一步检查建议

可以使用内窥镜取出异物。

视频 7.3
胃内异物影像诊断技术

▲ 病例二介绍：犬胃内高密度异物

1岁犬，呕吐，主人怀疑吃了异物，遂就诊。经临床检查后拍摄了腹部侧位和正位X线片，见图7.24与图7.25。

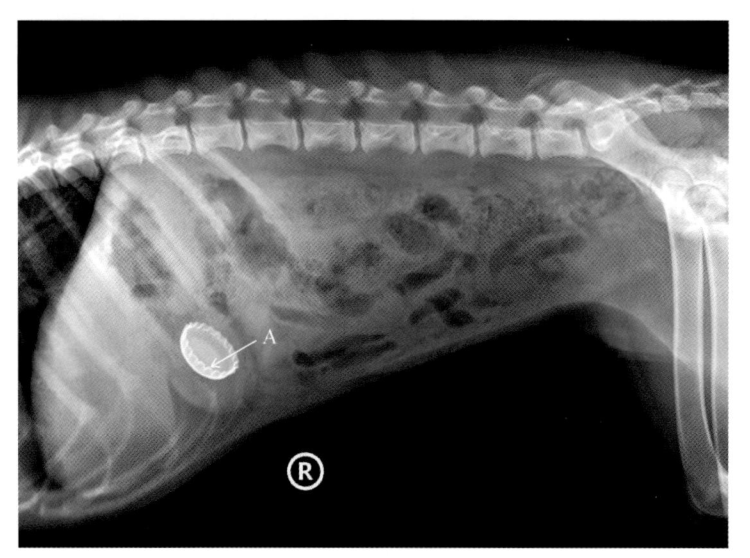

▲ 图 7.24　腹部侧位 X 线片

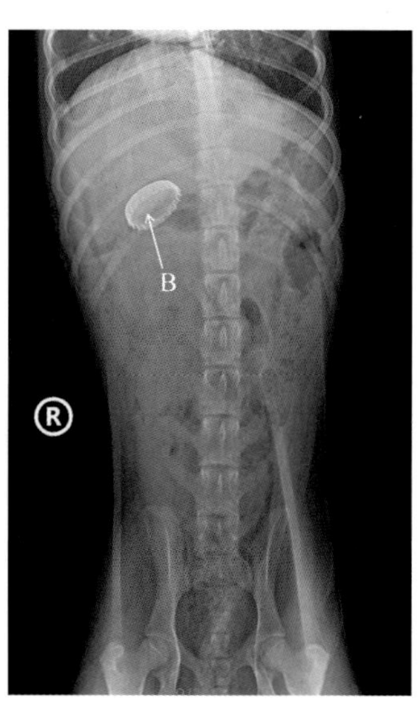

▲ 图 7.25　腹部正位 X 线片

影像所见

图7.24腹部侧位X线片可见患犬胃幽门部有一高密度金属异物，形态似瓶盖（A箭头所示）；图7.25腹部正位X线片也显示高密度异物位于胃幽门部（B箭头所示），其余结构未见明显异常。

影像提示

根据高密度异物形态可判断异物为金属瓶盖。
最终诊断：胃内金属瓶盖异物。

进一步检查建议

可以使用内镜或胃切开取出异物。

▲ 病例三介绍:低密度异物

2 岁哈士奇犬,平时有玩玩具爱好,主人给犬买了不少塑料玩具小鸭,就诊前主人发现犬出现呕吐现象,有时呕吐出小玩具,一直都还有食欲,大便一直正常,主人想知道胃内是否还有玩具。经临床检查后拍摄 X 线平片未见明显异常,于是又进行了胃肠造影检查,拍摄的腹部造影侧位 X 线片,见图 7.26。

影像所见

图 7.26 腹部侧位 30 min 造影 X 线片可见造影剂已大量进入小肠(A 箭头所示),在胃内显示多个边界为高密度不规则圆形轮廓结构,内部为低密度影像(短箭头所示),这些吸附造影剂的结构位于胃体与幽门部,其余结构未见明显异常。

影像提示

根据造影后影像提示胃内还存在较多中空的异物结构,结合病史应为进入胃内的玩具鸭。

最终诊断:胃内玩具鸭异物(图 7.27 胃切开手术取出的玩具小鸭异物)。

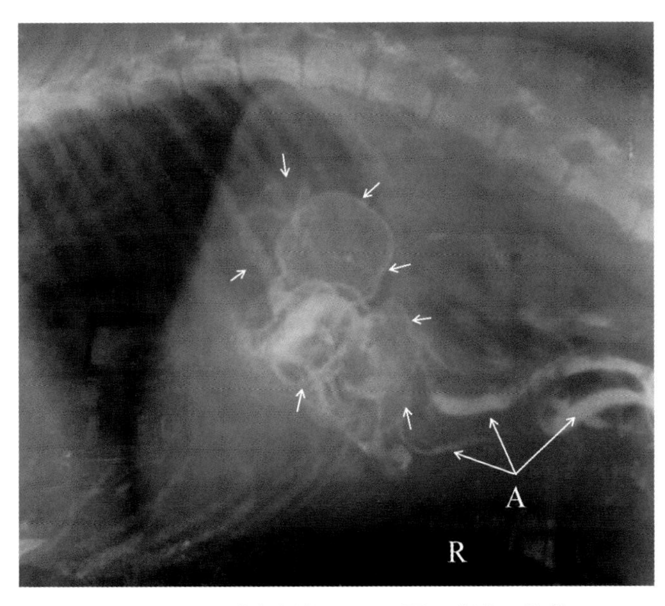

▲ 图 7.26 腹部侧位 30 min 胃肠造影 X 线片

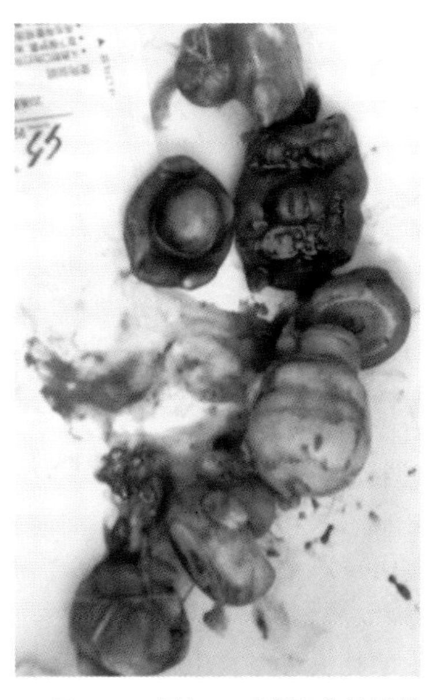

▲ 图 7.27 胃切开手术取出的异物

7.10 消化道线性异物

▲ 病例介绍

1 岁蓝猫,出现呕吐 2 d,每日呕吐数次,无腹泻,遂就诊。经临床检查后拍摄了胸腹部侧位和正位 X 线平片(图 7.28 与图 7.29),并进行了胃肠造影检查(图 7.30 与图 7.31)。

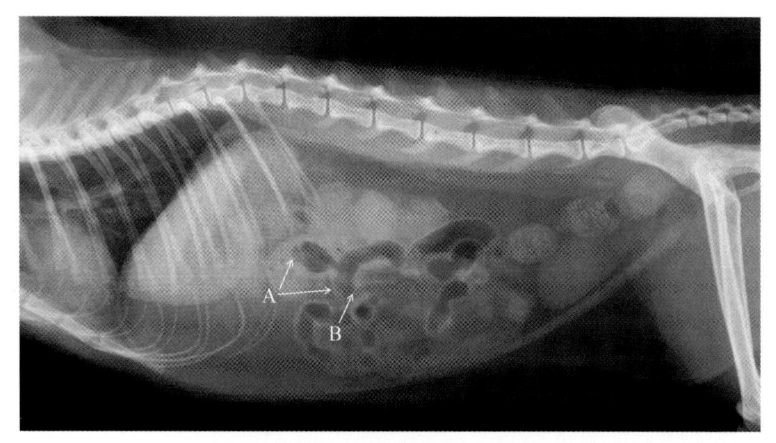

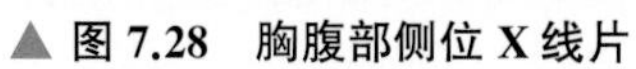

▲ 图 7.28　胸腹部侧位 X 线片

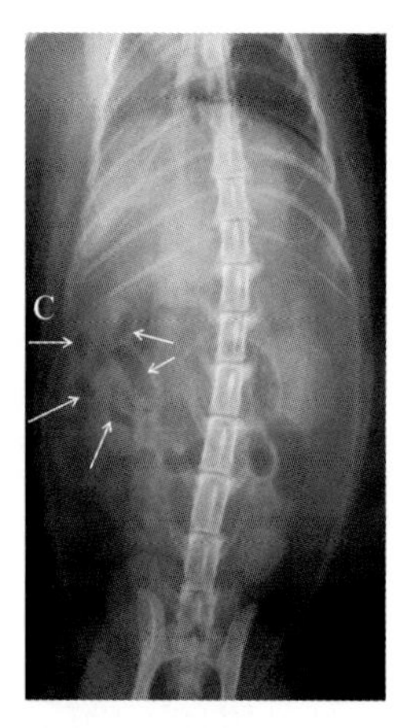

▲ 图 7.29　胸腹部正位 X 线片

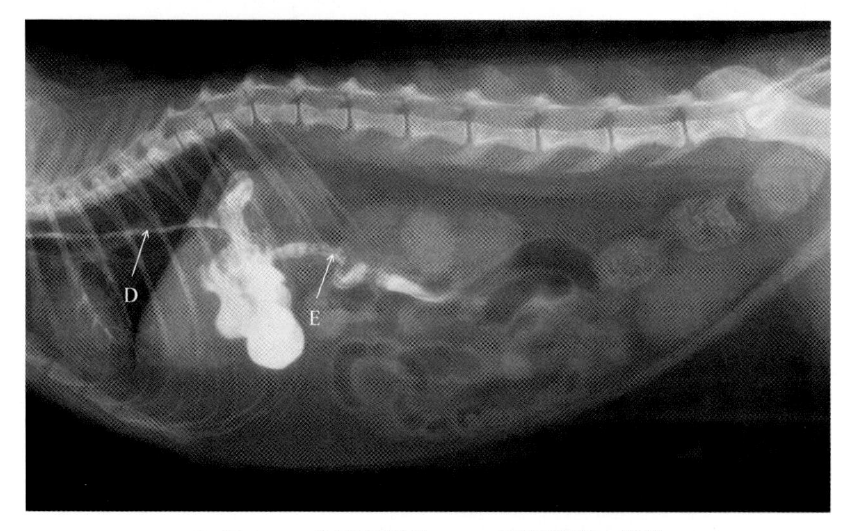

▲ 图 7.30　胸腹部侧位 5 min 胃肠造影 X 线片

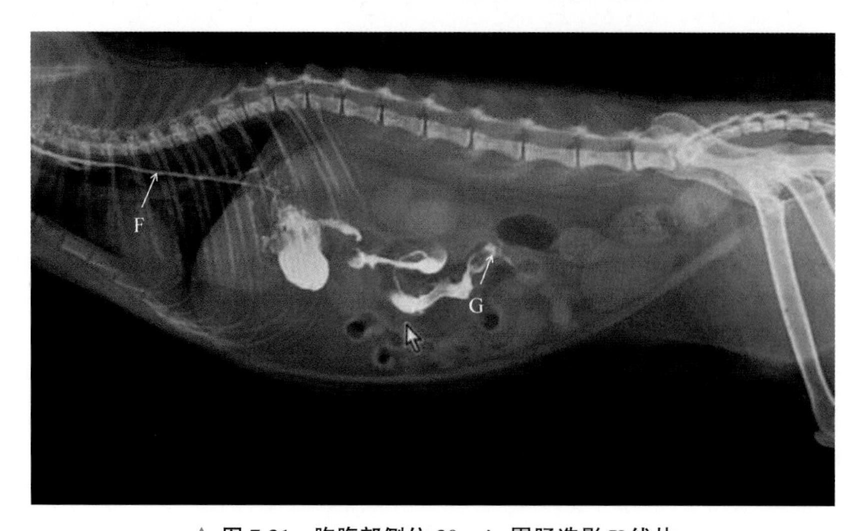

▲ 图 7.31　胸腹部侧位 30 min 胃肠造影 X 线片

影像所见

图 7.28 与图 7.29 胸腹部 X 线平片中胃及小肠空虚，结肠有粪球，在中腹腔见小肠积聚含有节段气体（A、B、C 箭头所示）；图 7.30 胸腹部侧位 5 min 胃肠造影 X 线片显示胸腔后端可见的食道含有一高密度线状影像（D 箭头所示），小肠已有造影剂进入（E 箭头所示）；图 7.31 胸腹部侧位 30 min 胃肠造影 X 线片显示：食道线状高密度影像仍然呈现（F 箭头所示），胃内造影剂向小肠排出，小肠造影剂量排泄缓慢，小肠仍只有少量造影剂（G 箭头所示），其余结构未见明显异常。

影像提示

造影后的食道线状高密度影提示食道有线性异物吸附了硫酸钡造影剂，小肠造影剂排空慢提示小肠有梗阻。

最终诊断：食道胃肠线性异物梗阻。

进一步检查建议

仔细检查患猫舌根部将会发现舌根有线挂于舌根部。切记不可从舌根牵拉线。患猫需要及时进行手术取出线性异物。

7.11 肠道高密度针状异物

▲ 病例介绍

3 岁比格犬，因尿血，主人怀疑有结石，遂就诊。经检查后拍摄了腹部侧位和正位 X 线片，见图 7.32 与图 7.33。

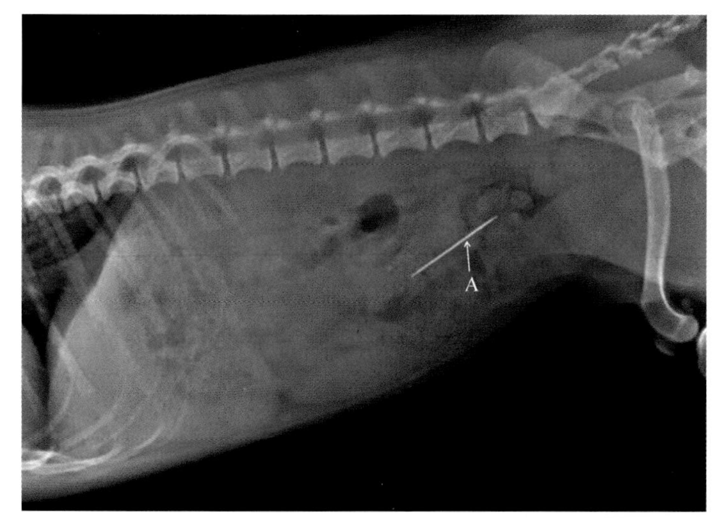

▲ **图 7.32 腹部侧位 X 线片**

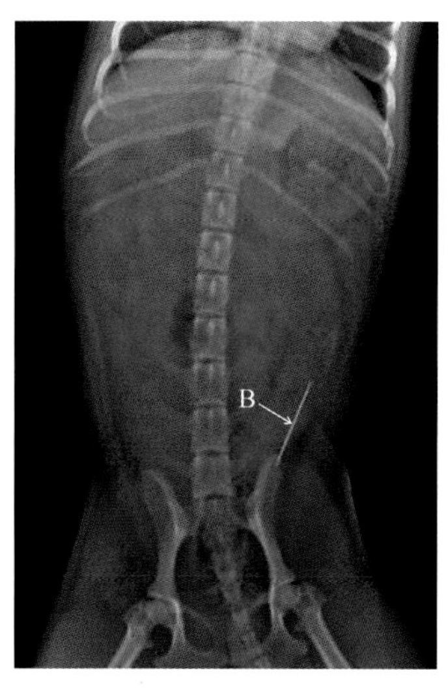

▲ **图 7.33 腹部正位 X 线片**

影像所见

图 7.32 与图 7.33 腹部 X 线片可见患犬胃肠均有内容物，在降结肠见一针状高密度异物（A、B 箭头所示），针孔朝后，针尖朝前，异物包裹在粪便之中，膀胱未见高密度结石，其余结构未见明显异常。

影像提示

异物的形态密度表明为一根针。对于该犬异物是意外发现，已经进入降结肠的下部将进入结肠，因为有粪球的包裹，该异物应该可以自然排出肠道，因此无需治疗。

最终诊断：结肠针异物。

7.12 肠道石头异物

▲ 病例介绍

6 岁金毛犬，因呕吐，食欲废绝，遂就诊。触诊腹痛，于是拍摄了腹部侧位和正位 X 线片，见图 7.34 与图 7.35。

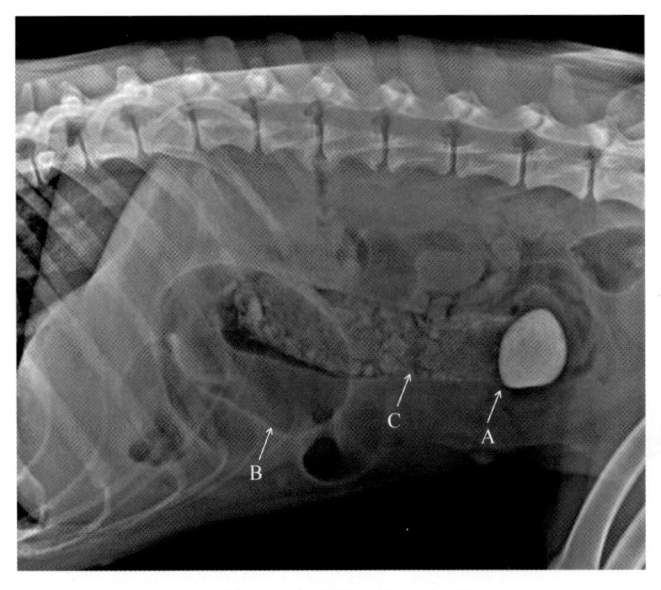

▲ 图 7.34　腹部侧位 X 线片

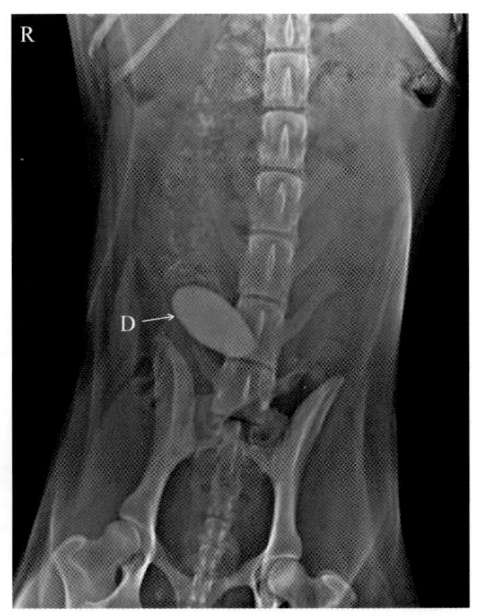

▲ 图 7.35　腹部正位 X 线片

影像所见

图 7.34 腹部侧位 X 线片可见患犬中后腹腔有一类圆形高密度异物（A 箭头所示），异物前段见堆积的粪便（B 箭头所示），前段小肠见局部扩张积气（C 箭头所示），扩张的小肠直径达到 L5 椎体高度的 2 倍左右，腹腔浆膜细节下降，另外 L2～3 见椎体退化；图 7.35 腹部正位 X 线片显示胃空虚，小肠异物表现为高密度长椭圆形（D 箭头所示），前端见粪便聚集，腹腔浆膜细

节下降，其余结构未见明显异常。

影像提示

高密度异物形态提示石头，扩张的肠管提示异物引起肠梗阻。

最终诊断：小肠石头异物梗阻。

进一步检查建议

建议进行超声检查，确认肠道扩张梗阻情况。该病例需要及时手术取出异物，以解除梗阻。

7.13 肠道奶嘴头异物

▲ 病例介绍

3 月龄雌性博美犬，在喂该犬喝奶粉时其将奶嘴瓶的奶嘴头部咬断吃入胃内，第 2 天该犬出现呕吐，遂就诊。经检查后拍摄了腹部侧位和正位 X 线片，见图 7.36 与图 7.37。

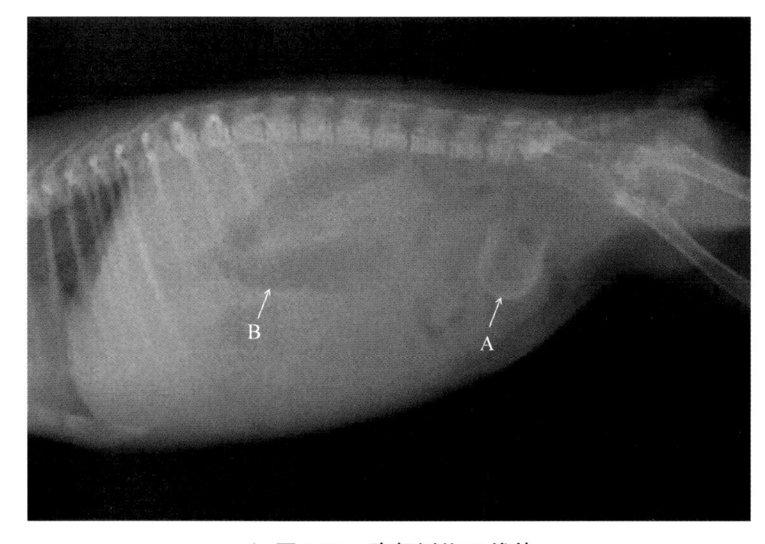

▲ 图 7.36 腹部侧位 X 线片

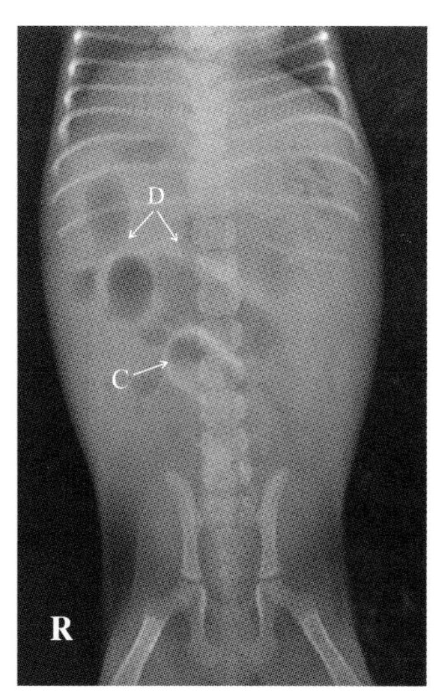

▲ 图 7.37 腹部正位 X 线片

影像所见

图 7.36 腹部侧位 X 线片可见患犬后腹部出现一密度稍高的奶嘴样异物（A 箭头所示），中腹腔可见扩张积气的肠管（B 箭头所示），扩张的肠管直径大于 L5 椎体高度的 2 倍以上，腹腔浆膜细节不清；图 7.37 腹部正位 X 线片可见异物位于中腹腔腹中线位置（C 箭头所示），前方见扩张积气的肠管（D 箭头所示），腹内浆膜细节不清，其余结构未见明显异常。

影像提示

异物影像形态与奶嘴形态一致提示异物为断裂奶嘴，小肠积气扩张提示异物引起了肠

梗阻。

最终诊断:小肠奶嘴异物梗阻。

进一步检查建议

建议进行超声检查,确认肠道扩张梗阻情况,并确认该犬是否有少量腹腔液体。该病例需要及时手术取出异物,以解除梗阻。

7.14 肠道玩具异物

▲ 病例介绍

5岁雄性可卡犬,平时有乱吃东西习惯,突然出现呕吐,主人给予止吐对症治疗无好转,遂就诊。经触诊检查该犬表现腹部疼痛,于是拍摄了腹部侧位和正位X线片,见图7.38与图7.39。

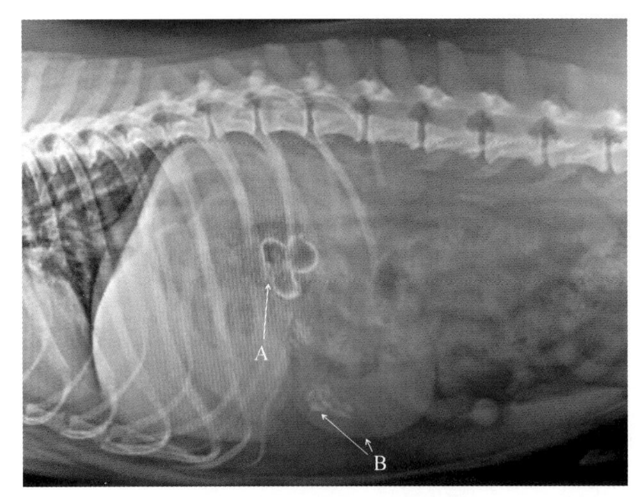

▲ 图7.38　腹部侧位X线片

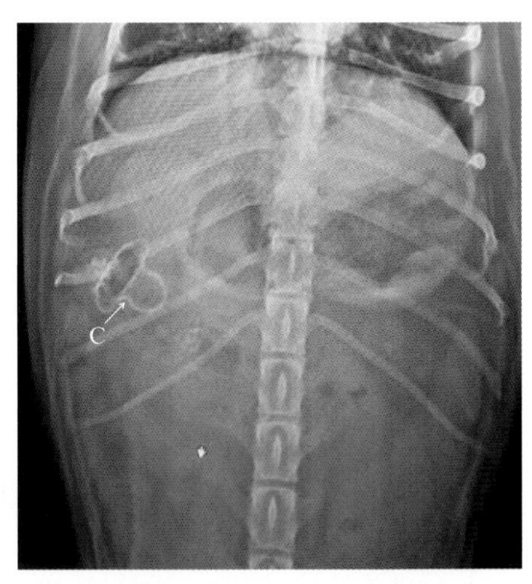

▲ 图7.39　腹部正位X线片

影像所见

图7.38腹部侧位X线片可见患犬上腹部出现一密度较高的轮廓内部为低密度(A箭头所示),中腹腔可见扩张积液及高密度异物滞留的肠管(B箭头所示),扩张的肠管直径大于L5椎体高度的2倍以上;图7.39腹部正位X线片可见异物位于上腹腔胃的外部,在幽门右下侧(C箭头所示),其余结构未见明显异常。

影像提示

异物的形态类似玩具小黄鸭,肠管的扩张提示有梗阻。

最终诊断:小肠因玩具小鸭梗阻(经手术取出的小黄鸭见图7.40,正在接受输液治疗的患犬见图7.41)。

▲ 图 7.40　手术取出的玩具鸭

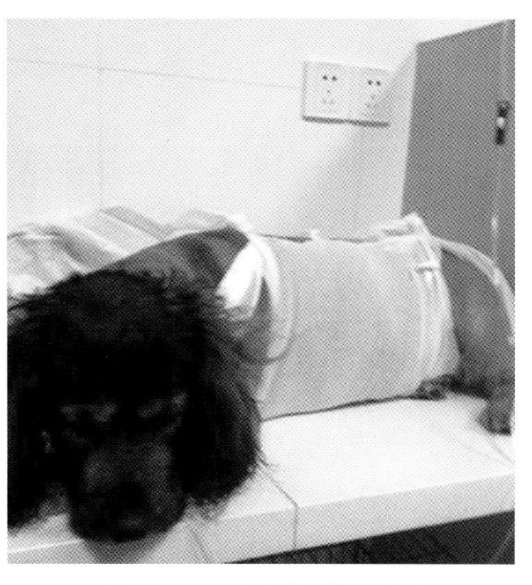

▲ 图 7.41　患犬术后轮流治疗

7.15　肠道低密度异物梗阻

▲ 病例介绍

视频 7.4
肠梗阻影像诊断技术

3 岁雄性萨摩耶犬，免疫全，呕吐数日，精神沉郁，食欲完全废绝，遂就诊。经触诊检查，患犬腹部敏感疼痛，于是拍摄腹部侧位和正位 X 线平片，见图 7.42 与图 7.43。在平片异常基础上进行了胃肠造影检查，见图 7.44 与图 7.45。

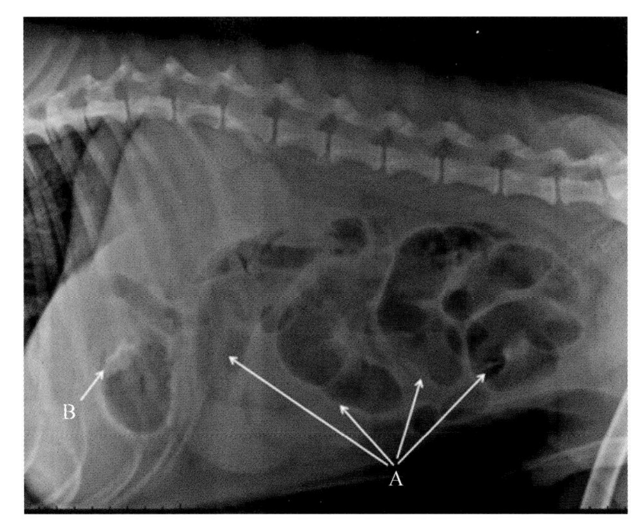

▲ 图 7.42　腹部侧位 X 线平片

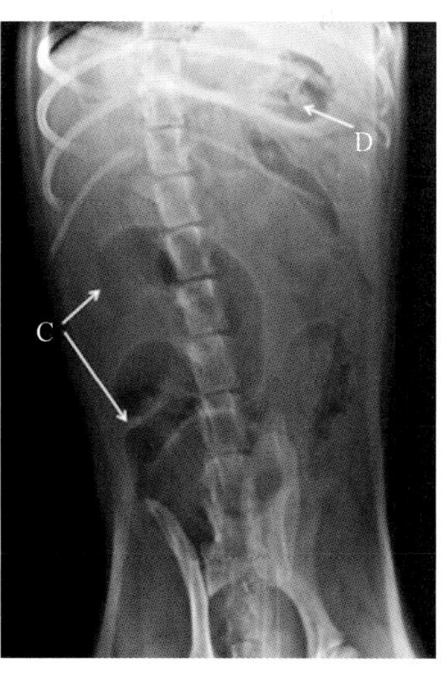

▲ 图 7.43　腹部正位 X 线平片

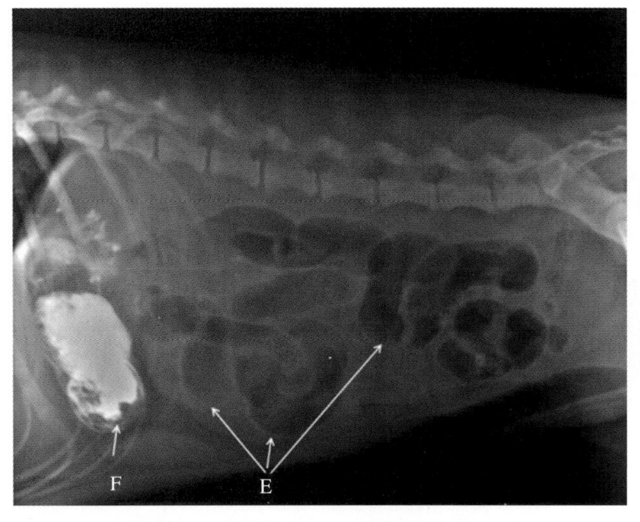

▲ 图 7.44　腹部侧位 30 min 胃肠造影 X 线片

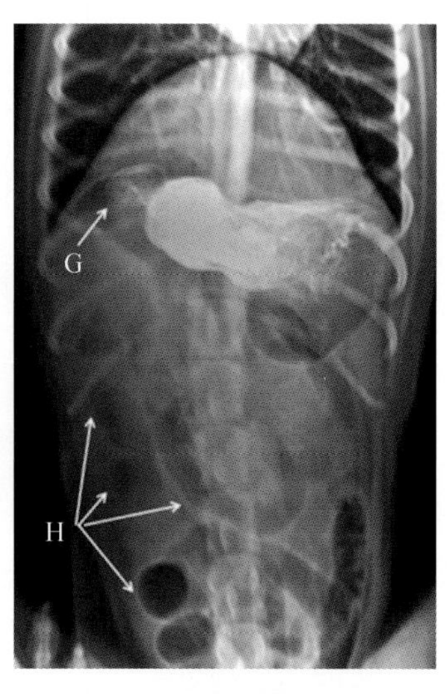

▲ 图 7.45　腹部正位 30 min 胃肠造影 X 线片

影像所见

X 线平片中：图 7.42 腹部侧位 X 线平片可见中腹腔大量小肠积气扩张（A 箭头所示），直径达到 L5 椎体高度的 2 倍左右，胃幽门部在气体衬托下见密度稍高异物影像（B 箭头所示）；图 7.43腹部正位 X 线平片同样可见小肠扩张积气（C 箭头所示），胃底见异物影像（D 箭头所示）。

X 线造影片中：图 7.44 与图 7.45 腹部 30 min 胃肠造影 X 线片可见患犬上腹部肠积气扩张（E、H 箭头所示），胃内造影剂排空受阻（F、G 箭头所示），其余结构未见明显异常。

影像提示

肠管积气扩张提示肠道有梗阻，胃内造影剂排空缓慢提示胃排空受阻。

最终诊断：胃肠梗阻（术中小肠穿孔坏死见图 7.46，通过手术切除的坏死肠管及取出的异物见图 7.47）。

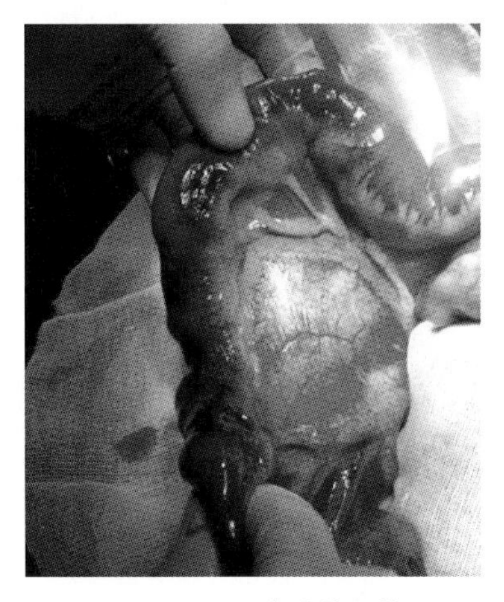

▲ 图 7.46　穿孔的肠管

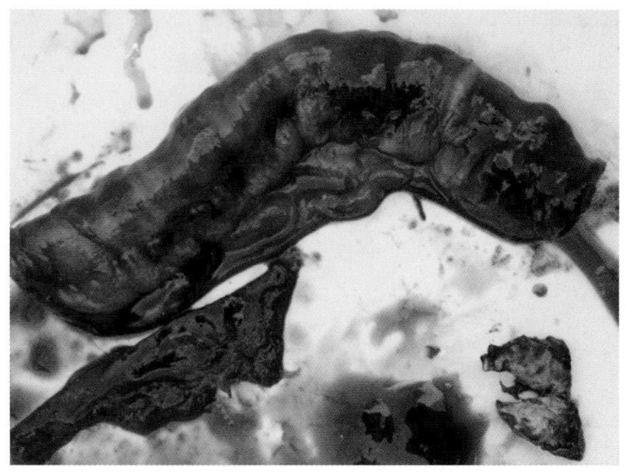

▲ 图 7.47　切除的坏死肠管及取出的异物

7.16 肠套叠

视频 7.5
肠套叠影像诊断技术

▲ 病例介绍

8 月龄泰迪犬，腹泻，之后出现呕吐，食欲废绝，遂就诊。经触诊腹部敏感，有一软组织团块，于是进行了腹部超声检查，见图 7.48。

影像所见

图 7.48 腹部声像图可见多层肠环表现，最内为套入部肠管腔的强回声（A 箭头所示）及肠壁（B 箭头所示），向外为强回声的肠系膜回声（C 箭头所示），最外层为扩张的肠管肠壁回声（D 箭头所示），其余结构未见明显异常。

影像提示

典型的多层肠环声像图提示肠套叠。

该犬进行了肠套叠手术整复与固定，术中肠套叠图像见图 7.49。

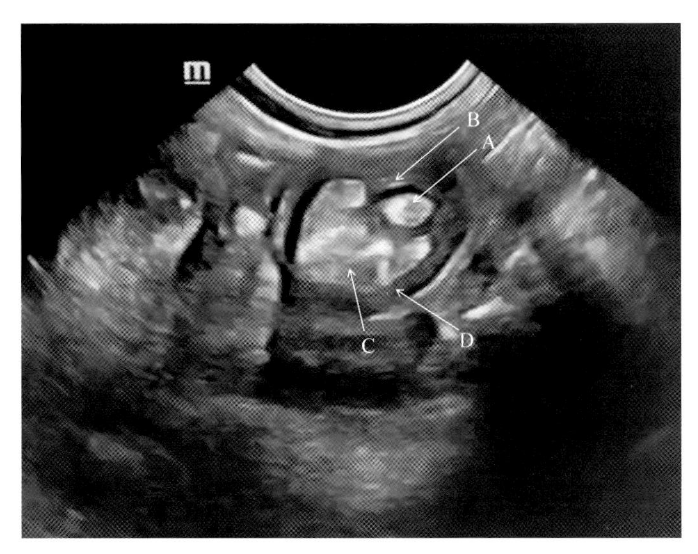

▲ 图 7.48 腹部声像图

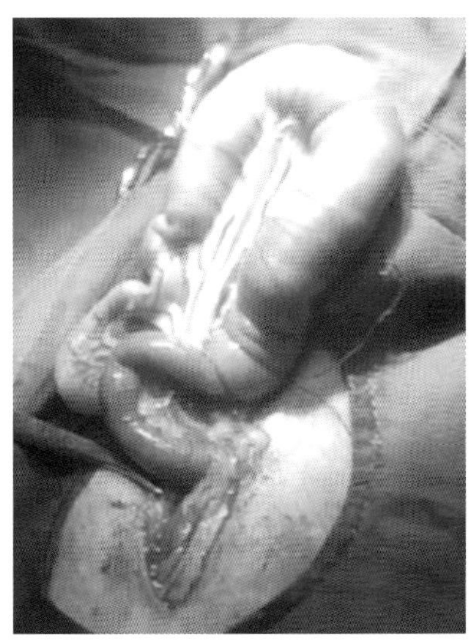

▲ 图 7.49 术中所见肠套叠图像

7.17 胃肠穿孔或破裂

视频 7.6
胃肠穿孔或破裂
影像诊断技术

▲ 病例介绍

4 月龄猫，呕吐数日，食欲废绝，腹围变大，精神差，遂就诊。经检查后拍摄了腹部侧位和正位 X 线片，见图 7.50 与图 7.51。

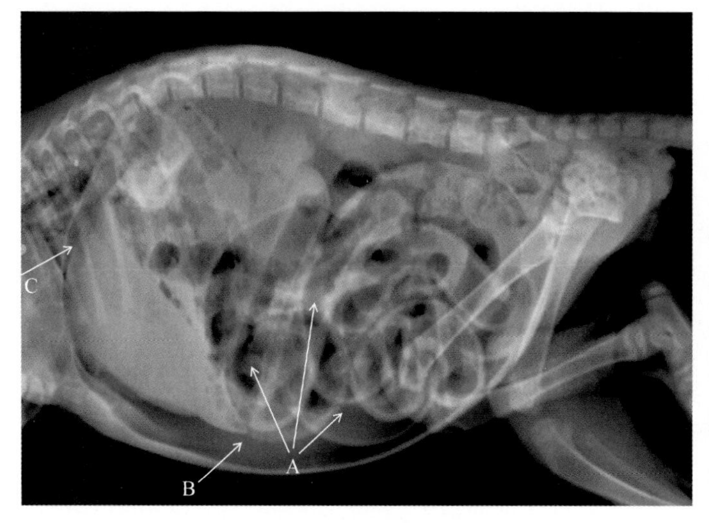

▲ 图 7.50　腹部侧位 X 线片

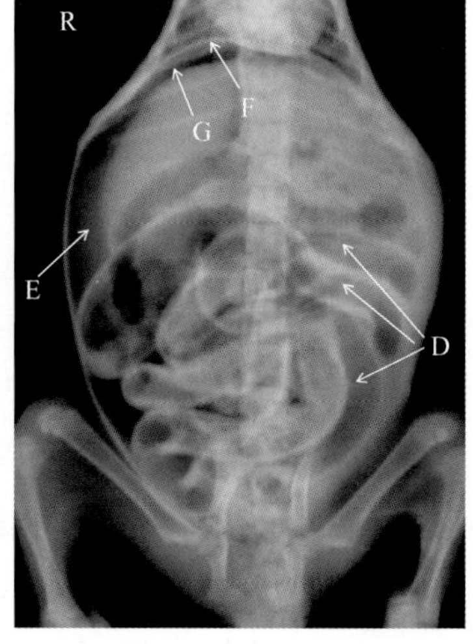

▲ 图 7.51　腹部正位 X 线片

影像所见

图 7.50 腹部侧位 X 线片可见患猫腹部膨大，腹内见扩张积气小肠（A 箭头所示），在腹侧的腹壁与腹内器官之间见大量低密度气体环绕（B 箭头所示），膈的靠肝脏侧面清晰可见，在横膈与肝脏之间也有低密度气体环绕（C 箭头所示）；图 7.51 腹部正位 X 线片在腹中部见大量扩张积气小肠（D 箭头所示），大量低密度气体位于腹部右侧（E 箭头所示），横膈两面均清晰可见（F 箭头所示），在横膈与肝脏之间有低密度气体环绕（G 箭头所示），在腹壁左侧见软组织密度影；其余结构未见明显异常。

影像提示

横膈后的低密度气体提示腹腔有游离气体，肠管扩张积气提示肠道有梗阻。

最终诊断：肠道穿孔或破裂。穿孔或破裂引起气体与液体进入腹膜腔。

7.18　巨结肠

▲ 病例介绍

6 岁德国牧羊犬，食欲废绝，但几日不见大便，有想排便姿势，遂就诊。经触诊腹部臌胀，于是拍摄了腹部正位和侧位 X 线片，见图 7.52 与图 7.53；分析拍摄的 X 线片之后让动物主人带犬外出活动一圈，犬在外排了小便，之后又拍摄了腹部正位和侧位 X 线片，见图 7.54 与图 7.55。

影像所见

图 7.52 腹部正位 X 线片可见患犬腹部膨大，膈顶前移，降结肠扩张积便（A 箭头所示），右侧中腹部见一巨大的密度均匀的软组织团块（B 箭头所示），该软组织团块导致升结肠横结肠向上方移位（C 箭头所示），在腹左侧降结肠外侧可见一内部含高密度的软组织团块（D 箭头所

示)；图 7.53 腹部侧位 X 线片可见腹围大，结肠扩张、积便、移向背侧(E 箭头所示)，结肠直径大于 L5 椎体长度的 2 倍以上，结肠腹侧见巨大软组织团块(F 箭头所示)。

图 7.54 排尿后腹部正位 X 线片可见患犬腹部变小，降结肠扩张积便(G 箭头所示)，右侧中软组织团块消失，在腹左侧降结肠外侧仍可见一内部含高密度的软组织团块(H 箭头所示)；图 7.55 排尿后腹部侧位 X 线片见腹围变小，结肠扩张积便占据腹腔一半左右(M 箭头所示)，结肠最大直径处大于 L5 椎体长度的 3 倍以上。

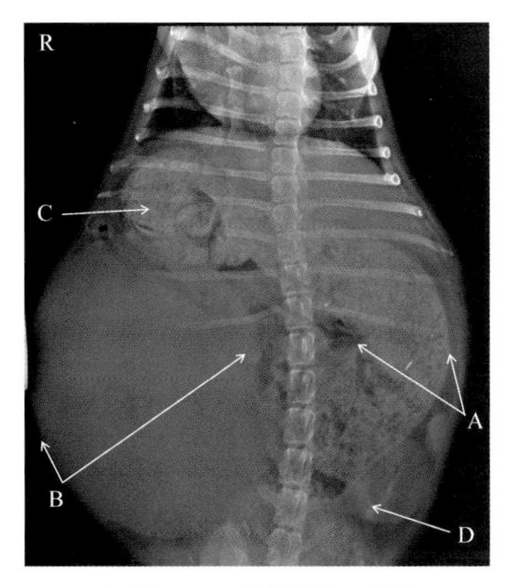

▲ 图 7.52 腹部正位 X 线片

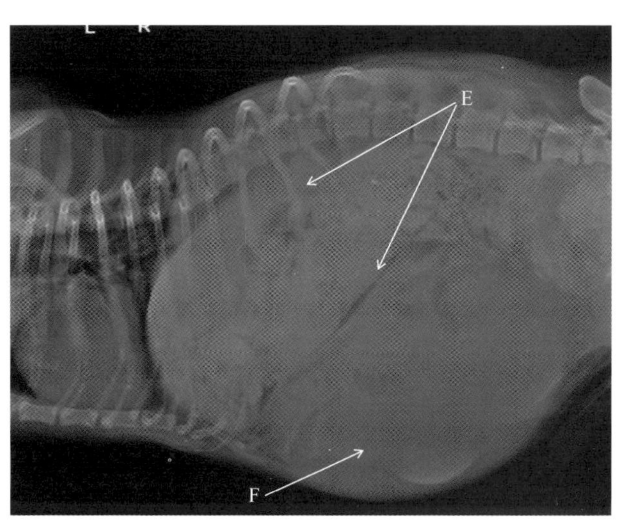

▲ 图 7.53 腹部侧位 X 线片

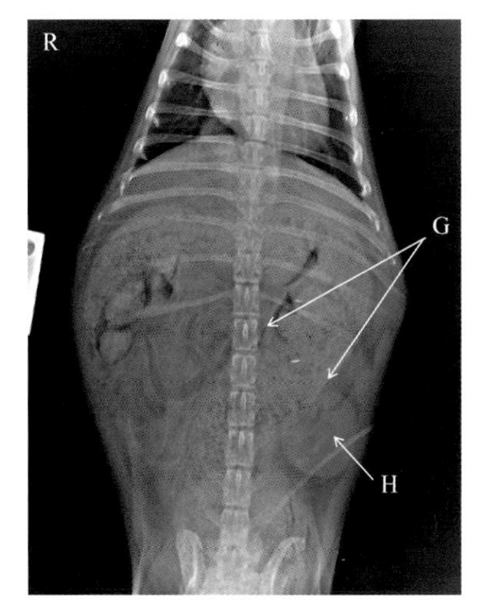

▲ 图 7.54 排尿后腹部正位 X 线片

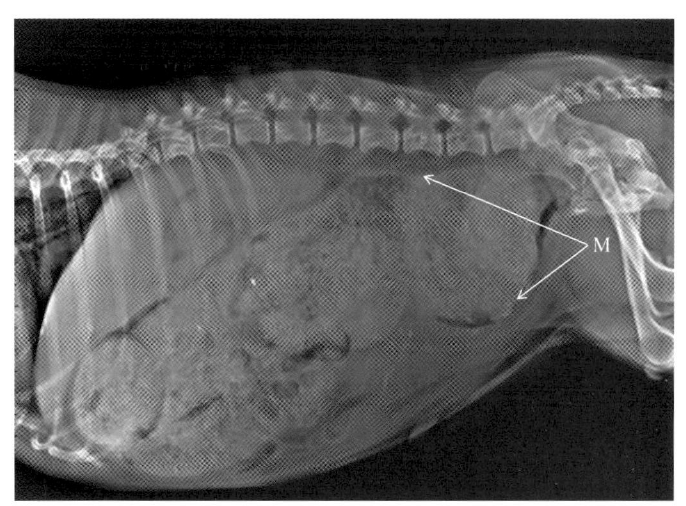

▲ 图 7.55 排尿后腹部侧位 X 线片

影像提示

综合分析上述征象，排除腹腔肿块，结肠大量积便扩张提示该犬巨结肠。

最终诊断：巨结肠。

7.19 便　秘

▲ 病例介绍

4 岁雄性泰迪犬，有时吃一些骨头，最近 2 d 出现排便姿势并且疼痛尖叫但无大便排出，现食欲废绝，遂就诊。经临床检查后拍摄了腹部侧位和正位 X 线片，见图 7.56 与图 7.57。

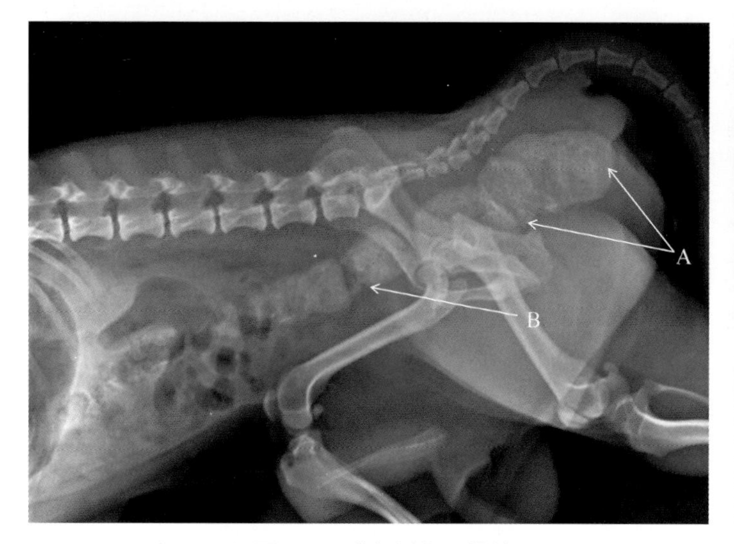

▲ 图 7.56　腹部侧位 X 线片

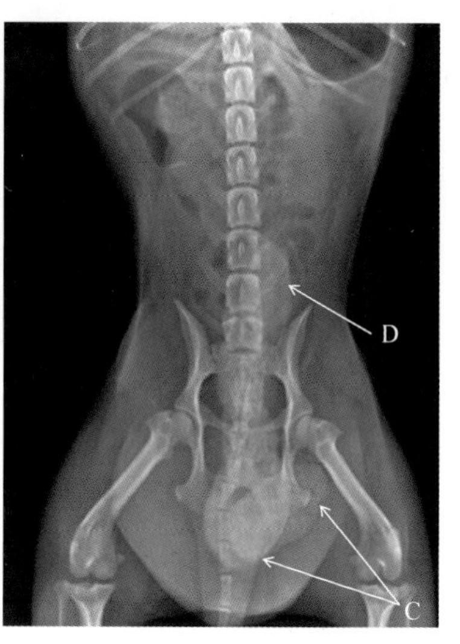

▲ 图 7.57　腹部正位 X 线片

影像所见

图 7.56 腹部侧位 X 线片可见患犬肛门口前方的直肠堆积大量粪便（A 箭头所示），粪便较硬、直径较粗，降结肠也积聚粪便密度较高（B 箭头所示）；图 7.57 腹部正位 X 线片可见患犬肛门前方积聚粪便并偏向左侧（C 箭头所示），降结肠也见粪便（D 箭头所示），胃与小肠空虚；其余结构未见明显异常。

影像提示

上述征象提示肛门前粪便堆积导致便秘。

视频 7.7
便秘影像诊断技术

7.20 肾结石

▲ 病例一介绍：单侧肾结石

4 岁泰迪犬，最近出现尿血表现，主人有时抱犬时患犬疼痛，遂就诊。经触诊肾区敏感，于是拍摄了腹部位 X 线片，见图 7.58。

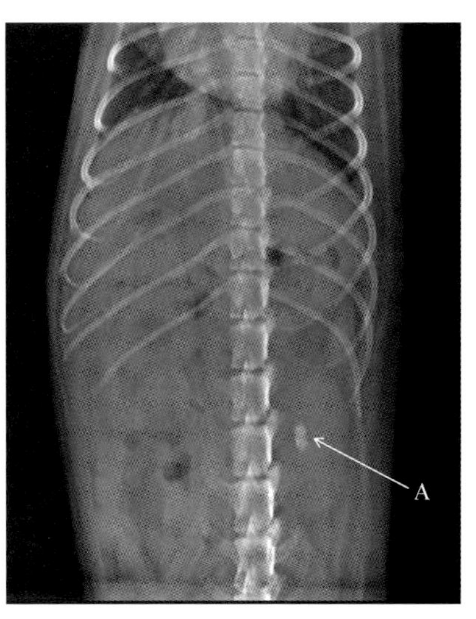

▲ 图 7.58 腹部正位 X 线片

影像所见

图 7.58 腹部正位 X 线片可见患犬左侧肾脏中间一高密度团块(A 箭头所示),肾脏体积未见明显增大,其余结构未见明显异常。

影像提示

肾脏内的高密度团块提示肾脏结石。

进一步检查建议

建议进行肾脏与膀胱超声,寻找其他可能存在的病变。

▲ 病例二介绍:双侧肾结石

10 岁北京犬,逐渐消瘦,最近呕吐、尿血,遂就诊。触诊腹部敏感,于是拍摄了腹部侧位和正位 X 线片,见图 7.59 与图 7.60。

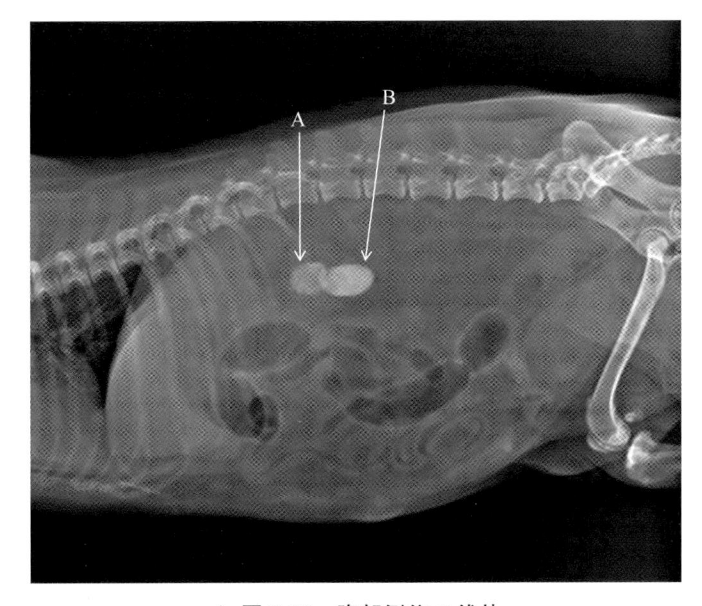

▲ 图 7.59 腹部侧位 X 线片

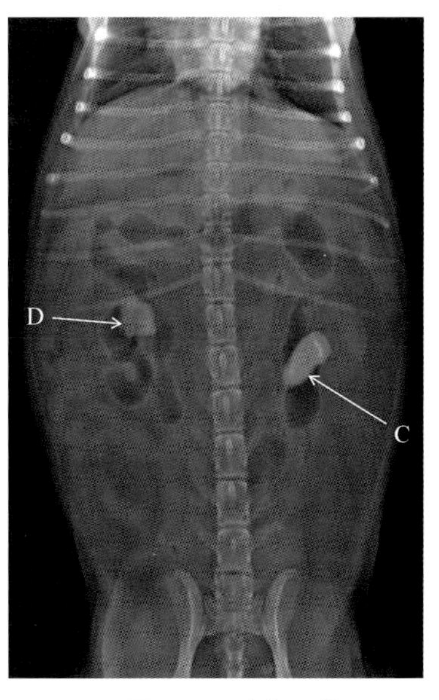

▲ 图 7.60 腹部正位 X 线片

影像所见

图 7.59 腹部侧位 X 线片可见患犬第 13 胸椎与第 2 腰椎腹侧后腹膜区域见两个高密度团块(A/B 箭头所示),团块外的软组织体积小;图 7.60 腹部正位 X 线片可见一高密度团块位于左侧肾脏区域(C 箭头所示),另一高密度团块位于右侧肾脏区域(D 箭头所示),左侧 C 团块左侧肾脏边界清晰体积小,其余结构未见明显异常。

视频 7.8
肾结石影像诊断技术

影像提示

高密度团块的位置提示为双侧肾脏结石并导致肾脏萎缩。
最终诊断：肾结石、肾萎缩。

进一步检查建议

建议进行血液生化肾脏功能检测及泌尿系超声检查。

7.21 肾积水

视频 7.9
肾积水影像诊断技术

▲ 病例介绍

1 岁美国短毛猫，最近食欲下降，尿频，尿血表现，遂就诊。经触诊检查患猫左肾肿大，右肾大小尚可，于是拍摄了腹部正位 X 线片见图 7.61，并进行了腹部超声，异常的肾脏超声见图 7.62。

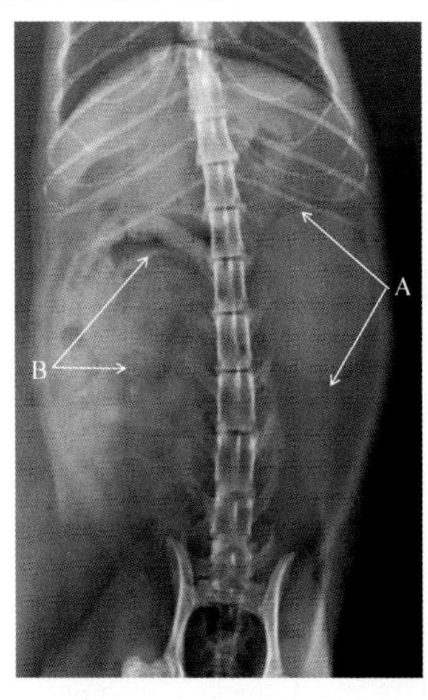

▲ 图 7.61　腹部正位 X 线片

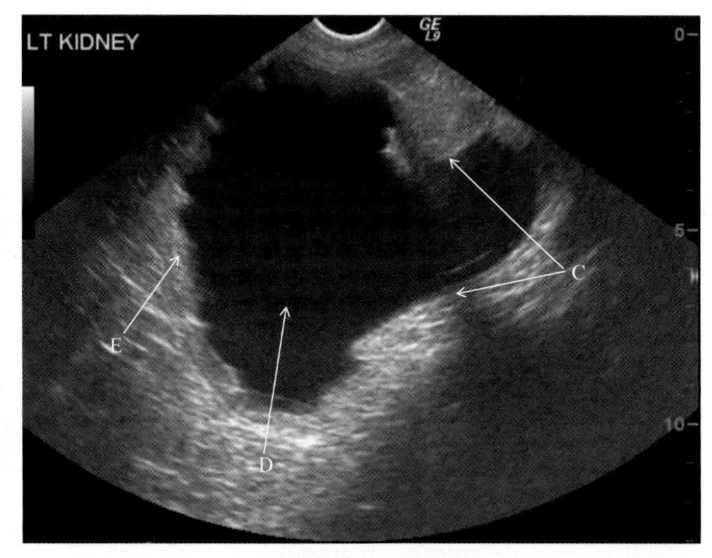

▲ 图 7.62　左肾声像图

影像所见

图 7.61 腹部正位 X 线片可见患猫左肾椭圆形体积较大(A 箭头所示)，左肾左侧紧贴左侧腹壁，左肾头侧使胃稍右侧移位，降结肠偏向腹中线，右肾体积在正常范围(B 箭头所示)；图 7.62 肾脏声像图可见左肾输尿管扩张(C 箭头所示)，肾盂大量积液(D 箭头所示)，肾髓质消失，肾皮质很薄(E 箭头所示)。

影像提示

上述征象提示肾积水导致肾肿大。

进一步检查建议

一旦发现肾积水，需要追踪输尿管寻找梗阻，以及膀胱、尿道超声寻找梗阻。

7.22 多囊肾及肾周积液

▲ 病例介绍

3 岁布偶猫，最近猫活动力下降，食欲降低，逐渐消瘦，遂就诊。经触诊患猫肾脏区域肿胀，于是拍摄了腹部侧位和正位 X 线片，见图 7.63 与图 7.64；并进行了腹部超声检查，肾脏区域异常声像图，见图 7.65 与图 7.66。

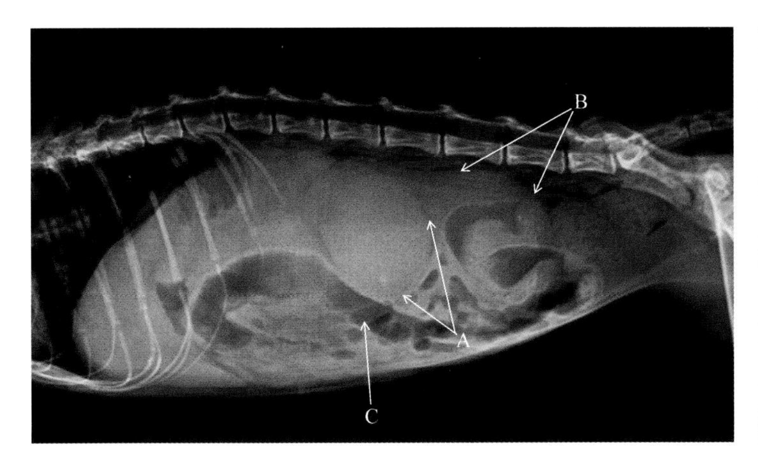

▲ 图 7.63 腹部侧位 X 线片

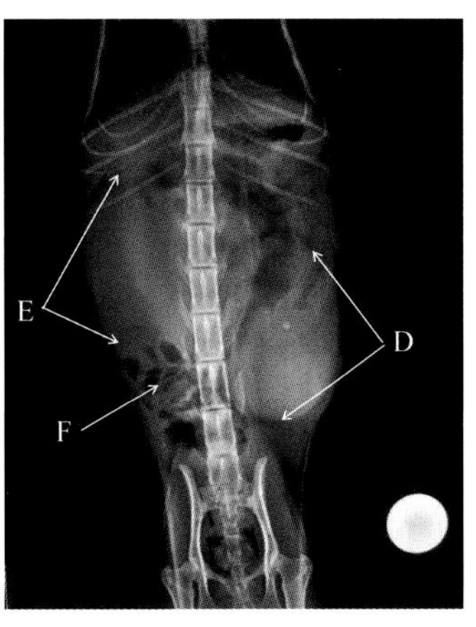

▲ 图 7.64 腹部正位 X 线片

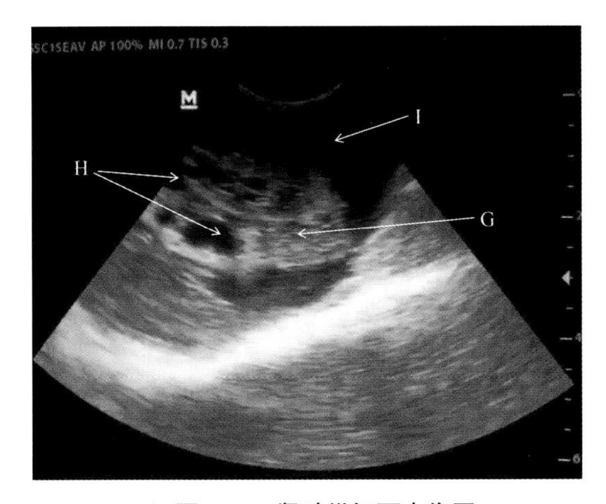

▲ 图 7.65 肾脏纵切面声像图

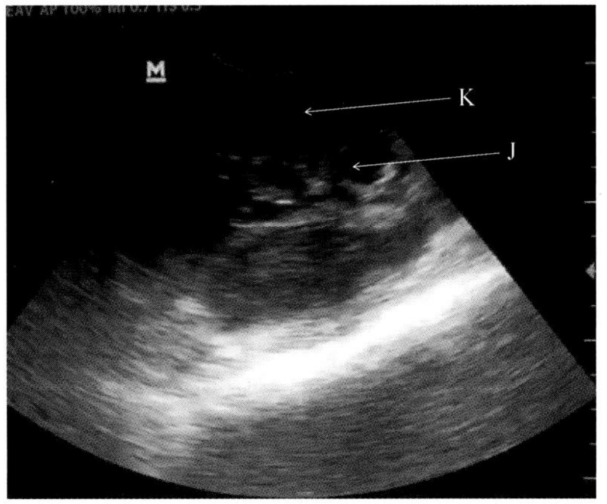

▲ 图 7.66 肾脏横切面声像图

影像所见

图 7.63 腹部侧位 X 线片可见患猫腰椎腹侧中腹腔见大的软组织团块（A、B 箭头所示肿块部分边界），结肠与小肠因肿块的挤压移向腹侧（C 箭头所示），结肠积便；图 7.64 腹部

正位 X 线片可见左侧腹腔中部巨大肿块(D 箭头所示),右侧腹腔巨大软组织团块(E 箭头所示),小肠移向后侧(F 箭头所示),横结肠稍前移,降结肠位于两肿块之间;其余结构未见明显异常。

图 7.65 肾脏纵切面声像图可见肾脏肿大,肾脏皮质回声不均(G 箭头所示),内见多个液性暗区(H 箭头所示),肾脏外周见液性暗区(I 箭头所示),图 7.66 肾脏另一切面声像图显示肾脏内的圆形液性暗区(J 箭头所示)与肾周的液性暗区(K 箭头所示)。

影像提示

上述征象提示肾脏肿大、肾脏多囊肾、肾周积液。

7.23 肾体积小

▲ 病例介绍

2 岁折耳猫,例行体检。进行了腹部 X 线检查,正位 X 线片见图 7.67。

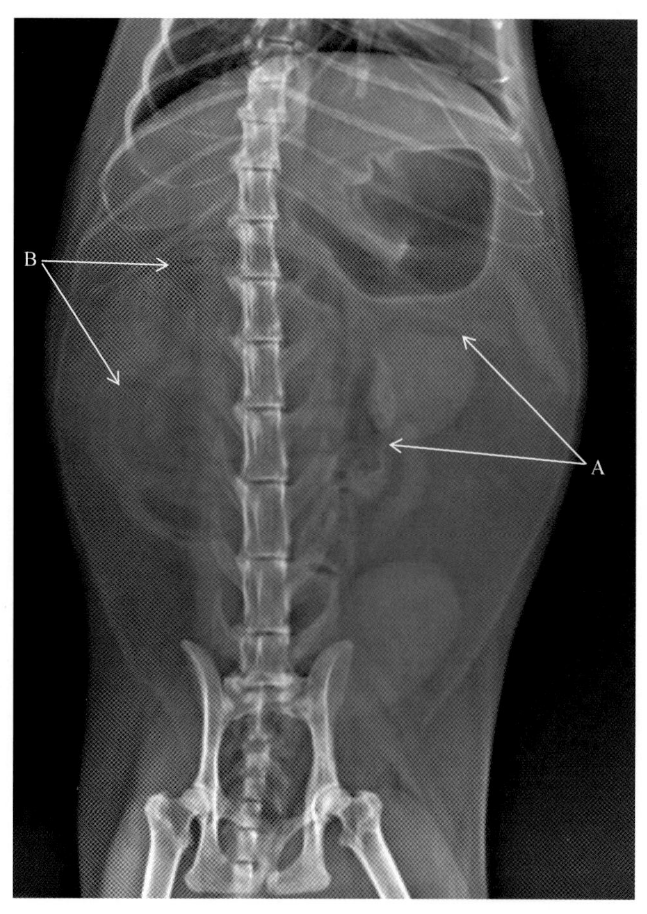

▲ **图 7.67 腹部正位 X 线片**

影像所见

图 7.67 腹部正位 X 线片可见该猫双肾较小,左肾(A 箭头所示)与右肾(B 箭头所示)均较小,大约只有第 2 腰椎椎体长度的 2 倍,其余结构未见明显异常。

影像提示

猫正常肾脏大小介于第 2 腰椎长度的 2.5～3 倍,而上述患猫肾脏体积较少。

进一步检查建议

建议进行肾脏功能生化检测及肾脏超声检查,以判断肾脏功能与结构是否正常。

7.24 输尿管与膀胱结石

▲ 病例介绍

6 岁雌性可卡犬,因尿血就诊,经检查患犬腹部疼痛,于是拍摄了腹部侧位和正位 X 线片,见图 7.68 与图 7.69。

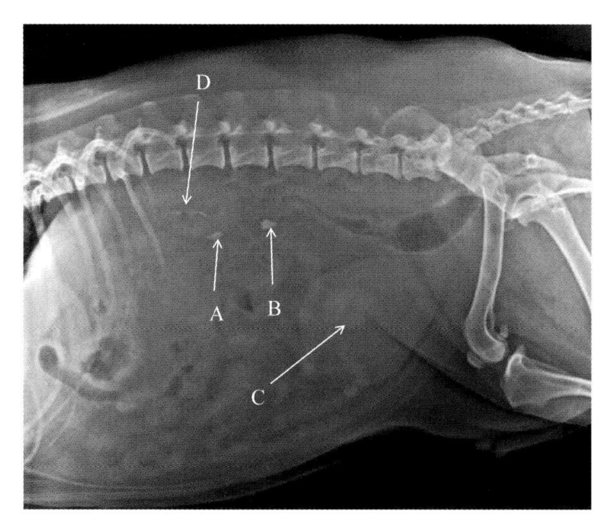

▲ 图 7.68 腹部侧位 X 线片

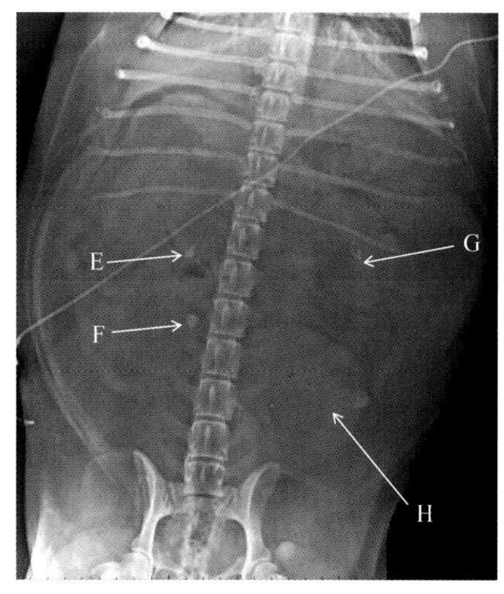

▲ 图 7.69 腹部正位 X 线片

影像所见

图 7.68 腹部侧位 X 线片可见患犬输尿管内存在 2 个高密度团块(A、B 箭头所示),在后腹部膀胱的中央可见一比软组织密度稍高的椭圆形团块(C 箭头所示),在肾脏内可见高密度钙化影;图 7.69 腹部正位 X 线片可见高密度结石位于右侧输尿管(E、F 箭头所示),左肾内存在钙化(G 箭头所示),膀胱偏向腹部左侧,膀胱中间存在一稍高密度团块(H 箭头所示),在患犬的体表存在一条高密度的细线;其余结构未见明显异常。

影像提示

泌尿系高密度的影像提示在右侧输尿管内与膀胱内存在结石。
最终诊断:右输尿管结石与膀胱结石。

进一步检查建议

建议进行泌尿系超声检查,寻找是否存在其他病变。

7.25 输尿管异位

▲ 病例介绍

3 月龄雌性金毛犬,经常从阴门流出尿液,时常滴滴答答,遂就诊。根据病史考虑该犬有输尿管问题,于是进行了静脉肾盂尿路造影,于造影后 5～20 min 拍摄了腹部泌尿系统造影 X 线片,见图 7.70、图 7.71 与图 7.72。

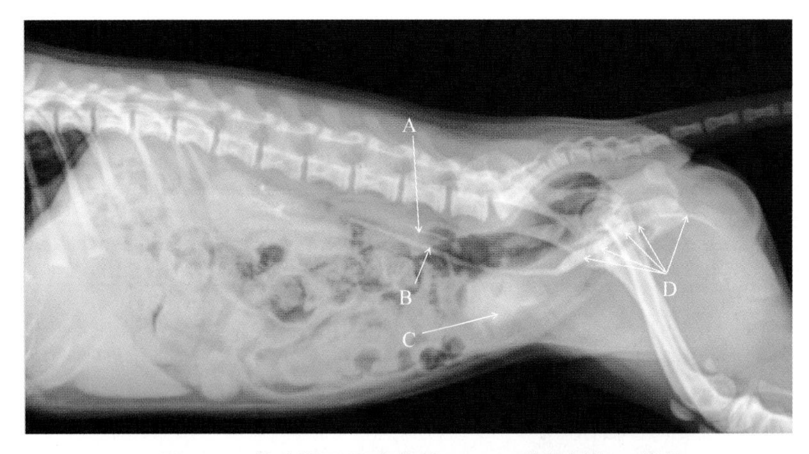

▲ 图 7.70 静脉肾盂尿路造影 10 min 腹部侧位 X 线片

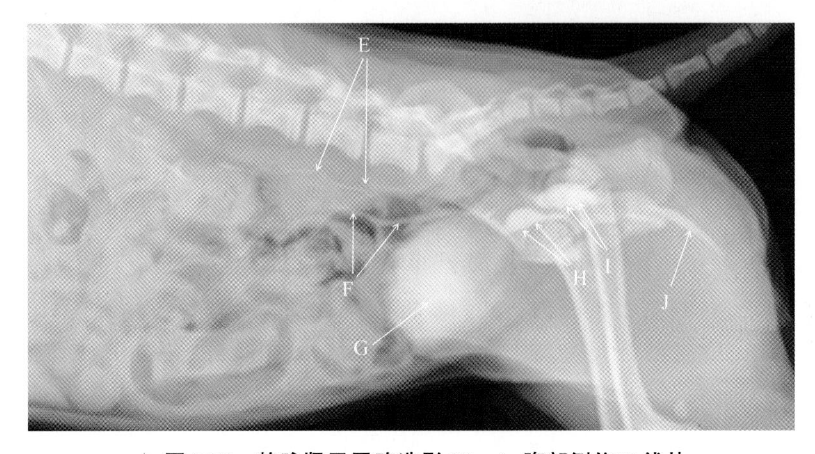

▲ 图 7.71 静脉肾盂尿路造影 20 min 腹部侧位 X 线片

影像所见

图 7.70 造影 10 min 腹部侧位 X 线片可见患犬双侧输尿管含高密度造影剂（A、B 箭头所示），膀胱内有少量的造影剂使膀胱显影（C 箭头所示），可见 B 所指示的左侧输尿管比 A 所指示的输尿管稍粗并越过膀胱而直接进入骨盆腔到达生殖道（D 箭头所示）；图 7.71 造影 20 min 腹部侧位 X 线片可见膀胱造影剂逐渐增多（G 箭头所示），E、F 箭头指示右侧与左侧输尿管影像，H、I 箭头指示进入骨盆生殖道的造影剂，J 箭头指示阴道与尿道口造影剂；图 7.72 造影 20 min 腹部正位 X 线片显示左侧输尿管较粗绕过骨盆腔内膀胱（L 箭头所示），右侧输尿管较细（K 箭头所示），末端进入膀胱颈部（M 箭头所示）。

影像提示

上述造影的输尿管未进入膀胱而进入生殖道提示输尿管异位。

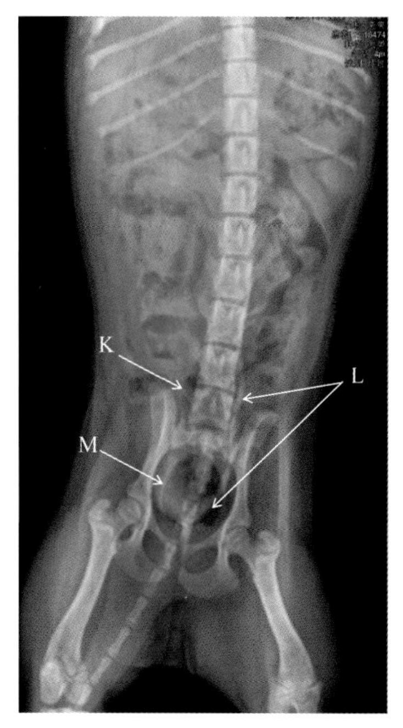

▲ 图 7.72　静脉肾盂尿路造影 20 min 腹部正位 X 线片

7.26　输尿管扩张

▲ 病例介绍

3 岁比熊犬，前几天尿血，这 2 d 未见排尿，遂就诊。经检查患犬膀胱大，于是进行了腹部超声检查，见图 7.73 与图 7.74。

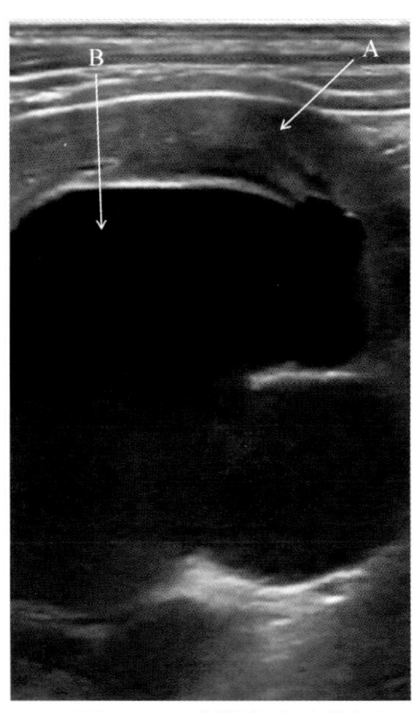

▲ 图 7.73　右肾超声声像图

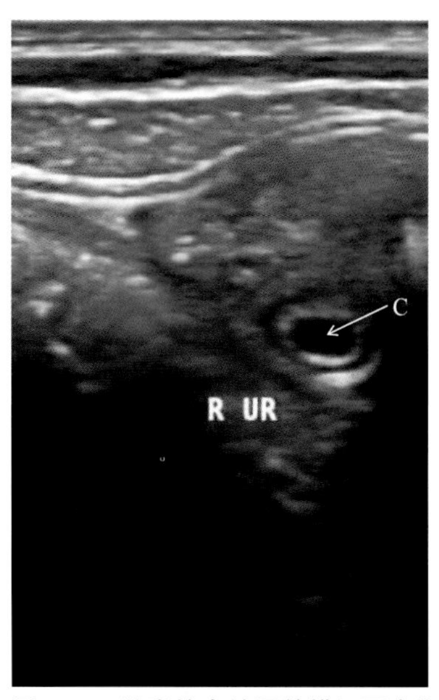

▲ 图 7.74　扩张的右输尿管横切面声像图

影像所见

图 7.73 右肾声像图可见肾脏肿大,皮质为低回声(A 箭头所示),髓质消失,肾盂扩张积液(B 箭头所示),输尿管扩张;图 7.74 声像图为沿着输尿管进行追踪的扩张输尿管的横切面,可见输尿管内部为液性暗区(C 箭头所示);其余结构未见明显异常。

影像提示

上述征象提示肾脏严重积液,输尿管扩张。

该犬进一步超声见膀胱内有结石,尿道见结石堵塞。

最终诊断:尿结石堵塞引起输尿管扩张、肾积水。

7.27 膀胱炎

▲ 病例一介绍:气肿性膀胱炎

8 岁拉布拉多犬,尿血、尿频,遂就诊。经检查患犬膀胱小,触诊疼痛,于是拍摄了腹部侧位 X 线片,见图 7.75;并进行了腹部膀胱超声检查,见图 7.76。

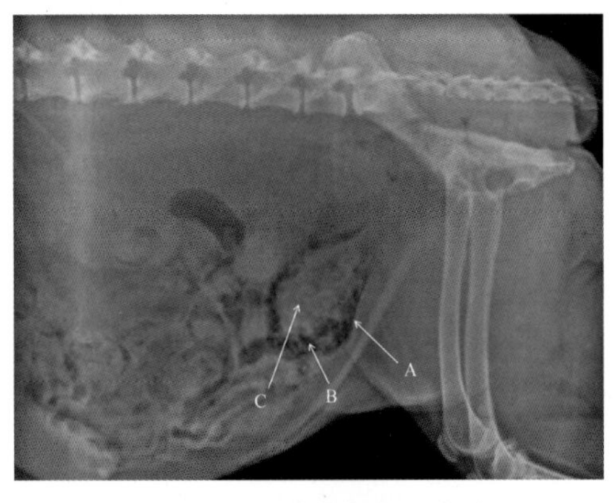

▲ 图 7.75 腹部侧位 X 线片

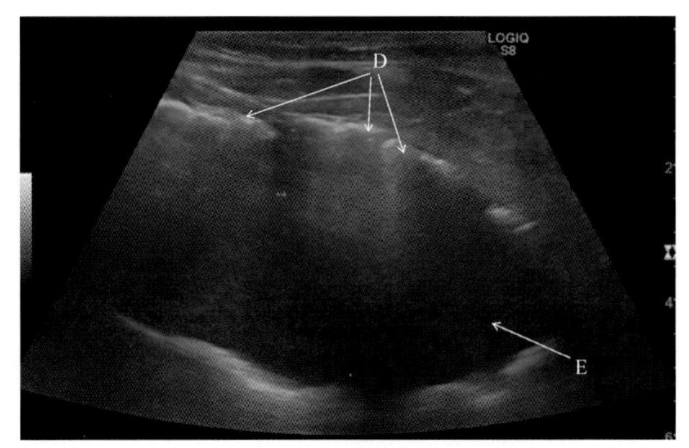

▲ 图 7.76 膀胱超声声像图

影像所见

图 7.75 腹部侧位 X 线片可见患犬后腹部膀胱壁清晰可见(A 箭头所示),壁内侧为低密度气体与中等密度分隔环绕(B 箭头所示),膀胱中央为不均质的中等密度环绕(C 箭头所示);图 7.76 膀胱声像图可见膀胱壁内出现强回声后方伴多次回声(D 箭头所示),膀胱内尿液为液性暗区(E 箭头所示);其余结构未见明显异常。

视频 7.10
膀胱炎影像诊断技术

影像提示

上述征象提示膀胱壁内有气体,诊断产气性膀胱炎。

进一步检查建议

建议采集尿液进行尿液细菌培养与尿糖检测，采集血液进行血糖检查。

▲ 病例二介绍：膀胱炎

6 岁雄性德国牧羊犬，尿血，尿频，尿淋漓，遂就诊。触诊膀胱患犬疼痛，于是进行了腹部膀胱超声检查，见图 7.77 与图 7.78。

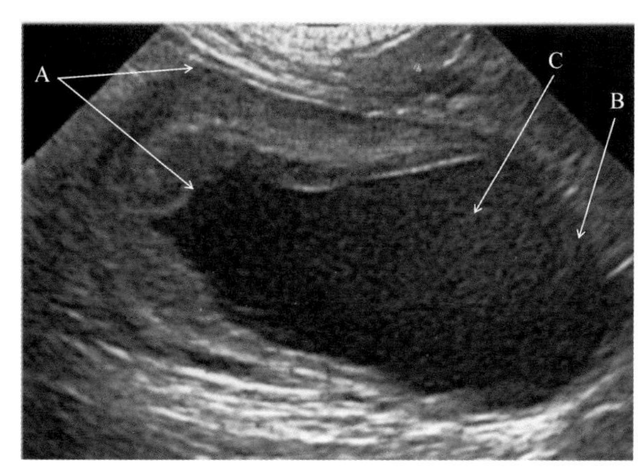

▲ 图 7.77 膀胱纵切面声像图

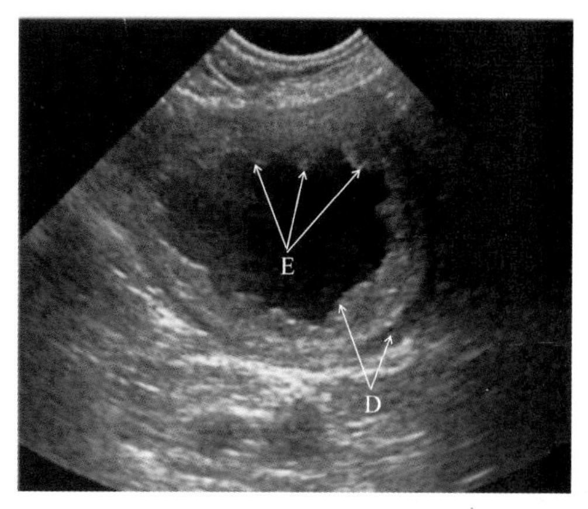

▲ 图 7.78 膀胱头侧横切面声像图

影像所见

图 7.77 膀胱纵切面声像图可见膀胱顶部膀胱壁增厚（A 箭头所示），最厚厚度达到 7 mm，膀胱颈部膀胱壁厚度正常（B 箭头所示），膀胱腔内尿液回声增强，见回声点（C 箭头所示）；图 7.78 膀胱头侧横切面声像图可见膀胱壁增厚（D 箭头所示），膀胱黏膜不规则（E 箭头所示），尿液回声增强。

影像提示

上述膀胱壁增厚、黏膜不规则的声像图提示膀胱炎。

最终诊断：膀胱炎。

7.28 膀胱结石

▲ 病例一介绍：膀胱结石

4 岁雌性泰迪犬，最近出现尿血，遂就诊。经检查后拍摄了腹部侧位和正位 X 线片，见图 7.79 与图 7.80。

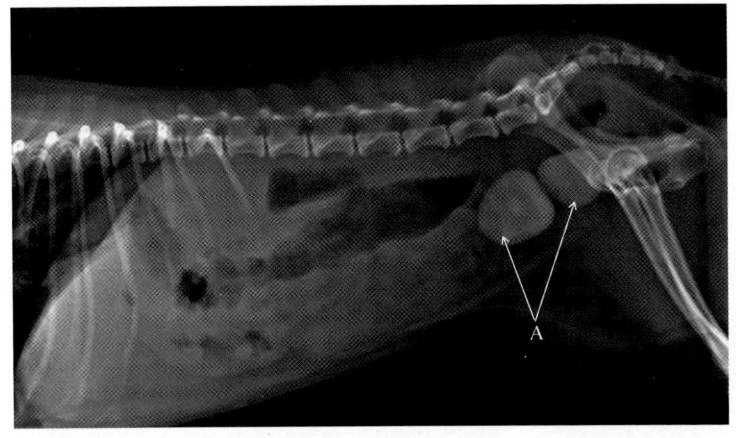

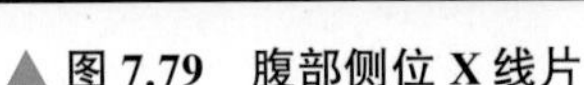
▲ 图 7.79　腹部侧位 X 线片

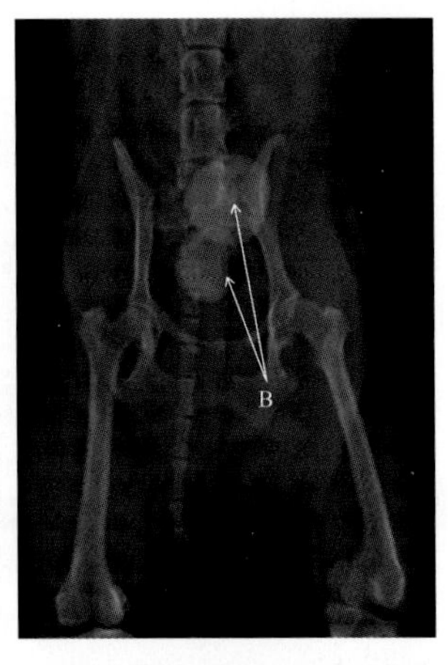

▲ 图 7.80　腹部正位 X 线片

影像所见

图 7.79 腹部侧位 X 线片可见患犬后腹部存在两个类圆形高密度团块(A 箭头所示),高密度背侧结肠受压变扁;图 7.80 腹部正位 X 线片可见两个圆形高密度团块(B 箭头所示);其余结构未见明显异常。

影像提示

上述高密度影像提示为膀胱内的结石。

最终诊断:膀胱结石。

进一步检查建议

建议进行腹部超声,排除是否同时存在其他病变。

▲ 病例二介绍:大量膀胱结石

7 岁雌性西施犬,发现该犬会阴部被毛发红黏在一起,遂就诊。经检查被毛上为血污,考虑泌尿系或生殖系统病变,于是拍摄了腹部侧位和正位 X 线片,见图 7.81 与图 7.82。

影像所见

图 7.81 腹部侧位 X 线片可见患犬腹腔膨大,在腹中部膀胱中间区域见大量团块状高密度结石影像(A 箭头所示),膀胱体积大,壁清晰可见(B 箭头所示),结肠背侧移位,小肠头侧移位;图 7.82 腹部正位 X 线片可见腹腔膀胱边界清晰(C 箭头所示),中部大量高密度团块状结石影像(D 箭头所示),盲肠与小肠右侧移位;其余结构未见明显异常。

影像提示

上述征象提示膀胱结石。

最终诊断:膀胱结石。

进一步检查建议

建议进行腹部超声检查,确认腹内实质器官是否有其他病变。

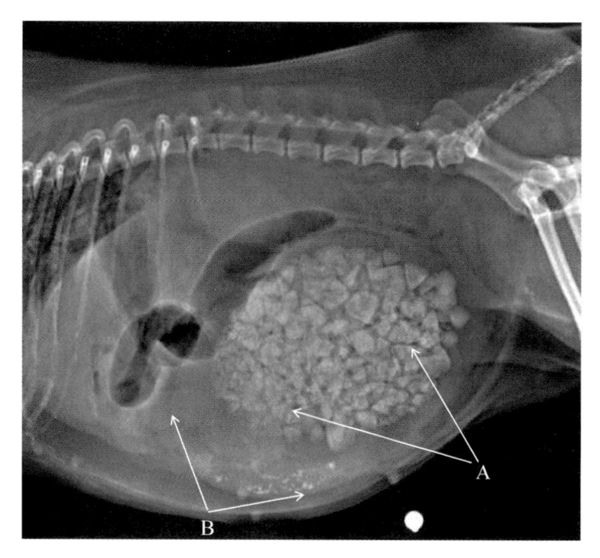

▲ 图 7.81 腹部侧位 X 线片

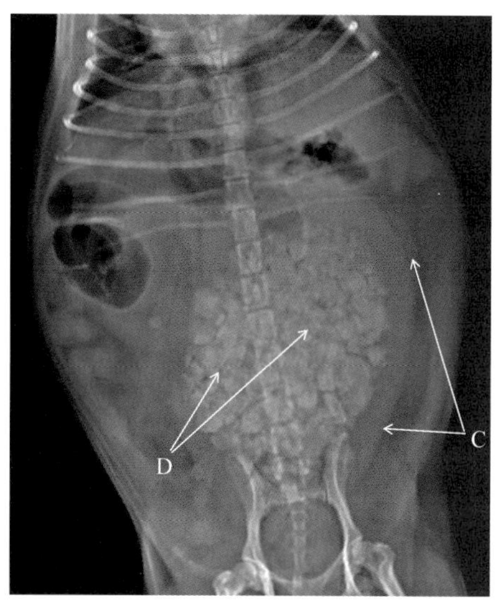

▲ 图 7.82 腹部正位 X 线片

7.29 膀胱与尿道结石

▲ 病例介绍

4 岁雄性比熊犬,出现尿血有 1 个多月,最近尿淋漓,尿血加重,但仍能够排尿,遂就诊。经检查后拍摄了腹部侧位和正位 X 线片,见图 7.83 与图 7.84。

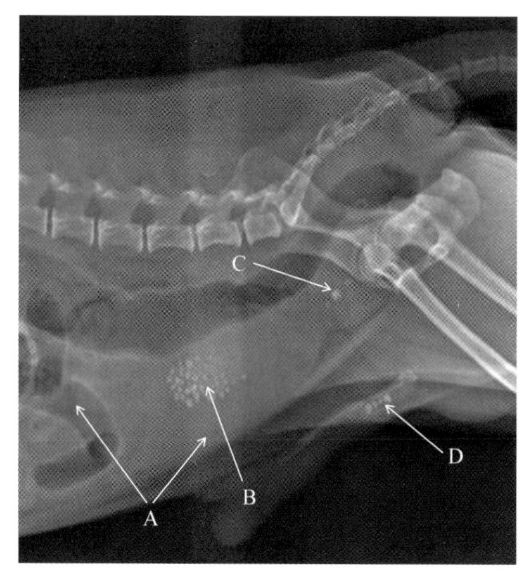

▲ 图 7.83 腹部侧位 X 线片

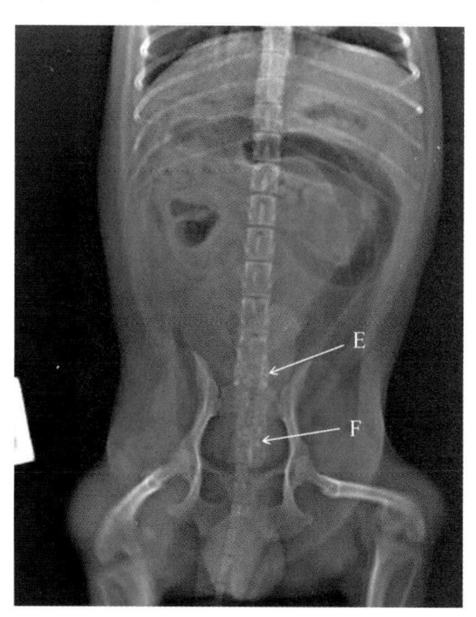

▲ 图 7.84 腹部正位 X 线片

影像所见

图 7.83 腹部侧位 X 线片可见患犬腹中后部膀胱积尿(A 箭头所示),在膀胱中间区域见大量高密度颗粒状结石(B 箭头所示),在膀胱后方前列腺中央见 3 颗高密度结石(C 箭头所示),在阴茎骨段尿道见 4 颗高密度结石(D 箭头所示);图 7.84 腹部正位 X 线片中膀胱中央部结石与第 7 腰椎椎体重叠(E 箭头所示),阴茎骨段尿道结石可见(F 箭头所示),结肠空虚积气;其余结构未见明显异常。

视频 7.11
膀胱尿道结石影像诊断技术

影像提示

上述征象提示该犬膀胱内、前列腺段尿道、阴茎骨段尿道均存在结石。

最终诊断:膀胱与尿道结石。

7.30 膀胱肿瘤

▲ 病例介绍

1 岁雌性萨摩耶犬,丢失 1 个多月,最近才找回,发现犬尿血(图 7.85),遂就诊。经检查患犬腹部触诊有肿块,于是在排尿后拍摄了腹部侧位 X 线片,见图 7.86,并进行了腹部超声检查,见图 7.87。

影像所见

图 7.86 排尿后拍摄的腹部侧位 X 线片可见患犬腹部的中腹腔见一软组织团块(A 箭头所示),边界清晰(短箭头所示),含低密度气体的肠管重叠在肿块上方(B 箭头所示);图 7.87 腹部肿块超声声像图可见肿块为实质性回声(C 箭头所示),回声不均,边界清晰但不规则(D 箭头所示),肾脏、肝脏、脾脏等结构未见明显异常。

影像提示

以上征象提示腹腔膀胱肿瘤。

该犬进行了膀胱肿瘤切除手术,打开腹腔可见肿块表面不规则(图 7.88),肿瘤重达 0.4 kg。

进一步检查建议

建议对切除的肿块进行病理检查,以确定肿瘤类型。

视频 7.12
膀胱肿瘤影像诊断技术

▲ 图 7.85 尿血的患犬

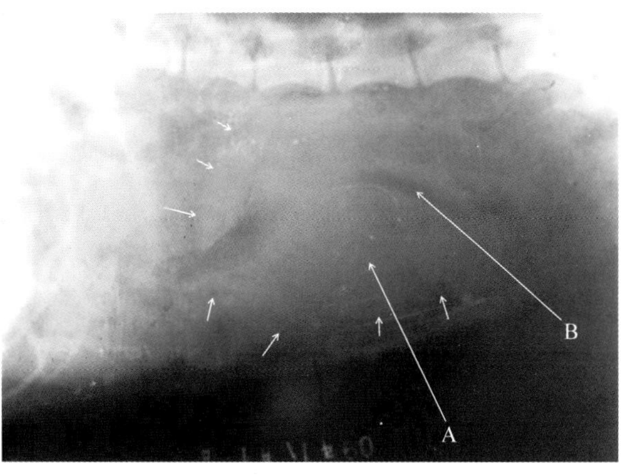

▲ 图 7.86 犬排尿后拍摄的腹部侧位 X 线片

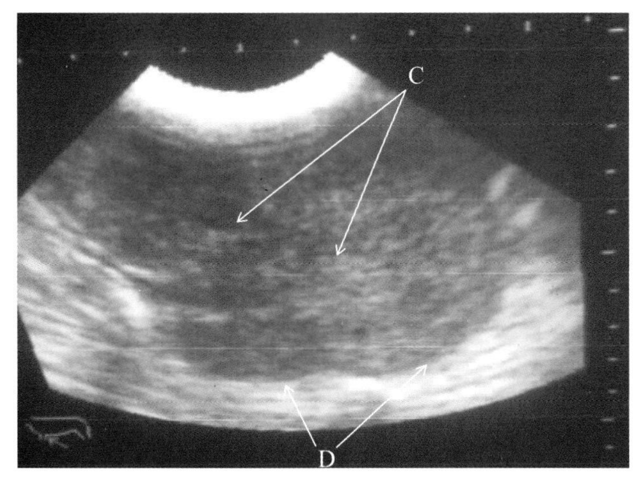

▲ 图 7.87 腹部肿块超声声像图

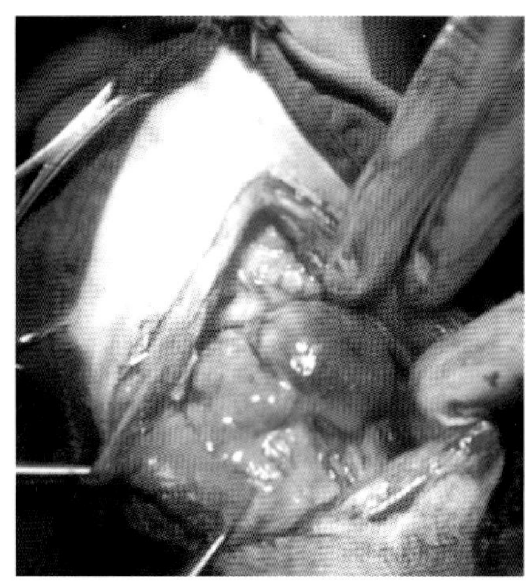

▲ 图 7.88 开腹见巨大膀胱肿块

7.31 膀胱尿闭

▲ 病例介绍

1 岁雄性蓝白猫，发现猫有 1 d 没排小便，现躲在猫窝不动，不吃、不喝，遂就诊。经触诊腹部膀胱膨胀，于是拍摄了腹部侧位和正位 X 线片，见图 7.89 与图 7.90。

影像所见

图 7.89 腹部侧位 X 线片可见患猫腹部膀胱积尿（A 箭头所示），位于中腹腔（短箭头所示），导致小肠与升结肠前移，降结肠背侧移位，膀胱后侧尿道增粗（B 箭头所示），清晰可见，未见高密度结石影像，其余结构未见明显异常；图 7.90 腹部正位 X 线片见中腹腔出现一圆形软组织密度影像（C 箭头所示），轮廓清晰（短箭头所示），导致横结肠前移，降结肠右移。

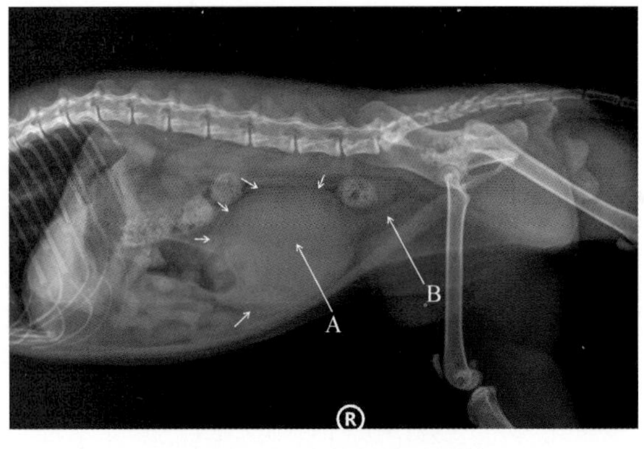

▲ 图 7.89　腹部侧位 X 线片

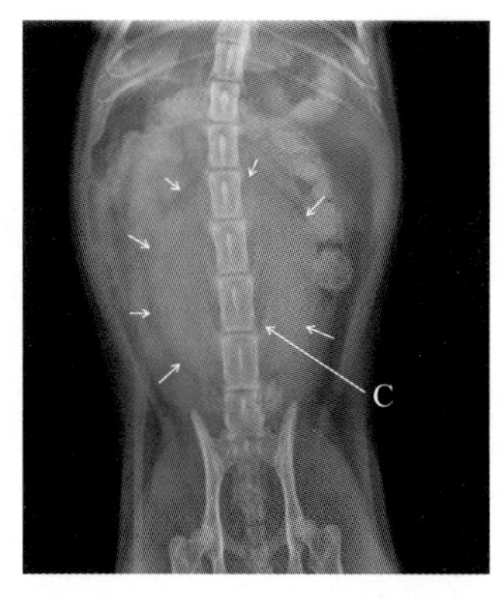

▲ 图 7.90　腹部正位 X 线片

影像提示

膀胱体积增大及尿道增粗提示膀胱尿闭。

进一步检查建议

建议进行超声检查，以观察肾脏积液情况、膀胱壁及膀胱内部情况，以及尿道堵塞情况。

7.32　膀胱破裂

▲ 病例介绍

1 岁雄性银狐犬，在户外活动时因没有牵绳，突然跑到路上被汽车撞击，遂就诊。经检查后拍摄了平片未见膀胱影像，于是又进行了膀胱逆行造影检查，拍摄了腹部造影的侧位和正位 X 线片，见图 7.91 与图 7.92。

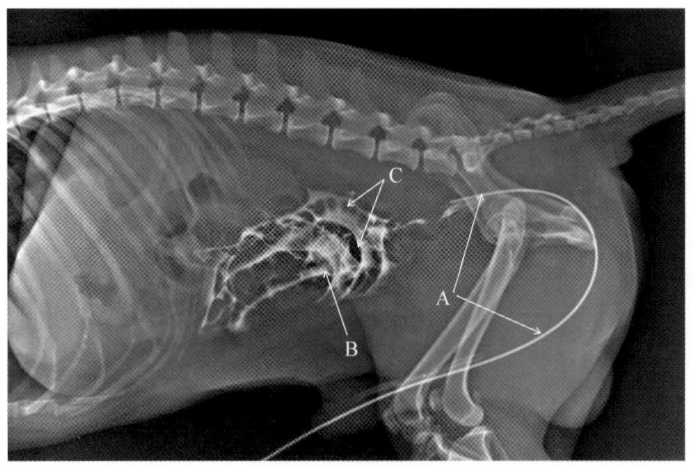

▲ 图 7.91　膀胱逆行造影腹部侧位 X 线片

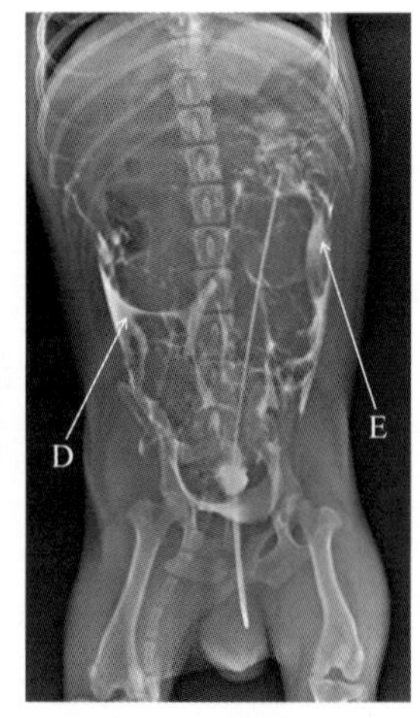

▲ 图 7.92　膀胱逆行造影腹部正位 X 线片

影像所见

图 7.91 侧位 X 线片可见插入尿道含有高密度造影剂的导尿管(A 箭头所示),注射的造影剂分散在腹中部的肠系膜周围表现为高密度白色影像(B 箭头所示),在造影剂的对比下肠管内的低密度气体呈现管状或圆形(C 箭头所示);图 7.92 正位 X 线片可见造影剂主要分布在腹壁两侧(D、E 箭头所示),腹中部也弥散性分布有高密度造影剂,其余结构未见明显异常。

视频 7.13
膀胱破裂影像诊断技术

影像提示

上述征象提示造影剂进入腹膜腔,表明膀胱破裂或尿道断裂。后经手术证实盆腔段尿道断裂。

7.33 膀胱息肉

▲ 病例介绍

4 岁雄性哈士奇犬,最近出现尿频、尿血,遂就诊。经临床检查后进行了腹部超声检查,见图 7.93。

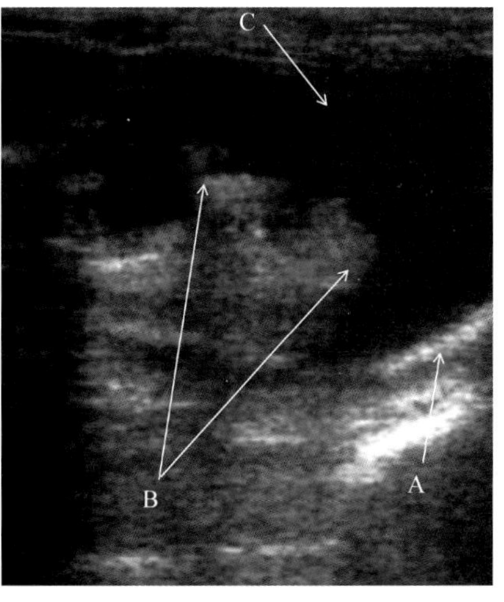

▲ 图 7.93 患犬腹部膀胱声像图

影像所见

图 7.93 腹部声像图可见膀胱不充盈,边缘清晰(A 箭头所示),膀胱边缘可见一高回声光团(B 箭头所示),边缘不光整,不随体位移动,多普勒超声影像显示内部无血流信号,膀胱内部少量尿液,为液性暗区(C 箭头所示)。

影像提示

声像图提示膀胱壁占位性病变,疑息肉。

进一步检查建议

摘除息肉,病理确诊。

7.34 子宫积液

▲ 病例介绍

6 岁雌性阿拉斯加犬,未绝育,最近一段时间腹围增大,有 5 d 不吃不喝,遂就诊。经检查患犬发热,于是排尿后拍摄了腹部侧位和正位 X 线片,见图 7.94 与图 7.95,并进行了腹部超声检查,见图 7.96。

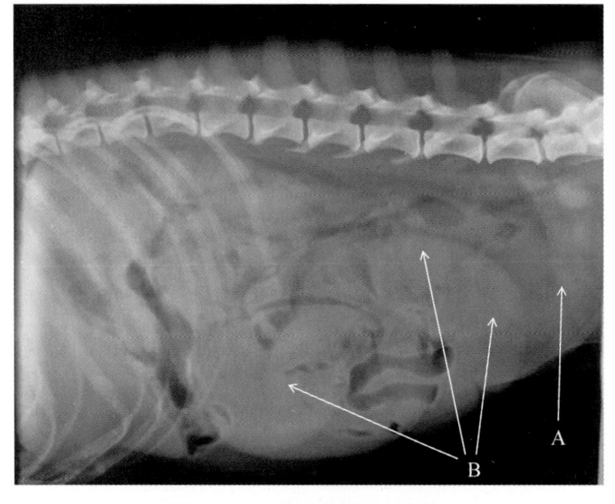

▲ 图 7.94　腹部侧位 X 线片

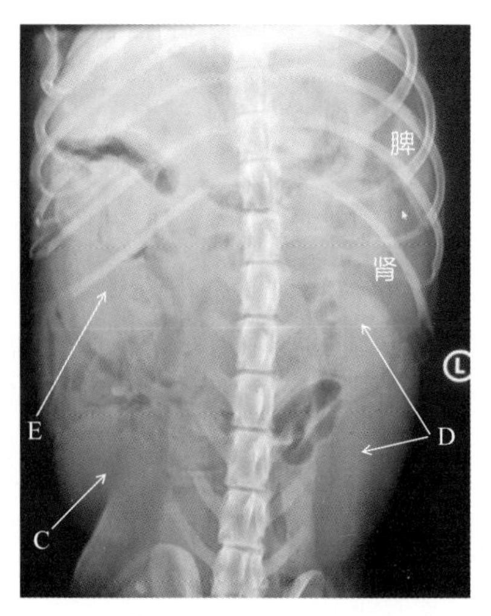

▲ 图 7.95　腹部正位 X 线片

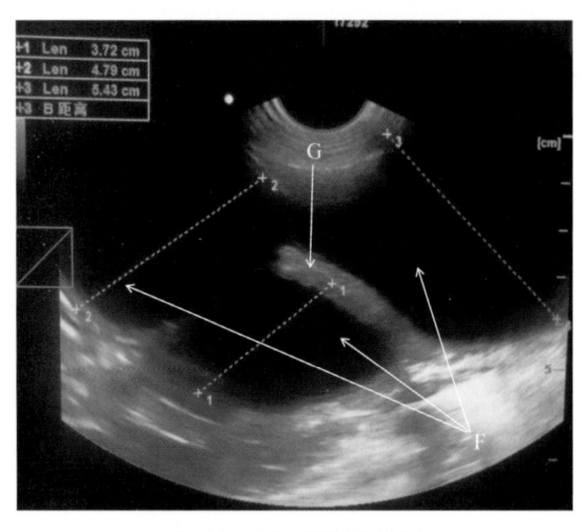

▲ 图 7.96　腹部声像图

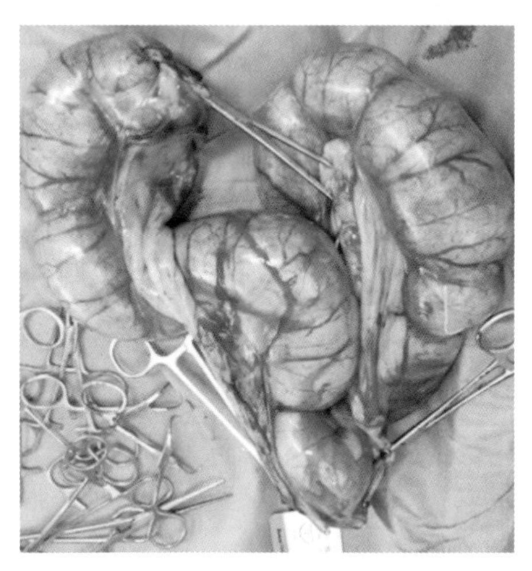

▲ 图 7.97　手术摘除的卵巢子宫

影像所见

图 7.94 腹部侧位 X 线片可见患犬膀胱(A 箭头所示)前侧中后腹部密度增高,呈现管状软组织肿块影像(B 箭头所示),结肠背侧移位,部分含气小肠与软组织肿块影像重叠,部分小肠前侧移位;图 7.95 腹部正位 X 线可见膀胱偏向腹部右侧(C 箭头所示),左右两侧中后腹部见软组织团块影(D、E 箭头所示),腹部浆膜细节下降;其余结构未见明显异常。

图 7.96 腹部声像图可见多个管状液性暗区(F 箭头所示),见有分隔的增厚的管壁结构为中等回声(G 箭头所示)。

视频 7.14
子宫蓄脓的影像诊断技术

影像提示

上述征象提示为积液增粗的子宫角。

最终诊断:子宫积液。

该犬接受了卵巢与子宫切除手术,手术摘除的卵巢子宫见图 7.97。

7.35 妊娠诊断

▲ 病例一介绍:X 线诊断

3 岁雌性猫,配种有 50 d 左右,主人想知道怀有几只胎儿,遂就诊。对该猫进行了腹部 X 线检查,见图 7.98 与图 7.99。

视频 7.15
妊娠影像诊断技术

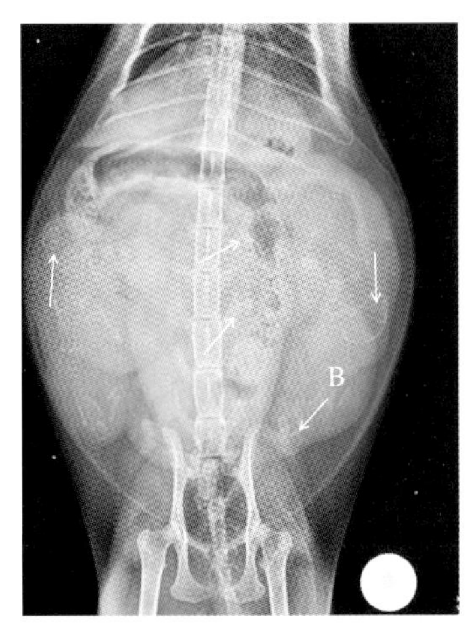

▲ 图 7.98 腹部正位 X 线片

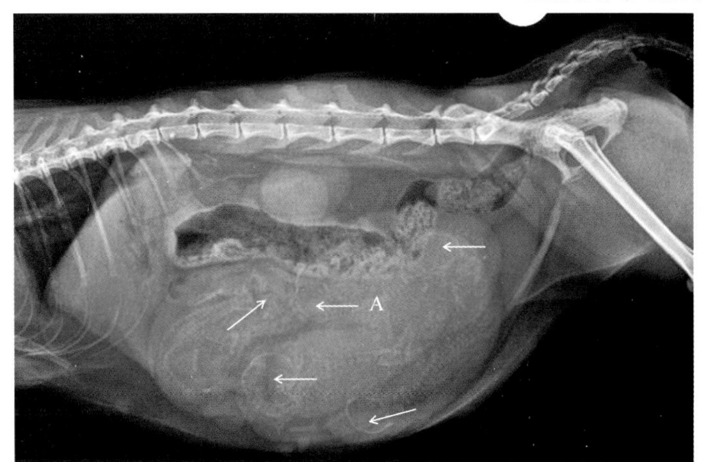

▲ 图 7.99 腹部侧位 X 线片

影像所见

图 7.98 腹部正位 X 线片可见该猫腹部膨大,子宫角增粗,子宫角内见多个胎儿头骨影像(A 箭头所示),但正位片由于与结肠粪便及腰椎的重叠,导致腹中部区域胎儿头骨影像不清;图 7.99 腹部侧位 X 线片可见降结肠腹侧子宫角粗大,内部见多个胎儿骨骼影像(B 箭头所示)。

影像提示

上述头骨影像提示该猫子宫内胎儿为 5 只,但不排除有个别胎儿影像出现重叠。

▲ 病例二介绍:超声诊断

2 岁雌性泰迪犬,主人发现该犬腹围稍变大,怀疑是意外配种,遂就诊。经问诊后,对该犬进行了腹部超声检查,见图 7.100 与图 7.101。

影像所见

图 7.100 腹部孕囊横切面声像图可见在膀胱(A 箭头所示)左右两侧子宫角内各见一孕囊,囊壁中等回声(B、E 箭头所示),内为羊水的液性暗区(C、F 箭头所示),见中等回声的实质性胚胎影像位于孕囊一侧(D、G 箭头所示);图 7.101 为其中一个孕囊纵切面声像图,可见孕囊壁(H 箭头所示),内部羊水液性暗区(I 箭头所示),及胚胎中等回声(J 箭头所示)。

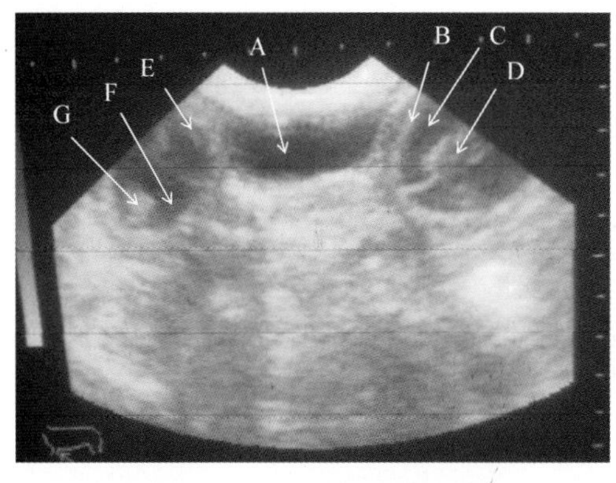

▲ 图 7.100　孕囊横切面声像图

▲ 图 7.101　孕囊纵切面声像图

视频 7.16

难产影像诊断技术

影像提示

上述征象提示该犬怀孕，至少 2 个胎儿，妊娠 30 d 左右。

7.36　难　产

▲ 病例一介绍：助产

4 岁雌性德国牧羊犬，怀孕 2 个月左右，出现生产表现有 5 h 左右，但无胎儿娩出，遂就诊。经检查后拍摄了排尿后腹部正位和侧位 X 线片，见图 7.102 与图 7.103，在 X 线确认有胎儿前提下进行了腹部超声检查，见图 7.104。

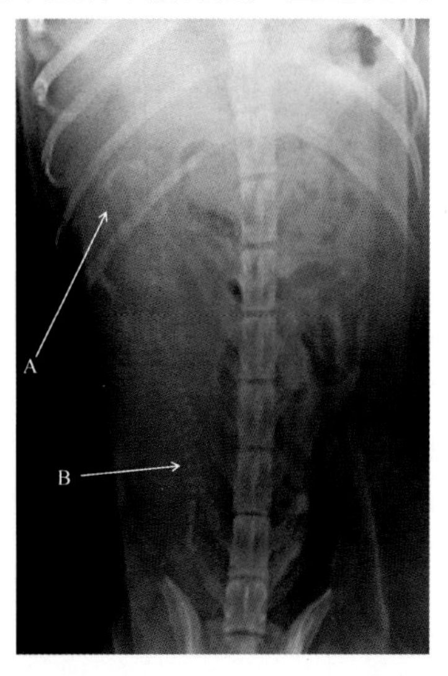

▲ 图 7.102　腹部正位 X 线片

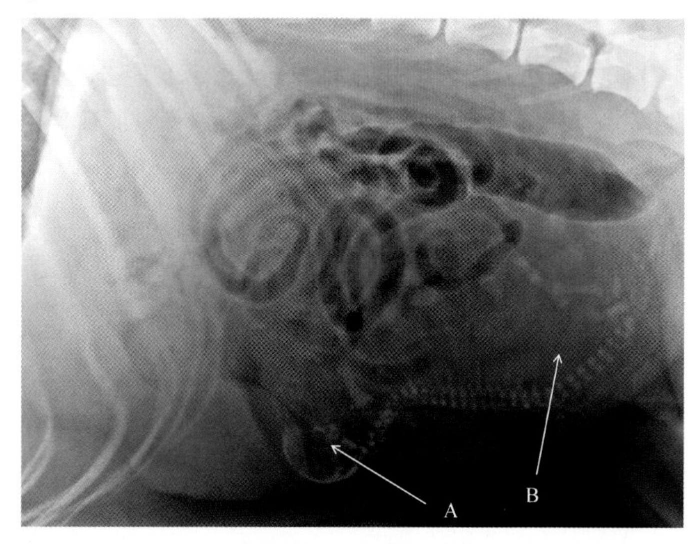

▲ 图 7.103　腹部侧位 X 线片

影像所见

图 7.102 与图 7.103 腹部 X 线片中可见该犬腹部只存在一个体型较大胎儿，头部朝前

(A 箭头所示)，腹部朝后(B 箭头所示)；图 7.104 腹部声像图可见胎儿心脏(C 箭头所示)，实时超声显示仍有心跳，但心率较慢，胎儿身体外侧羊水量少。

影像提示

上述征象提示腹内胎儿存在难产迹象，于是进行催产，成功产下仔犬 1 只(图 7.105)。

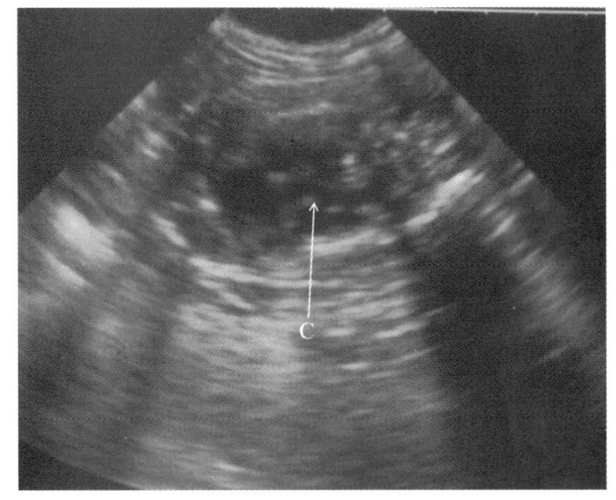

▲ 图 7.104　腹部声像图

▲ 图 7.105　成功产下仔犬 1 只

▲ 病例二介绍：死胎

4 岁雌性杂交犬，2 个月前发过情，是否配种不详，最近 1 个月腹围越来越大，现患犬出现食欲废绝，精神不振，呕吐，遂就诊。经触诊检查腹部肿胀，腹内有团块，于是拍摄了腹部侧位和正位 X 线片，见图 7.106 与图 7.107。

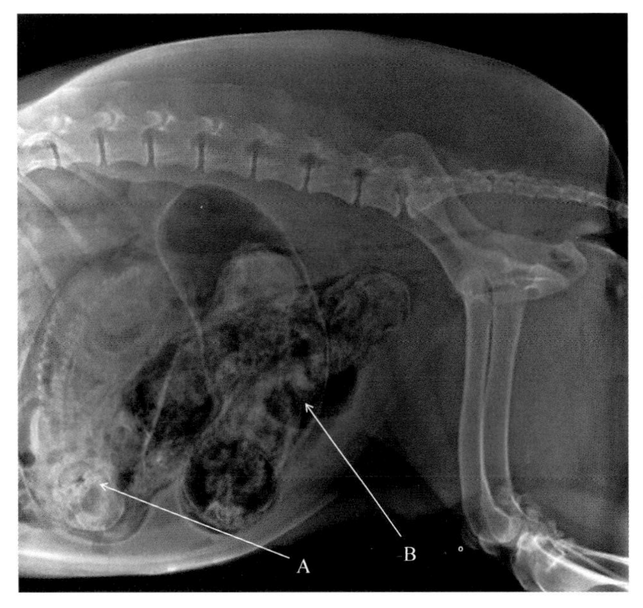

▲ 图 7.106　腹部侧位 X 线片

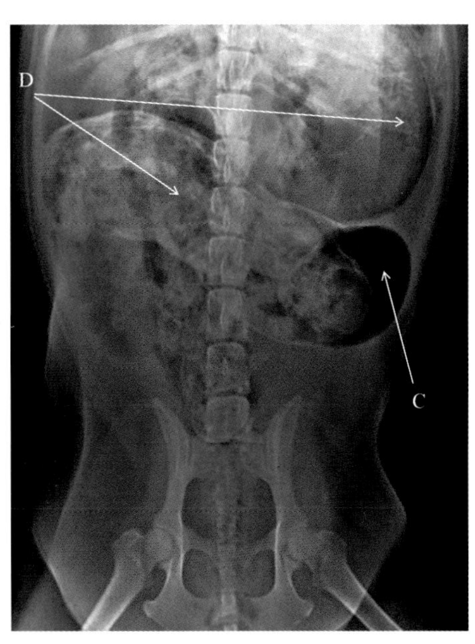

▲ 图 7.107　腹部正位 X 线片

影像所见

图 7.106 腹部侧位 X 线片可见患犬腹部膨大，腹内见多个高密度的胎儿骨骼影像(A 箭头所示)，在胎儿骨骼周围见低密度的气体(B 箭头所示)，气体围绕胎儿使子宫角壁显现；图 7.107 腹部正位 X 线片可见在腹部左侧一高密度胎儿头部前侧见大量低密度黑色气体积聚(C 箭头所示)，腹部多个胎儿形态清晰可见(D 箭头所示)，腹部浆膜细节下降；其余结构未见明显异常。

影像提示

胎儿骨骼提示怀孕，子宫角内低密度气体提示胎儿腐败产气。

最终诊断：死胎(胎儿腐败)。

对该犬进行了剖宫产同时进行了绝育。

7.37 子宫角造影诊断子宫角

▲ 病例介绍

2 岁雌性斗牛犬，现在的犬主是从他人手中购买的，想用于繁殖，该犬曾经做过剖宫产，现饲养半年未见发情，因此现在的犬主想知道该犬是否存在子宫角，遂就诊。经检查患犬腹部存在剖宫产的痕迹，于是对该犬进行了子宫角造影，然后拍摄了腹部侧位和正位 X 线片，见图 7.108 与图 7.109。

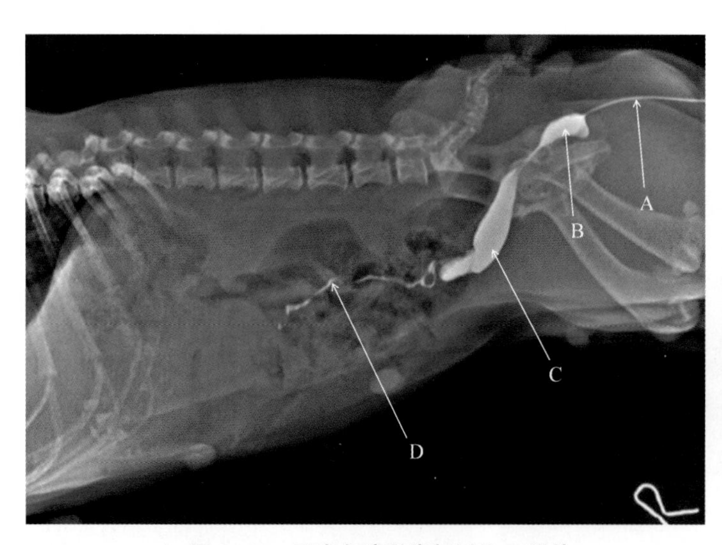

▲ 图 7.108 子宫角造影腹部侧位 X 线片

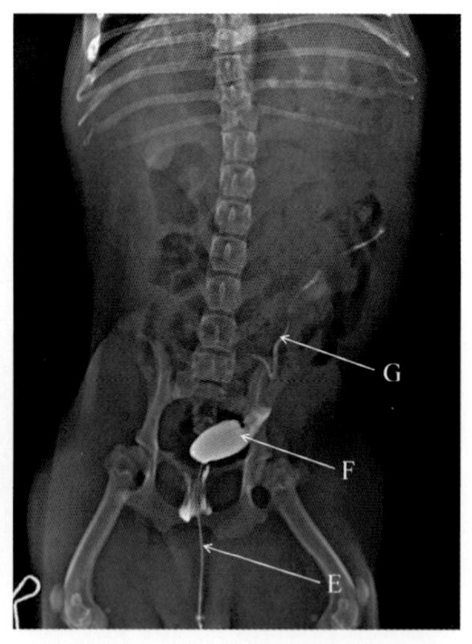

▲ 图 7.109 子宫角造影腹部正位 X 线片

影像所见

图 7.108 子宫角造影腹部侧位 X 线片可见含造影剂的导管(A 箭头所示)，含造影剂的阴道前庭(B 箭头所示)，与含大量造影剂的子宫颈(C 箭头所示)，及显影的子宫角呈现一条高密

度的细线状(D 箭头所示);图 7.109 子宫角造影腹部正位 X 线片可见含造影剂的导管(E 箭头所示),含大量造影剂的子宫颈(F 箭头所示)及显影的左侧子宫角(G 箭头所示)。

影像提示

上述征象提示该犬含有子宫角,排除绝育可能。

7.38 卵巢肿瘤

▲ 病例介绍

7 岁雌性金毛犬,最近几个月腹围逐渐增大,逐渐消瘦,食欲下降,遂就诊。经触诊腹部肿胀、疼痛,抗拒检查,对该犬拍摄了腹部侧位和正位 X 线片,见图 7.110 与图 7.111,并进行了腹部超声检查,异常结果见图 7.112。

影像所见

图 7.110 腹部侧位 X 线片可见患犬腹部膀胱(A 箭头所示)前方的腹中部见一体积大边界不规则的软组织团块(B 箭头所示),小肠被挤压向后侧及腹侧(C 箭头所示);图 7.111 腹部正位 X 线见腹中部巨大肿块主要位于腹部左侧(D 箭头所示),导致小肠偏向腹部右侧(E 箭头所示);其余结构未见明显异常。

图 7.112 腹部声像图见腹腔一大肿块,边界清晰但不规则(E 箭头所示),肿块内部为不均质的实质性回声,中部见一些液性暗区(F 箭头所示),脾脏、肾脏、肝脏回声正常。

影像提示

上述征象提示肿块为实质性肿块,考虑卵巢肿块或淋巴结肿块。

对该犬腹腔肿块进行了手术摘除,打开腹腔可见肿块来自左侧卵巢,因此最终诊断为卵巢肿瘤(图 7.113)。

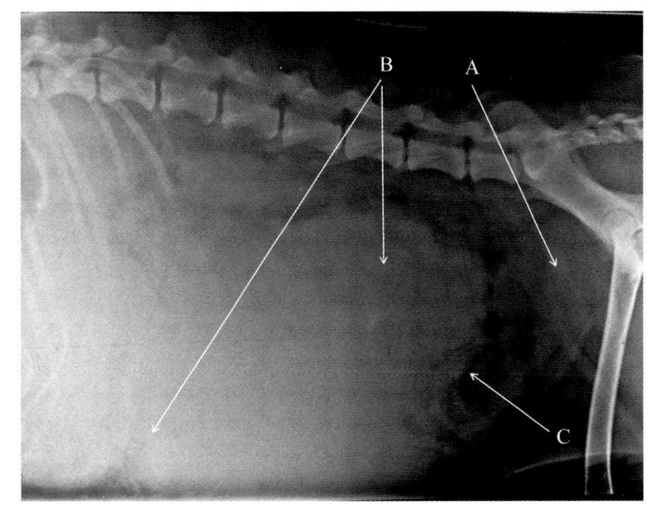

▲ 图 7.110 腹部侧位 X 线片

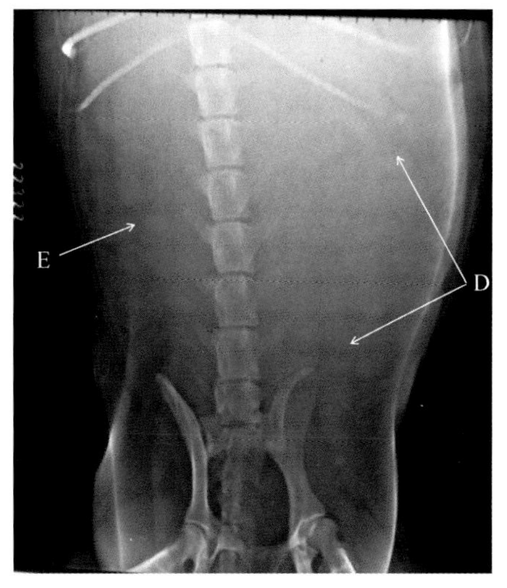

▲ 图 7.111 腹部正位 X 线片

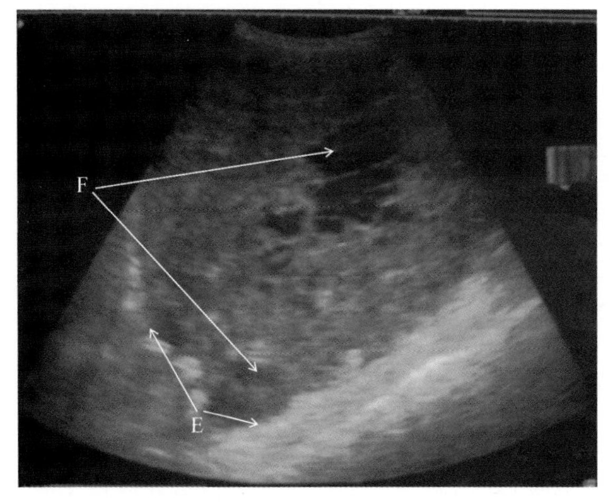

▲ 图 7.112 腹部肿块声像图

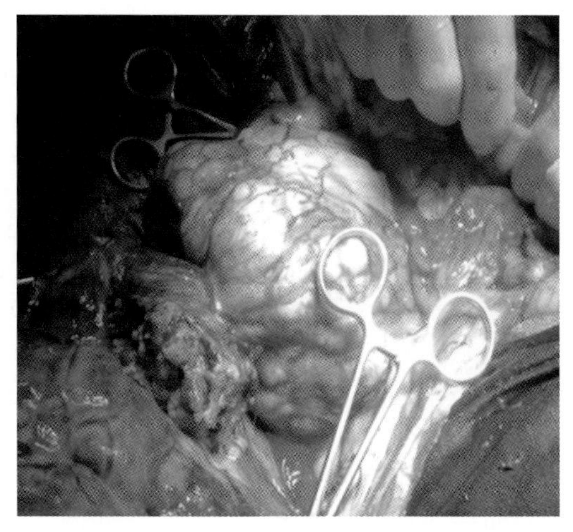

▲ 图 7.113 术中见肿块来自左侧卵巢

7.39 卵巢囊肿

▲ 病例介绍

2 岁雌性巴哥犬，主人发现这半年发情多次，遂就诊。经临床基本检查后拍摄了腹部 X 线片，见图 7.114，并进行了腹部超声检查，在肾脏后方发现一异常声像图，见图 7.115。

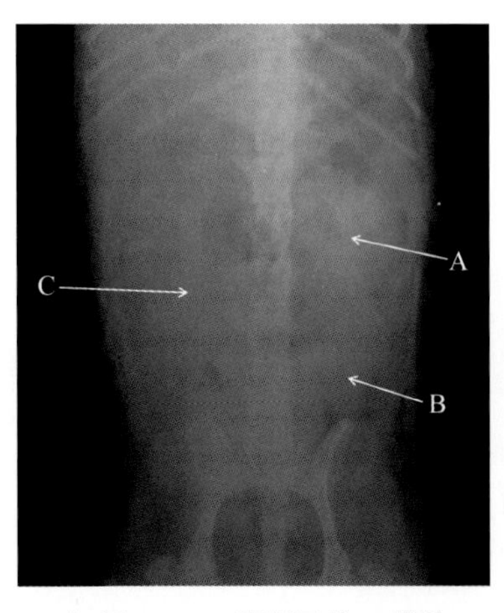

▲ 图 7.114 腹部正位 X 线片

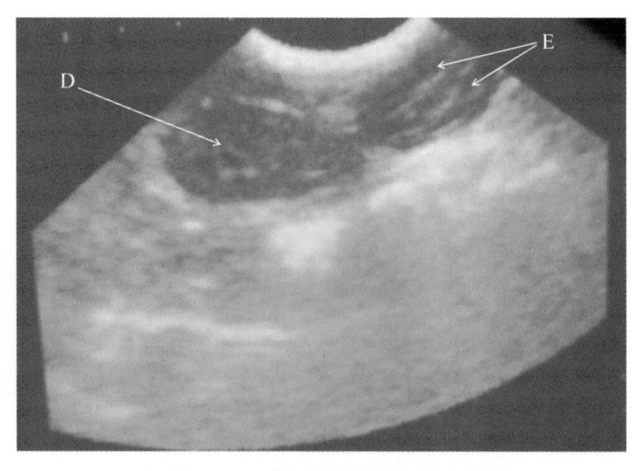

▲ 图 7.115 肾脏及肾后卵巢声像图

影像所见

图 7.114 腹部正位 X 线片可见在腹部左侧肾脏（A 箭头所示）后方见一软组织团块（B 箭头所示），在右侧腹中部也见一软组织团块（C 箭头所示），其余结构未见明显异常。

图 7.115 肾脏及肾后卵巢声像图可见在左肾（D 箭头所示）后方见一与肾脏大小相当的软组织团块，团块内部回声不均匀，见很多分隔，分隔小腔内为液性暗区（E 箭头所示）。

影像提示

上述征象提示肾后肿块为囊肿的卵巢，最终诊断为卵巢囊肿。

对该犬进行了子宫卵巢摘除术，术中可见肿大充满囊液的卵巢(图 7.116)，切开可见内部很多卵泡液小腔(图 7.117)。

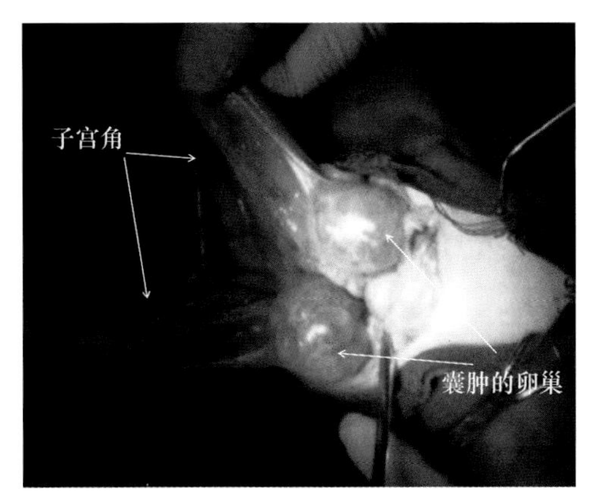

▲ 图 7.116　摘除术中牵拉出腹腔的子宫卵巢

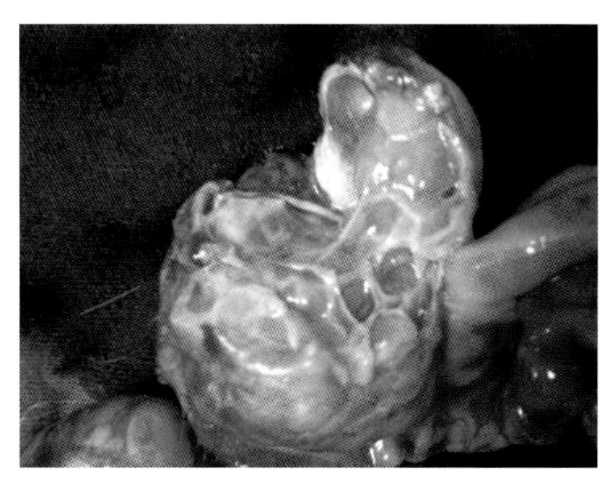

▲ 图 7.117　切开的囊肿卵巢

7.40　前列腺肿大

▲ 病例介绍

10 岁雄性西施犬，尿血有 1 个多月，尿淋漓，现排尿困难，遂就诊。经临床检查后拍摄了腹部侧位 X 线片，见图 7.118。

影像所见

图 7.118 腹部侧位 X 线片可见患犬膀胱膨大(A 箭头所示)，在膀胱后见另一圆形软组织团块(B 箭头所示)，该团块导致背侧降结肠局部肠腔变窄(C 箭头所示)，在该犬尿道中可见数量众多的高密度圆形小团块(D 箭头所示)，其余结构未见明显异常。

影像提示

上述征象提示前列腺肿大，尿道结石导致膀胱积尿。

进一步检查建议

建议进行膀胱与前列腺超声检查，以确认膀胱与前列腺内部病变。

该犬进行了膀胱切开取石术，术中可见前列腺体积较大(图 7.119)。

视频 7.17
前列腺肿大影像
诊断技术

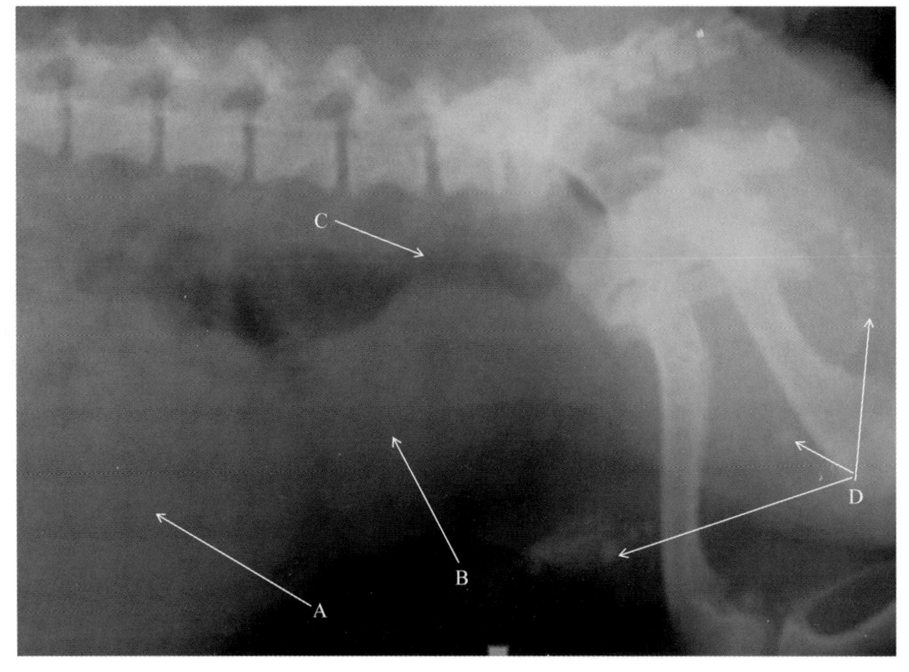

▲ 图 7.118　腹部侧位 X 线片

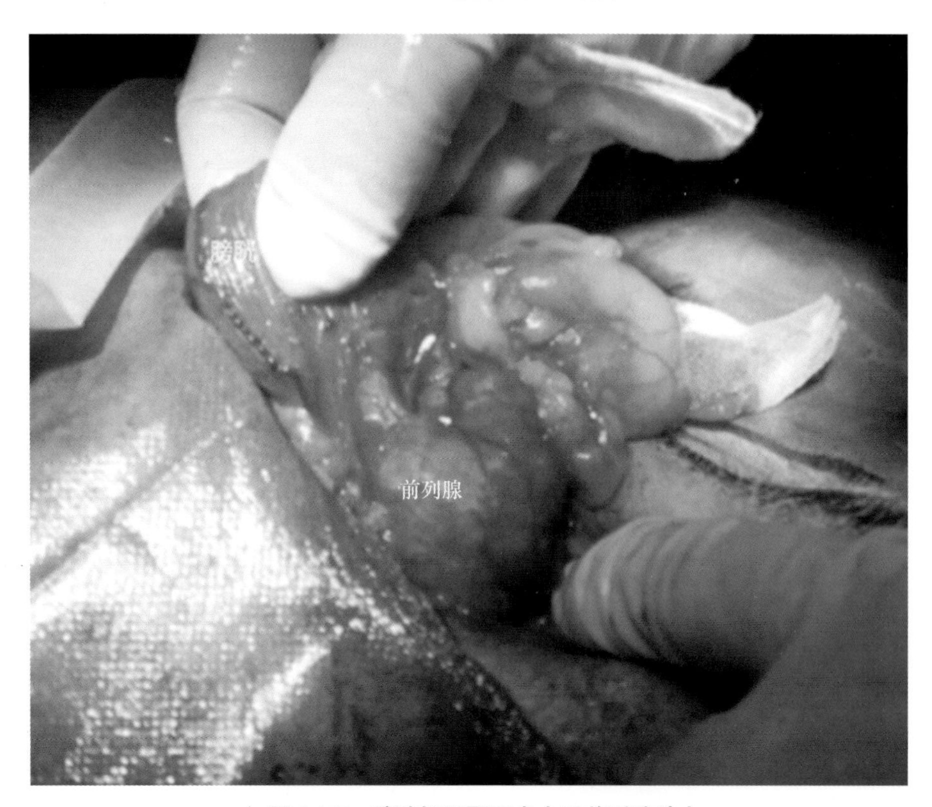

▲ 图 7.119　膀胱切开取石术中见前列腺肿大

7.41 前列腺囊肿

▲ 病例介绍

7 岁雄性北京犬，最近出现尿频，偶尔尿血，遂就诊。经临床检查后对该犬进行了腹部超声检查，见图 7.120。

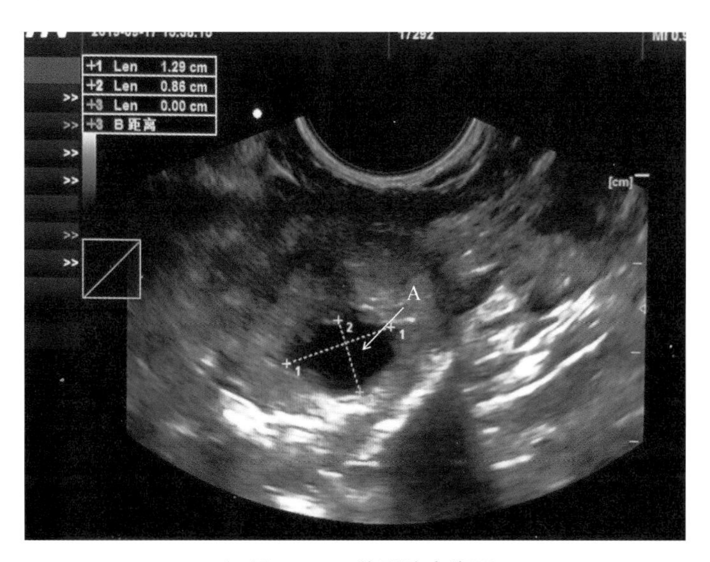

▲ 图 7.120 前列腺声像图

影像所见

图 7.120 前列腺声像图可见前列腺回声增强，不均质，内部见一大小 1.29 cm×0.86 cm 的肿块(A 箭头所示)，其余结构超声未见明显异常。

影像提示

上述声像图提示前列腺内囊肿。鉴别诊断包括前列腺脓肿，可采取超声引导下穿刺鉴别。

7.42 前列腺旁囊肿

▲ 病例介绍

4 岁雄性德国牧羊犬，出现尿频与腹围增大，遂就诊。经临床检查后，进行了腹部超声检查，见图 7.121。

影像所见

图 7.121 腹部声像图可见在后腹部见一边界规则的圆形结构(A 箭头所示)，内部为液性暗区(B 箭头所示)，在暗区中间见多个强回声的分隔结构(C 箭头所示)，该结构位于膀胱

旁,紧贴膀胱,腹内其余结构未见异常。

影像提示

上述征象提示为腹内囊肿。

经手术摘除囊肿,术中可见肿块紧贴膀胱(图 7.122),从前列腺旁长出。

最终诊断:前列腺旁囊肿。

进一步检查建议

在手术前,若要观察肿块与周围器官位置关系,建议进行膀胱逆行造影。

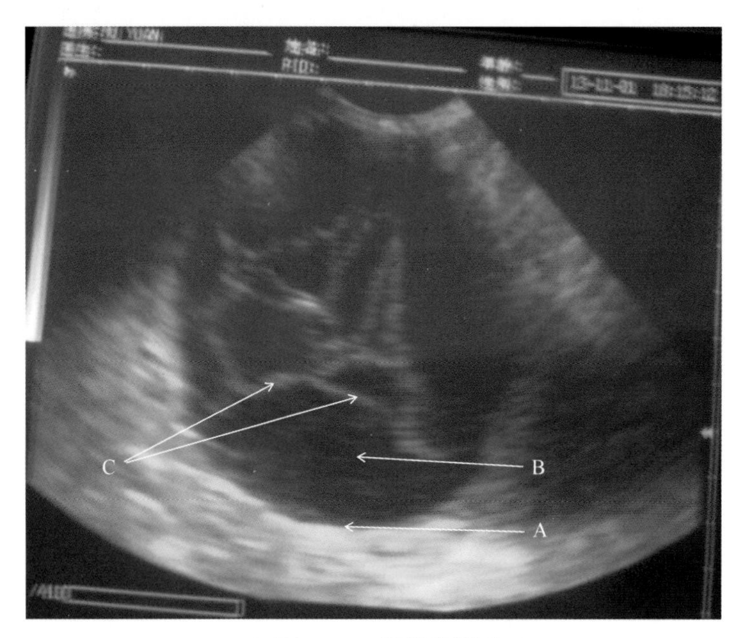

▲ 图 7.121　腹部声像图

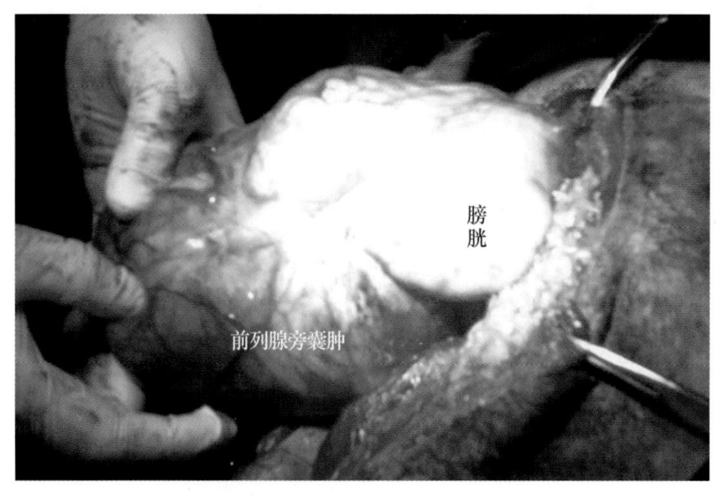

▲ 图 7.122　术中见肿块紧贴膀胱

7.43 隐睾肿瘤

▲ 病例介绍

9 岁雄性萨摩耶犬，未去势。既往病史：颈部脱毛，腹部脱毛；皮肤色素沉着，曾以皮肤病就诊；1 个月前因呼吸道感染治疗。现症：不愿活动；突发尖叫；触诊患犬腹部疼痛，抗拒检查；包皮下垂，阴囊只有右侧睾丸，柔软，规则，体积小。对该犬拍摄了腹部侧位和正位 X 线片，见图 7.123 与图 7.124，并在 X 线发现基础上进行了腹部超声，见图 7.125。

影像所见

图 7.123 腹部侧位 X 线片可见膀胱（A 箭头所示）前侧、降结肠的腹侧、腹中后部有一圆形软组织团块（B 箭头所示），大小为 11.5 cm×8.5 cm，可见一带状软组织密度影重叠于团块腹侧，团块导致了小肠向前侧移位；图 7.124 腹部正位 X 线片见肿块位于腹部左侧（C 箭头所示），与左肾重叠（D 箭头所示），导致降结肠左侧移位，腹膜腔浆膜细节轻微下降；其余器官未见明显异常。

图 7.125 肿块声像图可见腹内肿块表现为不均质的由中低回声构成的混合性实质回声（E 箭头所示），大小 10.8 cm×8.2 cm，边界清晰，但不规则，腹内其余器官未见明显异常。

影像提示

腹内占位性软组织肿块提示肿块为隐睾肿瘤（第 1 位）、脾尾肿瘤（可能性小）、来源系膜等部位肿瘤或囊肿等病变。结合超声检查最终诊断腹内肿块为腹内隐睾肿瘤。

经手术摘除腹内肿块确认为隐睾肿瘤（图 7.126 左侧）。

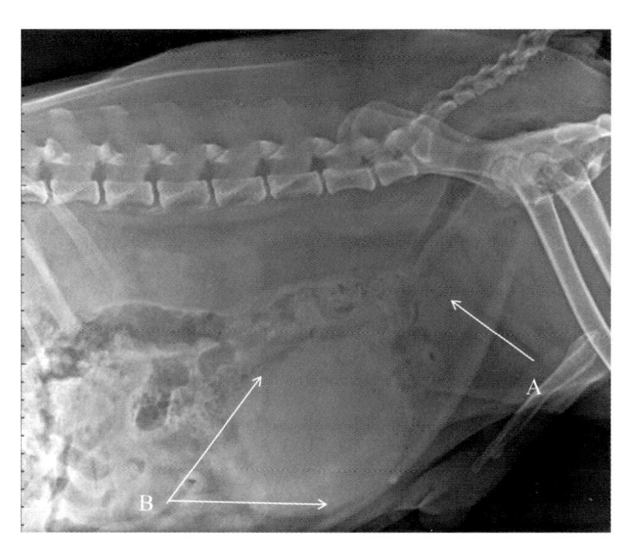

▲ 图 7.123　腹部侧位 X 线片

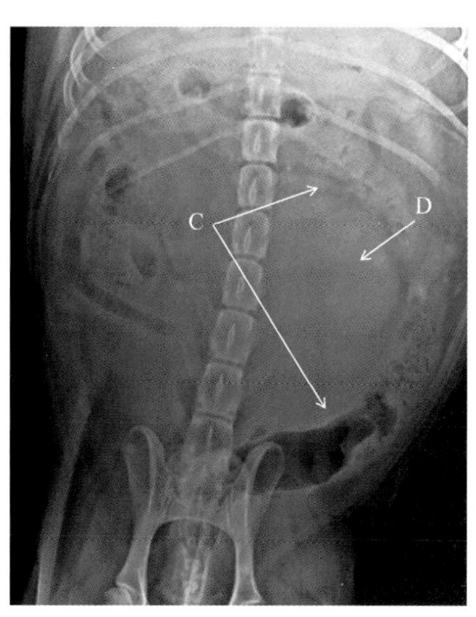

▲ 图 7.124　腹部正位 X 线片

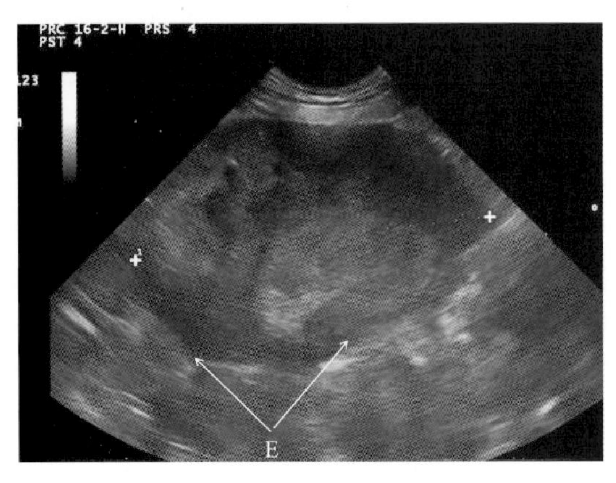

▲ 图 7.125　腹部肿块超声声像图

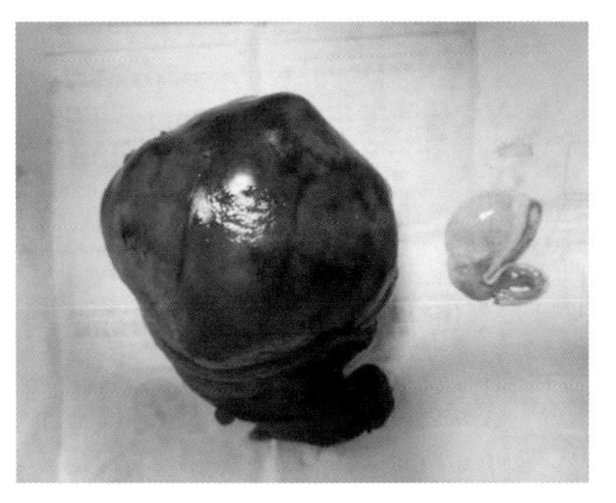

▲ 图 7.126　手术切除的腹内隐睾肿瘤与另一睾丸

7.44 脐　疝

▲ 病例介绍

15 月龄雄性田园犬，吃喝正常，主人带犬在美容店给犬洗澡时美容师发现犬腹部有一个肿包，不知道是什么，于是告诉动物主人，主人带犬就诊。经检查肿包触诊柔软，按压可感觉下方有一小孔，该肿包位于脐部，于是拍摄了腹部侧位 X 线片，见图 7.127。

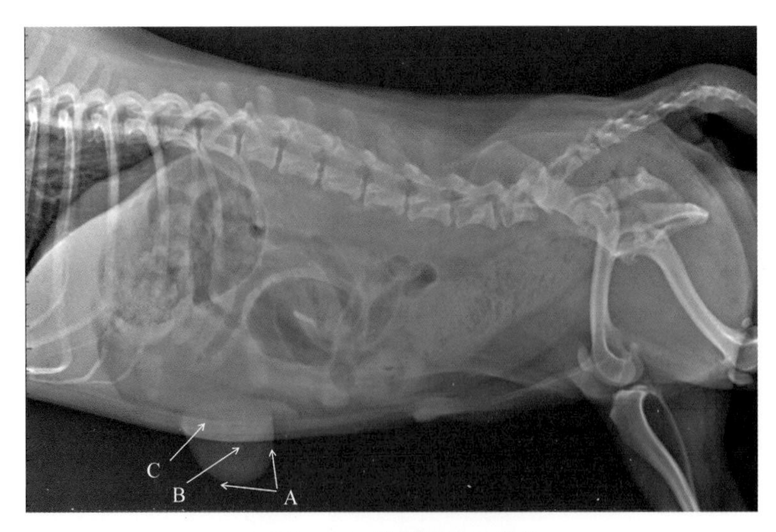

▲ 图 7.127　腹部侧位 X 线片

影像所见

图 7.127 腹部侧位 X 线片可见患犬腹壁外侧有一肿块（A 箭头所示），肿块内部主要为中等密度内含少量低密度影像（B 箭头所示），腹壁肌肉层完整（C 箭头所示），腹内肠道稍积气，结肠积便，其余结构未见明显异常。

影像提示

肿块部位与影像表现提示为脐疝，疝内容物为脂肪组织。

7.45 胸壁与腹壁血肿

▲ 病例介绍

3 岁柯基犬，傍晚在家附近自由玩耍，晚上回家后主人发现犬右侧胸壁与腹壁肿胀，触摸患处该犬疼痛，遂就诊。经检查患部有淤血，肿胀，怀疑外伤所致，为判断胸腹腔内有无病变，于是拍摄了腹部正位 X 线片，见图 7.128。

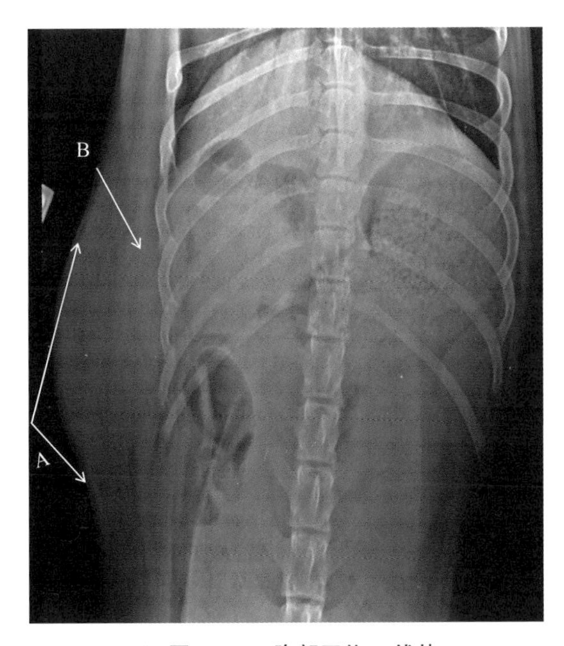

▲ **图 7.128 腹部正位 X 线片**

影像所见

图 7.128 腹部正位 X 线片可见患犬右侧第 8～13 肋弓外侧胸廓与下方腹壁软组织肿胀(A 箭头所示)，胸壁与腹壁肌肉完整(B 箭头所示)，未见附近肋骨骨折，未见气胸，膈影完整，腹内结构未见明显异常。

影像提示

胸壁与腹壁血肿。

进一步检查建议

建议对肿胀部位进行超声检查，以了解肿物内部是液性还是实质，以及周围组织损伤情况。

7.46　乳腺肿瘤

▲ 病例介绍

9 岁雌性比熊犬，罹患乳腺下方见肿块半年有余，肿块逐渐增大，并有破溃，遂就诊。经检查肿块质硬，见溃烂，于是拍摄了腹部侧位和正位 X 线片，见图 7.129 与图 7.130。

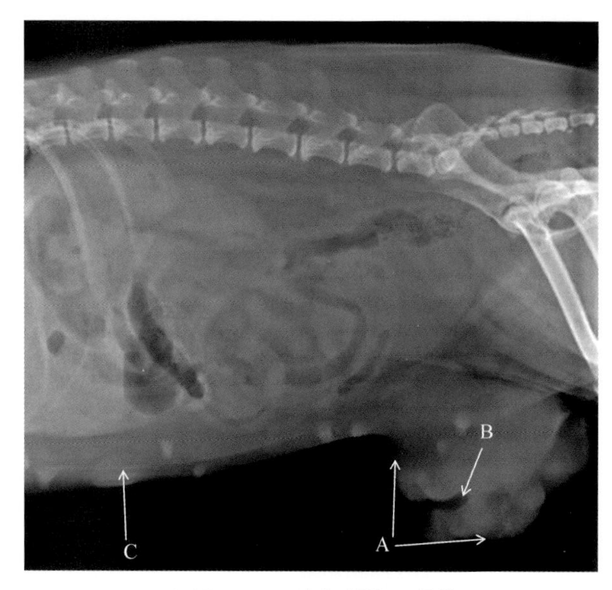

▲ 图 7.129　腹部侧位 X 线片

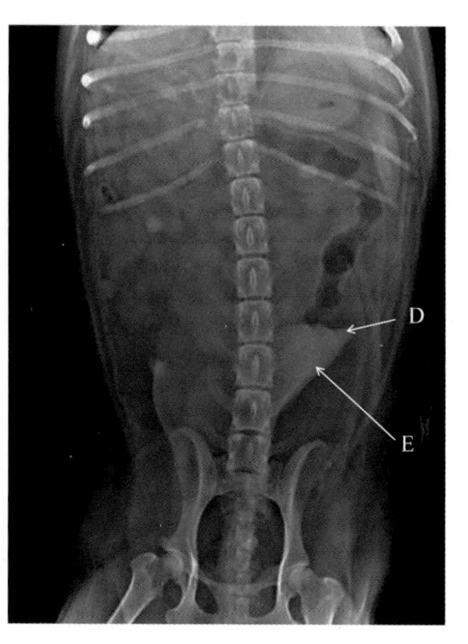

▲ 图 7.130　腹部正位 X 线片

影像所见

图 7.129 侧位 X 线片可见患犬股骨前侧与腹壁外侧一软组织团块(A 箭头所示)，团块边界不规则，内部见低密度气体影像(B 箭头所示)，另外，在该犬的腹壁见一圆形中等密度影像(C 箭头所示)；图 7.132 正位 X 线片见肿块位于腹部左侧，可见肿块顶端乳头影像(D 箭头所示)，肿块位于乳头影像右下方(E 箭头所示)，其余结构未见明显异常。

影像提示

上述征象提示肿块为乳腺肿块，内部有破溃，考虑乳腺肿瘤或乳腺炎；C 箭头所示影像提示为脐疝。

进一步检查建议

建议进行超声检查，判断肿块内部回声性质，以及判断肝脏、脾脏等实质器官是否存在肿块；拍摄胸片，了解肺部是否存在肿块；对于肿块可进行组织病理检查。

该犬最终证实为乳腺肿瘤，未见其他器官转移，最后进行了乳腺肿瘤切除手术。

7.47 腹股沟疝——膀胱脱出

▲ 病例介绍

4 岁雌性腊肠犬，主人突然发现犬腹部有一大肿块，遂就诊。问诊得知该犬昨天到今天没有小便，于是拍摄了腹部侧位和正位 X 线片，见图 7.131 与图 7.132。

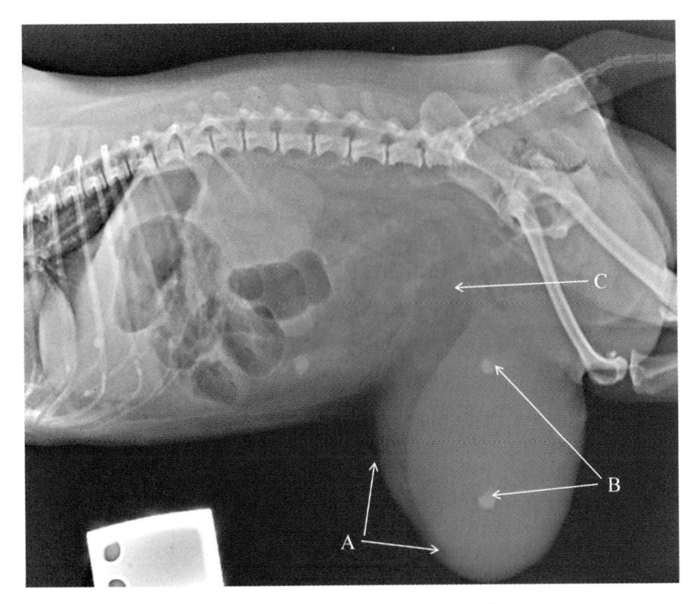

▲ 图 7.131 腹部侧位 X 线片

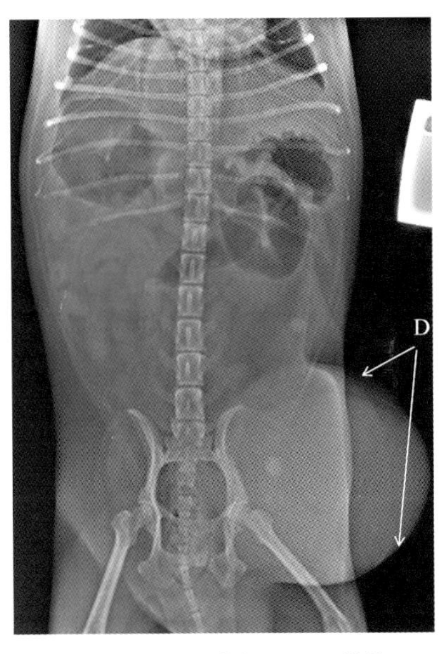

▲ 图 7.132 腹部正位 X 线片

影像所见

图 7.131 腹部侧位 X 线片可见患犬腹部胃肠稍积气，在后腹部未见膀胱影像，在股骨前侧腹壁外侧见密度均匀的软组织团块（A 箭头所示），在团块上方见两个密度更高的小圆团块（B 箭头所示），肿块上方的腹壁影像不清（C 箭头所示）；图 7.132 腹部正位 X 线片见肿块密度均匀，位于腹壁左侧腹股沟位置（D 箭头所示），肿块上有一小圆团块，降结肠右侧移位，小肠与胃稍含气；其余结构未见明显异常。

影像提示

上述征象提示该犬左侧腹股沟疝，疝内容物为膀胱，B 箭头所示的小圆团块为乳头影像。

进一步检查建议

建议对肿块进行超声检查，进一步明确诊断，并判断膀胱状况。若无超声也可进行肿块穿刺。

7.48 腹股沟疝——小肠脱出

▲ 病例介绍

2 岁雌性比熊犬，主人在很早之前就发现在该犬腹部最后乳头左侧有一肿包，有时大，有时小，有时用手按压后消失，最近发现肿包突然变大，按压后不见变小，遂就诊。经问诊该犬吃喝、大小便均正常，视诊肿包位于腹股沟，触诊内部柔软，可触诊到腹股沟有一较大孔，于是拍摄了腹部侧位和正位 X 线片，见图 7.133 与图 7.134。

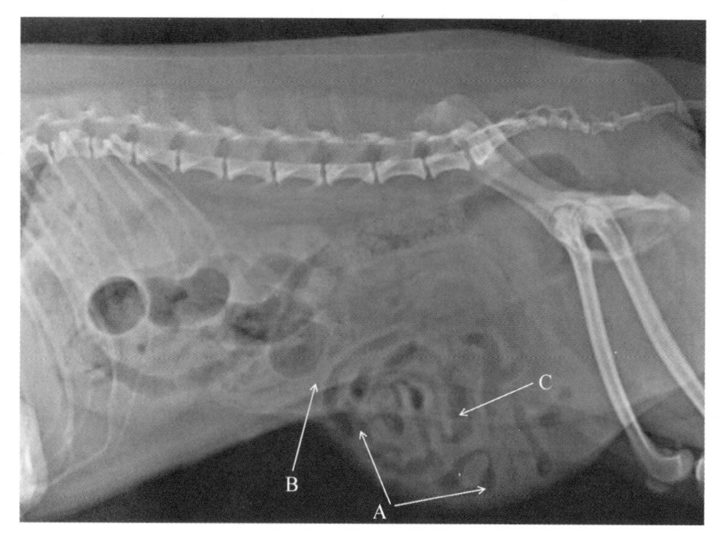

▲ 图 7.133　腹部侧位 X 线片

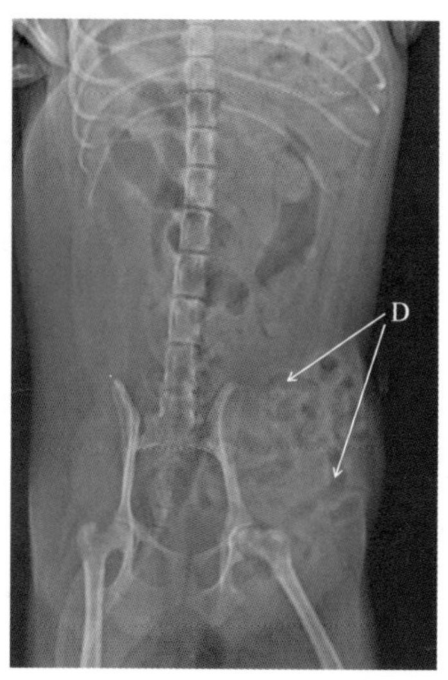

▲ 图 7.134　腹部正位 X 线片

影像所见

图 7.133 腹部侧位 X 线片可见患犬腹壁外侧与股骨前侧一软组织团块（A 箭头所示），内部见大量含气管状影像（C 箭头所示），部分肠管与腹壁重叠（B 箭头所示），其余结构未见明显异常；图 7.134 腹部正位 X 线片在降结肠的左侧、左髂骨的左侧可见大量含气的管状影像（D 箭头所示）导致该处腹壁结构显示不清。

影像提示

含气的管状影像提示为肠管，位于腹壁外，提示为疝气。

最终诊断：腹股沟疝气，疝内容物为脱出的小肠。

进一步检查建议

若要观察小肠在疝囊内的形态及功能可进行超声检查，也可进行胃肠造影观察脱出肠管的影像及排空功能。

7.49 腹股沟疝——妊娠子宫与小肠脱出

▲ 病例介绍

3 岁雌性博美犬，主人发现腹部逐渐出现一肿包，最近 1 个多月肿包越来越大，遂就诊。经问诊患犬未做绝育，大小便均正常，于是拍摄了腹部侧位和正位 X 线片，见图 7.135 与图 7.136。

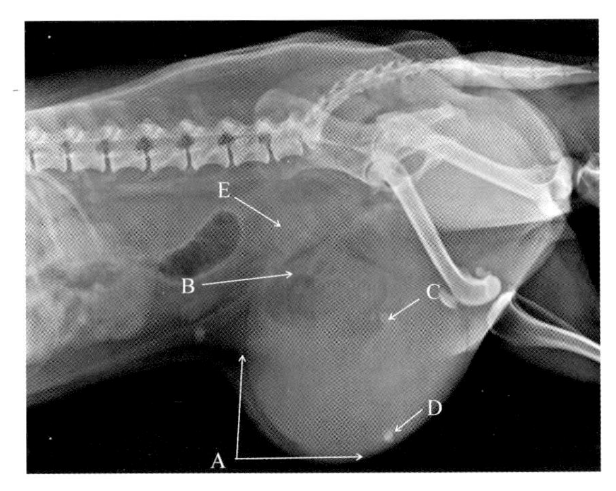

▲ 图 7.135 腹部侧位 X 线片

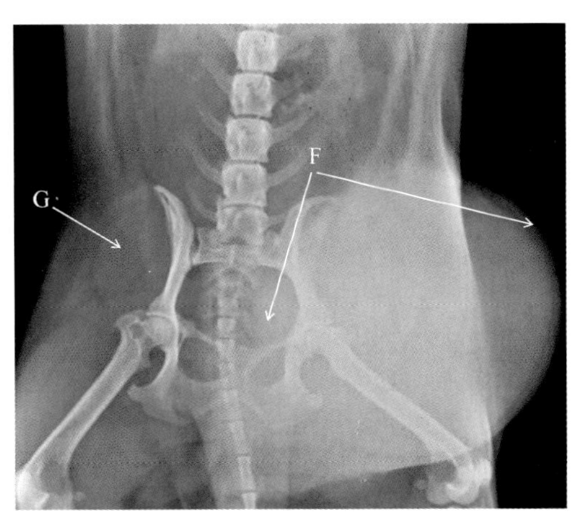

▲ 图 7.136 腹部正位 X 线片

影像所见

图 7.135 腹部侧位 X 线片可见患犬股骨前侧与腹壁外侧之间有一大软组织团块，团块腹侧为均质的软组织密度（A 箭头所示），其上可见两个密度较高的小圆团块（C、D 箭头所示），内可见隐约的骨性结构，靠近腹壁区域可见管状低密度气体影像（B 箭头所示）跨过腹壁，该区域腹壁不完整，在 B 处气体衬托下隐约可见骨性结构，腹内膀胱较小，边界可见（E 箭头所示），其余结构未见明显异常；图 7.136 腹部正位 X 线片可见肿块（F 箭头所示）位于腹股沟左侧，密度均匀，膀胱偏向右侧边界可见（G 箭头所示）。

影像提示

上述征象提示该犬为左侧腹股沟疝，疝的内容物为含胎儿的子宫角、部分含气的肠管及肠系膜。

进一步检查建议

建议对肿块进行超声检查，确定肿块内部器官回声结构。

该犬最终超声证实肿块为妊娠的子宫，最终诊断为腹股沟疝（妊娠的子宫角及小肠脱出）。

7.50 会阴疝——膀胱脱出

▲ 病例介绍

7 岁雄性可卡犬，近来主人发现会阴部肿胀，越来越大，昨天排便困难，无排尿，患犬食欲废绝，遂就诊。经检查患犬会阴部肛门右侧肿胀，触诊内部紧绷，腹部触诊未及膀胱，于是拍摄了后腹部侧位和正位 X 线片，见图 7.137 与图 7.138。

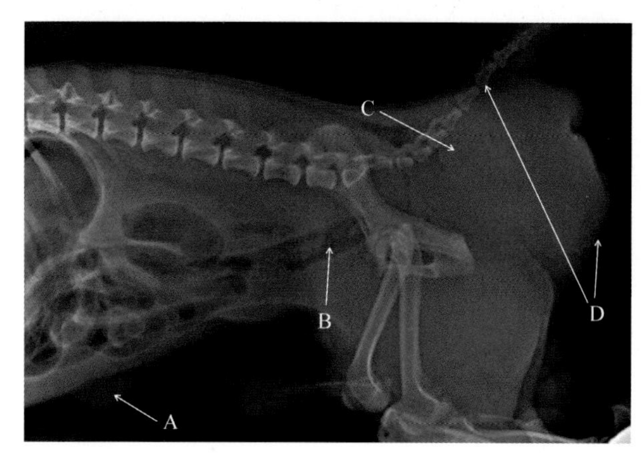

▲ 图 7.137　腹部侧位 X 线片

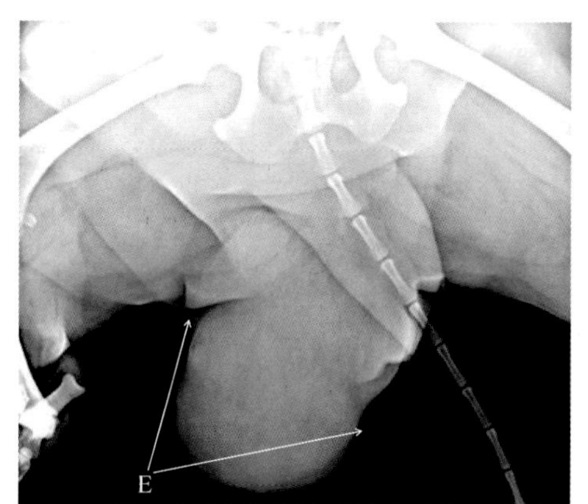

▲ 图 7.138　会阴部正位 X 线片

影像所见

图 7.137 腹部侧位 X 线片可见患犬胃肠积气，腹壁外见一软组织团块（A 箭头所示），腹内降结肠腹侧移位（B 箭头所示），降结肠腹侧未见膀胱影像，直肠积软便（C 箭头所示），直肠外侧肛门周肿胀（D 箭头所示），肿块呈现软组织密度；图 7.138 会阴部正位 X 线片可见肛门右侧软组织肿块（E 箭头所示），密度中等，其余结构未见明显异常。

影像提示

会阴部的软组织肿块及内部密度，提示会阴疝，因腹内未见膀胱，考虑会阴膀胱疝。

进一步检查建议

建议对会阴部位肿块进行超声检查，确定肿块内部回声结构。

本病例超声检查确定肿块内部为液性暗区，最终确认为膀胱会阴疝。

7.51 腹　水

▲ 病例一介绍：犬腹水

1 岁柯基犬，主诉最近食欲下降，呼吸急促，腹围增大，遂就诊。经问诊得知平时以吃米饭拌菜为主，触诊腹围紧张，于是进行了血液检查，并拍摄了腹部侧位和正位 X 线片，见图 7.139 与图 7.140。

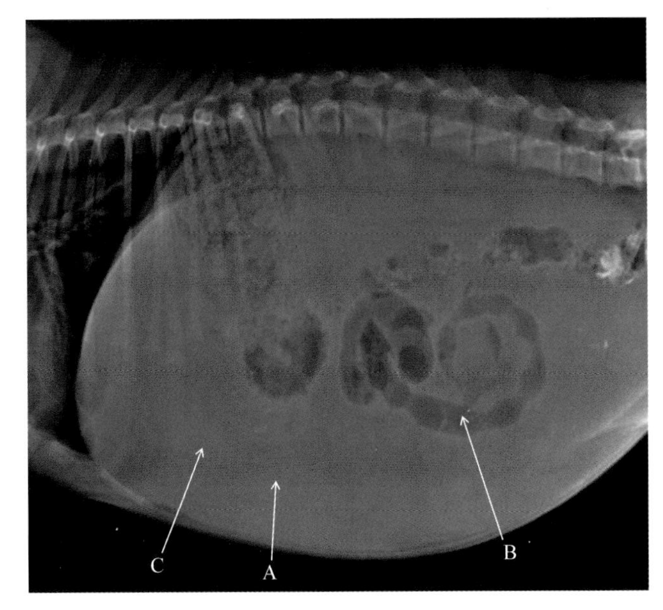

▲ 图 7.139 腹部侧位 X 线片

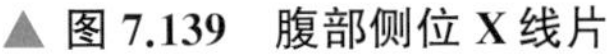

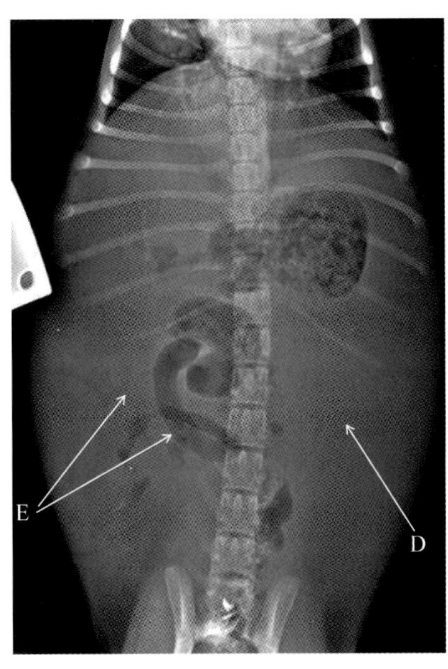

▲ 图 7.140 腹部正位 X 线片

影像所见

图 7.139 腹部侧位 X 线片可见患犬腹部膨大，全腹密度增高（A 箭头所示），可见含气的管状肠管位于腹中部（B 箭头所示），肝脏边界影像模糊不清（C 箭头所示），全腹除含气的胃及肠外其余结构均不能显示；图 7.140 腹部正位 X 线片可见腹围增大，横膈前移，腹膜腔密度增高（D 箭头所示），含低密度气体的肠管位于腹腔中部（E 箭头所示），胃及部分肠管可见，其余腹内器官不能分辨（浆膜细节消失）。

影像提示

上述征象提示腹腔积液，鉴别诊断包括腹膜腔积液（渗出液、漏出液、出血、膀胱破裂等）、腹膜炎。

进一步检查建议

建议全腹超声检查，寻找实质器官病变；抽取腹水，进行腹水成分化验分析，综合血液检查结果进行分析，确定病因。

▲ 病例二介绍：猫腹水

9 月龄蓝猫，最近 1 个多月腹围逐渐增大，这几天食欲废绝，发热、身体消瘦，遂就诊。检查患猫可见口腔黏膜苍白，肌肉量下降，体况评分为 3/9，触诊腹围大，感觉有水，于是进行了血液检查、X 线检查及超声检查，腹部侧位和正位 X 线片见图 7.141 与图 7,142，超声结果见图 7.143。在影像检查解读基础上抽取腹水进行李凡他试验见图 7.144。

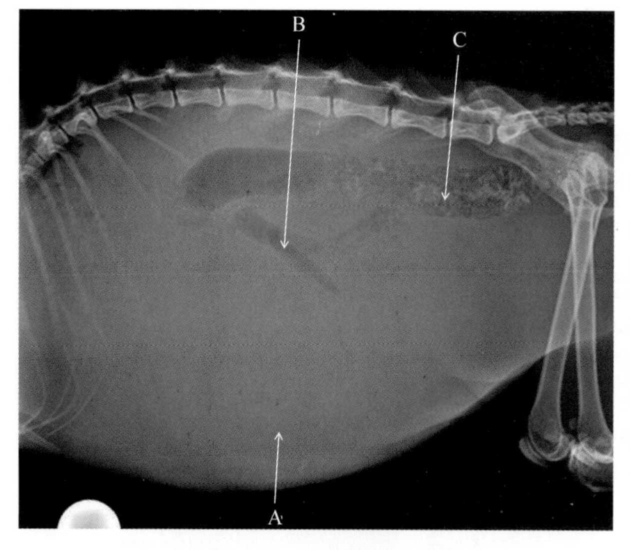

▲ 图 7.141　腹部侧位 X 线片

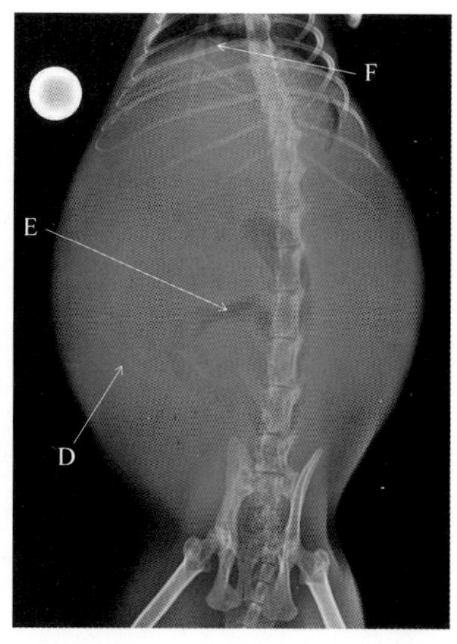

▲ 图 7.142　腹部腹背位 X 线片

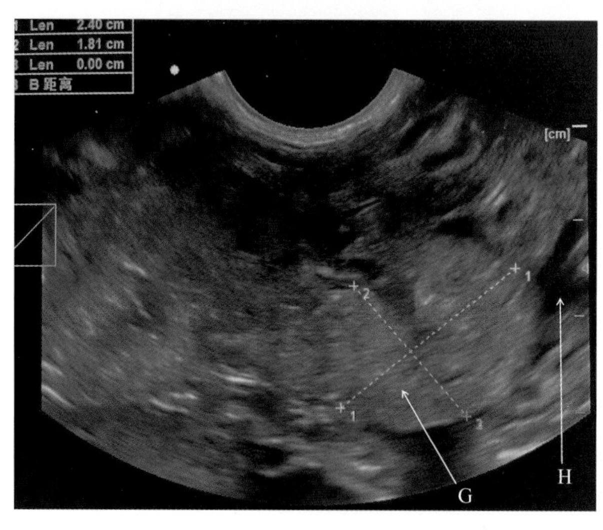

▲ 图 7.143　腹部淋巴结声像图

▲ 图 7.144　腹水李凡他试验

影像所见

图 7.141 腹部侧位 X 线片可见患猫腹围增大，全腹密度增高，全腹呈现中等密度（A 箭头所示），腹中部见含气的肠管（B 箭头所示），结肠背侧移位，内部含少量粪便（C 箭头所示），全腹浆膜细节消失，其余结构未能明显识别；图 7.142 腹部正位 X 线片见腹部膨大，全腹密度增高（D 箭头所示），可见充气的肠管位于腹部中央区域（E 箭头所示），胃及横膈前移（F 箭头所示）。图 7.143 声像图可见腹部淋巴结肿大，密度不均匀（G 箭头所示），周围可见液性暗区（H 箭头所示），肾脏见髓质环征，其余脏器未见明显异常。

影像提示

腹部均质的密度增高及超声所见液性暗区提示腹腔积液，超声所见淋巴结肿大及肾脏髓质环征怀疑有猫传染性腹膜炎可能，之后抽取腹水李凡他试验结果呈阳性(图7.144)，及白蛋白与球蛋白比值小于0.5、贫血、总胆色素偏高、发热等检查结果，综合诊断为猫传染性腹膜炎。

进一步检查建议

建议抽取腹水进行猫冠状病毒PCR检测。

参考文献

[1]（英）Arlene Coulson，Noreen Lewis.犬猫 X 线解剖图谱[M].谢富强，译.北京：中国农业大学出版社，2008.

[2] J KevinKealy，Hester McAllister.犬猫 X 线与 B 超诊断技术[M].谢富强，译.沈阳：辽宁科学技术出版社，2006.

[3]（德）舍比茨，维肯茨，韦布，等.犬猫放射解剖学图谱[M].熊惠军，译.沈阳：辽宁科学技术出版社，2009.

[4] 贺生中，卓国荣.犬病临床诊疗实例解析[M].北京：中国农业出版社，2011.

[5] 卓国荣，邱昌伟.小动物影像技术[M].2 版.北京：中国农业出版社，2021.

[6] 卓国荣，邱昌伟.小动物影像技术[M].北京：中国农业出版社，2013.

[7] 张红超，卓国荣，刘建柱.宠物医师临床影像检查手册.北京：中国农业出版社，2017.

[8] 卓国荣，周红蕾，胡长敏.犬巨大型肾积水病例报告[J].中国兽医杂志，2022，58(11)：117-119.

[9] 卓国荣，李艳艳，周红蕾，等.犬脾脏间质肉瘤并发子宫蓄脓病例报告[J].中国兽医杂志，2022，58(04)：111-113.

[10] 卓国荣，王传峰.一例老年犬乳腺肿瘤与膀胱结石的诊治及体会[J].黑龙江畜牧兽医，2018，No.562(22)：110-112，247.

[11] 卓国荣，丁丽军，李艳艳，等.一例犬胸腺瘤的诊断[J].黑龙江畜牧兽医，2021，634(22)：76-78，151.

[12] 卓国荣，齐先峰，卢炜，等.犬胸腔积液的诊疗体会[J].黑龙江畜牧兽医，2017，534(18)：94-96.

[13] 卓国荣，齐先峰，魏宁，等.一例母猫膀胱结石的诊治体会[J].黑龙江畜牧兽医，2017，532(16)：94-95，294.

[14] 卓国荣，齐先峰，周红蕾，等.一例犬子宫蓄脓与膀胱结石诊治体会[J].黑龙江畜牧兽医，2017，528(12)：208-209，297.

[15] 卓国荣，刘俊栋，张鸿，等.犬膀胱颈后尿道断裂的影像诊断与手术[J].黑龙江畜牧兽医，2014，464(20)：50-52.

[16] 卓国荣，周红蕾，张斌，等.犬膀胱破裂的影像诊断与手术治疗[J].黑龙江畜牧兽医，2013，438(18)：35-36.

附录　影像微课视频索引